高等院校化学实验教学改革规划教材

高等学校化学化工
实验室安全教程

总主编　孙尔康　张剑荣

主　编　黄志斌　唐亚文

副主编　陶建清　朱卫华　王香善

编　委　（排名不分先后）

李金良　李广超　高礼久　史达清

赵应声　章建东　查伟忠　林　伟

吴云龙　张英华　宋卫平　张友九

徐淑玲　李忠玉　崔文龙　李万鑫

张雪华　刘建兰

南京大学出版社

图书在版编目(CIP)数据

高等学校化学化工实验室安全教程 / 黄志斌,唐亚
文主编. — 南京:南京大学出版社,2015.1(2023.8 重印)
高等院校化学实验教学改革规划教材
ISBN 978 - 7 - 305 - 14784 - 5

Ⅰ. ①高… Ⅱ. ①黄… ②唐… Ⅲ. ①高等学校—化
学实验—实验室管理—安全管理—教材 Ⅳ. ①O6 - 37

中国版本图书馆 CIP 数据核字(2015)第 040416 号

出版发行　南京大学出版社
社　　址　南京市汉口路 22 号　　　　邮　编　210093
出 版 人　王文军

丛 书 名　高等院校化学实验教学改革规划教材
书　　名　**高等学校化学化工实验室安全教程**
总 主 编　孙尔康　张剑荣
主　　编　黄志斌　唐亚文
责任编辑　贾　辉　吴　华　　　　　编辑热线　025 - 83592146

照　　排　南京南琳图文制作有限公司
印　　刷　丹阳兴华印务有限公司
开　　本　787×1092　1/16　印张 14.25　字数 338 千
版　　次　2023 年 8 月第 1 版第 5 次印刷
ISBN 978 - 7 - 305 - 14784 - 5
定　　价　35.00 元

网址:http://www.njupco.com
官方微博:http://weibo.com/njupco
官方微信号:njupress
销售咨询热线:(025) 83594756

高等院校化学实验教学改革规划教材

编 委 会

序

化学是一门实验性很强的科学,在高等学校化学专业和应用化学专业的教学中,实验教学占有十分重要的地位。就学时而言,教育部化学专业指导委员会提出的参考学时数为每门实验课的学时与相对应的理论课学时之比为(1.1~1.2):1,并要求化学实验课独立设课。已故著名化学教育家戴安邦教授生前曾指出:"全面的化学教育要求化学教学不仅传授化学知识和技术,更训练科学方法和思维,还培养科学品德和精神。"化学实验室是实施全面化学教育最有效的场所,因为化学实验教学不仅可以培养学生的动手能力,而且也是培养学生严谨的科学态度、严密科学的逻辑思维方法和实事求是的优良品德的最有效形式;同时也是培养学生创新意识、创新精神和创新能力的重要环节。

为推动高等学校加强学生实践能力和创新能力的培养,加快实验教学改革和实验室建设,促进优质资源整合和共享,提升办学水平和教育质量,教育部已于2005年在高等学校实验教学中心建设的基础上启动建设一批国家实验教学示范中心。通过建设实验教学示范中心,达到的建设目标是:树立以学生为本,知识、能力、素质全面协调发展的教育理念和以能力培养为核心的实验教学观念,建立有利于培养学生实践能力和创新能力的实验教学体系,建设满足现代实验教学需要的高素质实验教学队伍,建设仪器设备先进、资源共享、开放服务的实验教学环境,建立现代化的高效运行的管理机制,全面提高实验教学水平。为全国高等学校实验教学改革提供示范经验,带动高等学校实验室的建设和发展。

在国家级实验教学示范中心建设的带动下,江苏省于2006年成立了"江苏省高等院校化学实验教学示范中心主任联席会",成员单位达三十多个,并在2006~2008年三年时间内,召开了三次示范中心建设研讨会。通过这三次会议的交流,大家一致认为要提高江苏省高校的实验教学质量,关键之一是要有一个符合江苏省高校特点的实验教学体系以及与之相适应的一套先进的教材。在南京大学出版社的大力支持下,在第三次江苏省高等院校化学实验教学示范中心主任联席会上,经过充分酝酿和协商,决定由南京大学牵头,成立江苏省高等院校化学实验教学改革系列教材编委会,组织东南大学、南京航空航天大学、苏州大学、南京工业大学、江苏大学、南京信息工程大学、南京师范大学、盐城师范学院、淮阴师范学院、淮阴工学院、苏州科技学院、常熟理工学院、江苏警官学院、南京晓庄学院等十五所高校实验教学的一线教师,编写《无机化学实验》、《有机化学实验》、《物理化学实验》、《分析化学实验》、《仪器分析实验》、《无机及分析化学实验》、《普通化学实验》、《化工原理实验》、《大学化学实验》、《高分子化学与物理实验》、《高等学校化学化工实验室安全教程》和至少跨两门二级学科(或一级学科)实验内容或实验方法的《综合化学实验》系列教材。

该套教材在教学体系和各门课程内容结构上按照"基础—综合—研究"三层次进行建设。体现出夯实基础、加强综合、引入研究和经典实验与学科前沿实验内容相结合、常规实验技术与现代实验技术相结合等编写特点。在实验内容选择上,尽量反映贴近生活、贴近社会,与健康、环境密切相关,能够激发学生兴趣,并且具有恰当的难易梯度供选取;在实验内容的安排上符合本科生的认知规律,由浅入深、由简单到综合,每门实验教材均有本门实验内容或实验方法的小综合,并且在实验的最后增加了该实验的背景知识讨论和相关延展实验,让学有余力的学生可以充分发挥其潜力和兴趣,在课后进行学习或研究;在教学方法上,希望以启发式、互动式为主,实现以学生为主体、教师为主导的转变,加强学生的个性化培养;在实验设计上,力争做到使用无毒或少毒的药品或试剂,体现绿色化学的教学理念。这套化学实验系列教材充分体现了各参编学校近年来化学实验改革的成果,同时也是江苏省省级化学示范中心创建的成果。

本套化学实验系列教材的编写和出版是我们工作的一项尝试,在教材中难免会出现一些疏漏或者错误,敬请读者和专家提出批评意见,以便我们今后修改和订正。

编委会

前　言

化学和化工学科都是实践性很强的学科,实验在教学和科研活动中占有很大比重,起着非常重要的作用。高等学校的化学和化工实验室是专业人才培养、科学研究和社会服务的重要基地,是培养学生动手能力、操作技能、创新思维和创新能力不可或缺的实践场所。近年来,高校实验室的作用和地位愈加凸现,在实验室中开展的教学和科研活动更加频繁,从事实验和研究的人员日益增多,人员结构愈加复杂。化学和化工实验室是专业人才培养、科学研究和社会服务的重要基地,是培养学生动手能力、操作技能、创新思维和创新能力不可或缺的实践场所。实验室所涉及的内容和范围很多是多学科内容交叉并存,在众多交叉学科或研究内容中,涉及化学或化工的内容不在少数。

目前还有部分高校的师生员工没有意识到实验室安全的重要性。高校实验室的安全管理与人才培养的质量和科研成果的水平密切相关,化学和化工实验室更是如此。化学实验和化工实验涉及的化学试剂或化工原料绝大多数是易燃、易爆及有毒、有腐蚀性的物质,稍有不慎就可能酿成事故。

不断提高师生员工的安全意识,充分了解实验室安全知识、防护方法和应急措施,减少实验室不必要的伤亡事故和财产损失已迫在眉睫。可喜的是,越来越多的高校对实验室安全管理高度重视,实验室管理、安全培训、考核等方面的制度已经形成常态化。不少高校的新生(含本科生和研究生)入学以及新教师进校后必须经过专门的安全培训、考核合格后方可进入实验室工作,取得了显著的效果,有效保障了师生员工的生命和财产安全,维护了校园和社会的安全稳定。

为帮助广大师生更好地形成良好的安全理念,养成良好的行为习惯,我们组织部分高校化学和化工专业一线的专业人员编写了这本《高等学校化学化工实验室安全教程》。本书分为三部分。第一篇主要是实验室通用安全技术篇,结合大学实验室的实际情况,从实验室消防安全、通用电气安全、特种设备的安全使用、EHS管理体系的理念及措施、实验室中的环境和职业健康、个体防护装备等方面进行总体介绍。第二篇是化学实验室安全篇,内容包括危险化学品的分类、危险化学品的危害、化学品的安全使用、化学品的安全贮存和化学实验室中常见事故类型及个体防护、化学实验室的硬件配备、实验废弃物的安全处置、生物安全、电离辐射安全防护等进行了介绍。第三篇是化工实验室安全篇,介绍了化工反应的危险性、化工反应安全技术、化工反应过程的热危险性评价、化工反应事故案例、化工单元操作安全工程、实验室安全应急预案的制定等。在每章中,对有关的安全知识、安全技能、安全防护、安全规范、安全装备的配置、实验废弃物的安全处置、实验室常见安全事故的应急处理等方面进行简要的介绍。尽可能贴近实际,有很强的针对性和可操作性。

读者通过阅读本书,对化学和化工实验室安全的相关知识有全面的了解,培养良好的安全意识,养成良好的安全操作习惯;在遇到具体的问题时,通过查阅本书的相关章节,能够很快找到解决途径。通过多年的实践证明,对新生和新进校的老师进行实验室安全教育和培训,能很好地提升他们的安全意识和素养,让大家终生受益。

参加本书编写的人员都是各高校长期工作在实验室管理和实践岗位的技术骨干,在实验室建设和实验室管理方面有丰富的经验。本书既可作为大学本科生、研究生新生入学进行安全教育的培训教材,也可为在实验室工作的广大高校教师以及科研院所的研究人员作为参考资料使用。

本书初稿第一部分第 1 章由江苏师范大学王香善、李金良、李广超、高礼久和苏州大学黄志斌编写。第 2 章至第 4 章由苏州大学黄志斌、史达清、赵应声、章建东、查伟忠和江苏理工学院林伟编写。第二部分第 5、6 章由江苏大学朱卫华、吴云龙和苏州大学黄志斌、史达清、赵应声共同编写,第 7、8 章由南京师范大学唐亚文、张英华和苏州大学黄志斌、史达清、赵应声共同编写。第 9 章由苏州大学宋卫平和黄志斌编写,第 10 章由苏州大学张友九和黄志斌编写。第三部分第 11 章由常州大学徐淑玲、李忠玉、崔文龙编写。第 12 章由盐城师范学院陶建清、李万鑫、张雪华编写。第 13 章由南京工业大学刘建兰编写。最后全书由黄志斌和唐亚文统稿。

在本书的编写过程中,阅读和参考了大量的有关实验室安全方面的有关法律法规、国家标准、书籍、文章以及很多境外大学的实验室安全手册等,借鉴了众多高校实验室安全管理方面的先进经验和做法,听取了有关学者、专家和安全工作人员的意见,在书中无法完全详尽列出,在此一并表示衷心的感谢。

由于编写的时间比较仓促,加之编者水平有限,书中定有不当之处,敬请各位读者批评指正,我们将根据广大读者的意见和建议对本书作进一步的完善。

编　者
2014 年 11 月

目　　录

第一篇　实验室通用安全知识

第二篇　化学实验室安全知识

第三篇　化工实验室安全

第一篇 实验室通用安全知识

第1章 实验室消防安全

火灾是最经常、最普遍的实验室灾害之一，任何实验室都可能发生。高校实验室火灾事故发生率仅次于学生宿舍火灾发生率，居第二位。俗话说"贼偷一半，火烧精光"，随着高校办学规模和办学水平的不断提升，消防工作的重要性愈加显现。日常学习和生活中，要做好预防火灾的各项工作，防止发生火灾；而一旦发生火灾，要能够及时、有效地进行扑救和逃生，减少火灾造成的危害。

1.1 燃烧的基本知识

1.1.1 燃烧的条件

燃烧是指可燃物与助燃物相互作用发生的放热反应。燃烧的三个典型特征是发光、发热和生成新物质。

燃烧的发生必须具有下列三种条件：

1. 可燃物

凡是能和空气中氧气或其他氧化剂起燃烧反应的物质都被定义为可燃物。例如固态存在的煤、木材、纸张和棉花等，液体如汽油、酒精、甲醇和苯等，气体如氢气、一氧化碳、煤气和沼气等。

2. 助燃物（氧化剂）

凡是能帮助和支持可燃物燃烧的物质均为助燃物，即能与可燃物发生燃烧反应的物质。常见的助燃物有空气、氧气、氯气和氯酸钾等氧化剂。

3. 点火源（温度）

凡供给可燃物和助燃物发生燃烧反应的能源，统一被称作点火源。例如明火、撞击、摩擦和化学反应等。

但是，具备这三种条件，燃烧也不一定发生，因为燃烧反应与温度、压力、可燃物和助燃物的浓度都有关系，存在一定的极限值。例如氢气在空气中的浓度小于 4% 的体积分数就不能点燃；一般可燃物在空气中氧气浓度小于 14% 时，也不会发生燃烧。

1.1.2 燃烧的类型

燃烧按其形成的条件和瞬间发生的特点以及燃烧的现象，可分为闪燃、阴燃、自燃、点燃四种类型。

1. 闪燃及闪点

液体表面都有一定的蒸气存在,由于蒸气压的大小取决于液体的本身性质和所处的温度,所以蒸气的浓度也由液体的温度所决定。闪燃是指易燃或可燃液体表面挥发出来的蒸气与空气混合后,遇火源发生一闪即灭的燃烧现象。发生闪燃现象的最低温度称为闪点。可燃液体的温度高于其闪点时,随时有被点燃的危险。

闪点这个概念主要适用于可燃液体。某些可燃固体如樟脑和萘等,也能蒸发或升华为蒸气,因此也有闪点。由于闪燃往往是着火的先兆,所以物质的闪点越低,越容易着火,火灾的危险性也越大。表1-1是实验室常见物质的闪点。

表1-1　实验室常见可燃液体的闪点

液体名称	闪点/℃	液体名称	闪点/℃	液体名称	闪点/℃
戊烷	<-40	苯	-11.1	氯苯	28
乙醚	-45	乙酸乙酯	-4.4	二甲苯	30
汽油	-42.8	庚烷	-4	乙酸	40
二硫化碳	-30	甲苯	4.4	醋酐	49
己烷	-21.7	甲醇	11		
丙酮	-19	乙醇	11.1		

2. 阴燃

阴燃是指一些固体可燃物在空气不流通,加热温度低或可燃物含水多等条件下发生的只冒烟无火焰的燃烧现象。阴燃是一种没有明火的缓慢燃烧现象,它是可燃固体由于供氧不足而形成的一种缓慢氧化反应。阴燃属于火灾的初起阶段,由于没有明火,只是冒烟,一般不会引人注意,一旦遇到合适条件,就会迅速转化为明火,造成更大危害。

3. 自燃及自燃点

自燃指可燃物在没有外来明火源的作用下,靠受热或自身发热导致热量积聚达到一定的温度时而自行发生的燃烧现象。在规定条件下,可燃物在空气中发生自燃的最低温度,叫做自燃点。当温度达到自燃点时,可燃物与空气接触不需要明火的作用就能发生燃烧。物质的自燃点越低,发生火灾的危险性就越大。表1-2是部分可燃物质的自燃点。

表1-2　一些可燃物质的自燃点

物质名称	自燃点/℃	物质名称	自燃点/℃	物质名称	自燃点/℃
二硫化碳	102	原油	$380\sim530$	丙酮	537
乙醚	170	乙醇	422	天然气	$550\sim650$
硫化氢	260	甲醇	455	水煤气	$550\sim650$
汽油	280	二甲苯	465	苯	555
醋酐	315	丙烷	466	氯苯	590
丁烷	365	乙烷	515	一氧化碳	605
重油	$380\sim420$	甲苯	535		
煤油	$380\sim425$	甲烷	537		

自燃分为受热自燃和自热自燃两种类型。受热自燃是当有空气或氧气存在时,可燃物虽未与明火直接接触,但在外部热源的作用下,由于传热而导致可燃物的温度上升,达到自燃点而着火燃烧。自热自燃是某些物质在没有外部热源作用下,由于物质内部发生的物理、化学或生化反应而产生热量,这些热量在适当的条件下会逐渐聚集,致使物质温度升高,达到自燃点而着火燃烧。

受热自燃和自热自燃的区别在于热的来源不同。受热自燃的热源来源于外部,而自热自燃的热源来自物质本身的热效应。自热自燃有如下几种类型:由于氧化热积蓄引起的自燃、由于分解发热而引起的自燃、由于聚合热或发酵热引起的自燃、由于化学品混合接触而引起的自燃等。受热自燃的火焰是由外而内,自热自燃的火焰大都是由内而外。因自热自燃不需要外部热源,在常温或低温下也能发生自燃,所以其火灾危险性更大。

4. 点燃和燃点

点燃指可燃物在空气中受到外界火源直接作用,移去火源后仍能持续燃烧的现象。可燃物开始起火持续燃烧的最低温度称为燃点。和闪点相同,物质的燃点越低,越容易着火,火灾的危险性也越大。表 1-3 是一些常见物质的燃点。

表 1-3　一些可燃物质的燃点

物质名称	燃点/℃	物质名称	燃点/℃	物质名称	燃点/℃
樟脑	70	松香	216	聚乙烯	400
赤磷	160	硫磺	255	聚氯乙烯	400
石蜡	150～195	有机玻璃	260	吡啶	480
硝酸纤维	180	聚丙烯	400	醋酸纤维	480

1.1.3　燃烧的产物与危害

燃烧产物主要是可燃物发生燃烧时产生的气体、烟雾等物质。燃烧产物的组成取决于可燃物的组成和燃烧条件。按照燃烧的完全程度,分为完全燃烧产物和不完全燃烧产物。可燃物燃烧后的产物不能继续燃烧的称为完全燃烧产物;可燃物燃烧后的产物还能继续燃烧的称为不完全燃烧产物。绝大多数的可燃物的燃烧产物包括二氧化碳、一氧化碳、水蒸气、硫氧化物、氮氧化物、氰化氢等。一些有机物在不同的条件下燃烧,会生成醇类、酮类、醛类、醚类等化合物以及其他复杂化合物。

燃烧产物的主要成分是烟气,烟气对人体最大的危害是烧伤、窒息和吸入有毒气体中毒。燃烧产生的高温烟气可导致人体循环系统受损甚至衰竭,呼吸道黏膜充血起水泡,组织坏死,导致肺水肿而窒息死亡。大量事实表明,火灾死亡人数中,八成以上是因为吸入了有毒气体而窒息死亡。有些不完全燃烧产物还能与空气形成爆炸性混合物造成二次灾害。

1.2　爆炸的基本知识

1.2.1　爆炸的定义与分类

1. 爆炸的定义

爆炸是指一个物质从一种状态转化为另一种状态,并在瞬间以机械功的形式放出大量能量的过程。爆炸现象一般具有以下特征:① 爆炸过程瞬间完成;② 爆炸点附近的瞬间压力急剧升高;③ 发出响声;④ 周围介质发生震动或物质遭到破坏。

2. 爆炸的分类

按照物质发生爆炸的原因和性质不同,可将爆炸分为物理爆炸、化学爆炸、核爆炸三类。在高校化学和化工类的实验室中,常见的爆炸事故主要是物理爆炸和化学爆炸,故核爆炸不作讨论。

（1）物理爆炸

由于物质的物理变化(如温度、压力、体积等变化)引起的爆炸称为物理爆炸。这种爆炸是物质因状态或压力发生突变等物理变化而形成的。例如:容器内液体过热、汽化而引起的爆炸,锅炉爆炸,压缩气体、液化气体超压引起的爆炸等都属于物理爆炸。物理爆炸前后,物质的化学成分及性质均无变化。

（2）化学爆炸

化学爆炸是由于物质发生高速放热的化学反应,产生大量气体并急剧膨胀做功而形成的爆炸现象。化学爆炸前后,物质的性质和成分均发生根本的变化。化学爆炸必须同时具备以下三种条件:① 存在易燃易爆气体或蒸气,且达到爆炸极限;② 存在助燃物;③ 存在点火源。

化学爆炸按爆炸时所发生化学变化的不同可分为简单分解爆炸、复杂分解爆炸和爆炸性混合物爆炸三类。

爆炸性混合物可以是气态、液态、固态或是多相系统。

按引起爆炸反应的相分类,分为不凝相爆炸(气相爆炸)与凝相爆炸。不凝相爆炸包括混合气体爆炸、粉尘爆炸、气体的分解爆炸、喷雾爆炸。凝相爆炸又分为固相爆炸与液相爆炸。固相爆炸包括爆炸性物质的爆炸、固体物质混合引起的爆炸和电流过载所引起的电缆爆炸等。液相爆炸包括聚合爆炸以及不同液体混合引起的爆炸。

另外,根据爆炸传播速度,又可分为轻爆、爆炸和爆轰。

① 轻爆:爆炸传播速度数量级 $0.1 \sim 10 \text{ m/s}$ 的过程;

② 爆炸(狭义):爆炸传播速度数量级 $10 \sim 1\,000 \text{ m/s}$ 的过程;

③ 爆轰:爆炸传播速度大于 $1\,000 \text{ m/s}$ 的过程。这里"爆轰"的定义包含了燃烧过程中的爆轰。

3. 爆炸极限及影响因素

（1）爆炸极限

可燃物质(可燃气体、蒸气、粉尘或纤维)与空气(氧气或氧化剂)均匀混合形成爆炸性混合物,其浓度达到一定的范围时,遇到明火或一定的引爆能量立即发生爆炸,这个浓度范围称为爆炸极限(或爆炸浓度极限)。形成爆炸性混合物的最低浓度称为爆炸浓度下限,最高浓度称为爆炸浓度上限,爆炸浓度的上限、下限之间称为爆炸浓度范围。可燃性混合物有一个发生燃烧和爆炸的浓度范围,即有一个最低浓度和最高浓度,混合物中的可燃物只有在爆炸极限之内才会有燃爆危险。

可燃物质的爆炸极限受诸多因素的影响。如可燃气体的爆炸极限受温度、压力、氧含量、能量等影响,可燃粉尘的爆炸极限受分散度、湿度、温度和惰性粉尘等影响。

气体混合物的爆炸极限一般用可燃气体或蒸气在混合物中的体积分数来表示。一些气体和液体的爆炸极限见表 1-4。

表 1-4　常见物质的爆炸上限与下限

物质名称	爆炸极限/%		物质名称	爆炸极限/%	
	下限	上限		下限	上限
柴油	0.6	7.5	丙烯	2	11.1
二硼烷	0.8	88	吡啶	2	12
萘	0.9	5.9	四氢呋喃	2	12
二甲苯	0.9~1.0	6.7~7.0	丙烷	2.1	9.5~10.1
二氧化硫	1	50	环氧丙烷	2.3	36
环己醇	1	9	乙烯	2.5	82
环己酮	1~1.1	9~9.4	丙酮	2.6~3	12.8~13
乙苯	1	7.1	二甲基亚砜	2.6~3	42
庚烷	1.05	6.7	乙烯	2.7	36
正己烷	1.1	7.5	乙烷	3	12~12.4
苯	1.2	7.8	乙醇	3~3.3	19
甲苯	1.2~1.27	6.75~7.1	乙二醇	3	22
环己烷	1.3	7.8~8	环氧烷	3	100
异戊烷	1.32	9.16	甘油	3	19
正丁醇	1.4	11.2	乙胺	3.5	14
汽油	1.4	7.6	氯乙烯	3.6	33
正戊烷	1.4	7.8	乙醛	4	57
环戊烷	1.5~2	9.4	乙酸	4	19.9
戊烷	1.5	7.8	环氧氯丙烷	4	21
正丁烷	1.6	8.4	氢气	4.1	75
乙二胺	1.8	10.1	硫化氢	4.3	46
异丁烷	1.8	9.6	甲烷	4.4~5	15~17
邻二氯苯	2	9	1,2-二氯乙烷	6	16
1,4-二恶烷	2	22	甲醇	6~6.7	36
乙酸乙酯	2	12	硝基甲烷	7.3	22.2
呋喃	2	14	一氯甲烷	10.7	17.4
异丁醇	2	11	一氧化碳	12	75
异丙醇	2	12	氨气	15.7	27.4
硝基苯	2	9	二氯甲烷	16	66

　　粉尘在空气中达到一定的浓度,遇到明火,火焰瞬间传播于整个混合粉尘空间,化学反应速度极快,同时释放大量的热,形成很高的温度和很大的压力,系统的能量转化为机械功以及光和热的辐射,发生爆炸,具有很强的破坏力。影响粉尘爆炸的因素主要有以下几个方面:① 粉尘的物理和化学性质。粉尘的燃烧热越大、氧化速率越快、挥发性越强、越容易带电荷,就越容易引起爆炸。② 粉尘颗粒大小。一般粉尘颗粒越小,爆炸下限越低;粉尘颗粒越干燥,燃点越低,危险性也越大。③ 粉尘的悬浮性。粉尘悬浮的时间越长,危险性也越大。④ 粉尘的浓度。粉尘与可燃物一样,其爆炸也有一定的浓度范围。表 1-5 列出了常见粉尘爆炸极限。

表 1-5　常见粉尘爆炸极限

粉尘种类	粉尘	爆炸下极限 g/m³	粉尘种类	粉尘	爆炸下极限 g/m³
金属	钼	35	热塑性塑料	聚对苯二甲酸乙酯	40
	锑	420		聚醋酸乙烯酯	40
	锌	500		聚苯乙烯	20
	锆	40		聚丙烯	20
	硅	160		聚乙烯醇	35
	钛	45		甲基纤维素	30
	铁	120		木质素	65
	钒	220		松香	55
	硅铁合金	425	塑料一次原料	己二酸	35
	镁	20		酪蛋白	45
	镁铝合金	50		对苯二酸	50
	锰	210		多聚甲醛	40
热固塑料	绝缘胶木	30		对羧基苯甲醛	20
	环氧树脂	20		软木	35
	酚甲酰胺	25	塑料填充剂	纤维素絮凝物	55
	酚糠醛	25		棉花絮凝物	50
	缩乙醛	35		木屑	40
	醇酸	155		玉米及淀粉	45
热塑性塑料	乙基纤维素	20		大豆	40
	合成橡胶	30		小麦	60
	醋酸纤维素	35	农产品及其他	花生壳	85
	尼龙	30		砂糖	19
	丙酸纤维素	25		煤炭	35
	聚丙烯酰胺	40		肥皂	45
	聚丙烯腈	25		干浆纸	60
	聚乙烯	20		聚对苯二甲酸乙酯	40

　　(2)影响爆炸极限的因素

　　爆炸极限是在一定条件下测得的数据,并不是固定不变的。它随着外界条件如温度、压力、含氧量、惰性介质含量、火源强度和火焰传播方向等因素变化而变化。

①起始温度　爆炸性气体化合物的起始温度越高,则爆炸极限范围越宽,即下限降低而上限增高,使爆炸的危险性增加。

②压力　在增加压力的情况下,爆炸极限的变化不大。一般压力增加,爆炸上限随着压力增加显著增加。爆炸极限范围扩大,爆炸危险性增加。

③惰性介质　若爆炸性混合物中加入惰性气体,可使爆炸上限显著降低,爆炸极限范围缩小。当惰性气体增加到一定浓度时,可使混合物不燃不爆。增加惰性气体的浓度对爆炸上限影响更加明显,因为惰性气体的增加,降低了氧气的相对含量,从而降低了爆炸上限。

④容器　容器的大小对爆炸极限有影响。容器直径越小,爆炸极限范围越窄,发生爆炸的危险性减小。当容器的直径小到一定程度时,这种器壁会使火焰无法继续而熄灭。

⑤点火能源　爆炸性混合物的点火能源,如电火花的能量,炽热表面的面积,火源与混合物接触时间长短等,对爆炸极限都有一定影响。随着点火能量的加大,爆炸范围变宽,燃烧爆炸的危险性增加。

⑥含氧量　当爆炸性混合气体中氧气含量增加时,爆炸极限范围变宽,爆炸危险性增加。如氢气在空气中的爆炸极限是 4.0%～75%,在纯氧中的爆炸极限是 4.0%～94%。如果减少空气中的含氧量,低于氢气的极限含氧量,氢气就不会发生燃烧爆炸。

⑦火焰传播方向(点火位置)　当在爆炸极限测试管中进行爆炸极限测定时,可发现在垂直测试管中于下部点火,火焰由下向上传播时,爆炸下限值最小,上限值最大;当于上部点火时,火焰向下传播,爆炸下限值最大,上限值最小;在水平管中测试时,爆炸上下限值介于前两者之间。

实验室爆炸事故多发生在具有易燃易爆物品和压力容器的实验室。酿成事故的主要原因有:①违反操作规程,引燃易燃物品,进而导致爆炸。②易燃气体在空气中泄漏到一定浓度时遇明火发生爆炸。③回火现象引发的燃气管道爆炸。管径在 150 mm 以下的燃气管道,一般可直接关闭闸阀熄火;管径在 150 mm 以上的燃气管道着火时,不可直接关闭闸阀熄火,应采取逐渐降低气压。通入大量水蒸气或氮气灭火的措施,但气体

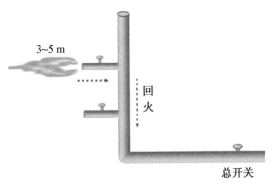

图 1-1　管道燃气回火示意图

压力不得低于 50～100 Pa。严禁突然关闭闸阀或水封,以防燃气管道内形成负压,喷嘴的火焰跟随进入管道产生回火,造成管道内部着火,炸毁管道,引起大楼损毁事故和火灾事故。当着火管道被烧红时,不得用水骤然冷却。④压力气瓶遇高温或强烈碰撞引起爆炸,高压反应锅等压力容器操作不当引发爆炸等。⑤粉尘爆炸。

表 1-6 列出了常见的易爆混合物。

表 1-6　常见的易爆混合物

主要物质	相互作用的物质	产生结果	主要物质	相互作用的物质	产生结果
浓硝酸、硫酸	松节油、乙醇	燃烧	硝酸盐	酯类、乙酸钠、氯化亚铁	爆炸
过氧化氢	乙酸、甲醇、丙酮	燃烧	过氧化物	镁、铝、锌	爆炸
溴	磷、锌粉、镁粉	燃烧	钾、钠	水	燃烧、爆炸
高氯酸钾	乙醇、有机物	爆炸	红磷	氯酸盐、二氧化铅	爆炸
氯酸盐	硫、磷、铝、镁	爆炸	黄磷	空气、氧化剂、强酸	爆炸
高锰酸钾	硫磺、甘油、有机物	爆炸	乙炔	铜、银、汞(Ⅱ)化合物	爆炸
硝酸铵	锌粉和少量水	爆炸			

1.2.2　防爆基本措施

防止可燃物化学爆炸全部技术措施的实质,是制止化学爆炸三个基本条件的同时存在。具体来说,实验室的防爆措施主要包括下列几个方面:

(1) 实验室保持良好的通风,防止爆炸混合物的形成,也就是设法使混合气浓度低于爆炸下限。

(2) 保持系统密封,防止可燃物泄漏。

(3) 严格控制火源,严禁一切可能会产生火花的违规行为。

(4) 安装监控系统和报警装置。

(5) 掌握各种可燃物发生爆炸的机理是属热爆炸还是链反应爆炸,以便采取相应的防爆、熄爆措施。

(6) 安装泄压装置使其在燃烧开始时就能及时泄压降温,以减弱爆炸的破坏作用,或阻止爆炸的发生。

(7) 采用隔爆装置等措施切断爆炸的传播途径。

(8) 爆炸初期,压力升高速度还不太快时,采用抑爆装置迅速向设备内加入抑爆剂制止爆炸的继续发展。

1.3　火灾的特点和分类

1.3.1　火灾的特点

火灾是人类共同的敌人,一旦发生火灾,都会造成难以挽回的财产损失,有的会危害人的健康甚至夺去生命。化学和化工实验室发生的火灾一般具有以下特点:

(1) 燃烧猛烈,蔓延迅速,易发生爆炸。各种危险化学品如易燃液体、气体或固体,发生火灾时,火势异常猛烈,短时间内就可能形成大面积火灾;瓶装、罐(桶)装的易燃、可燃液体在受热的条件下、有发生爆炸的可能;易燃液体的蒸气、可燃气体、可燃粉尘等,在一定条件下都可发生爆炸。

（2）火情复杂多变，灭火剂选择难度大。危险化学品种类繁多，各具特性，在灭火和疏散物资时，如果不慎使性质相异的物品混杂、接触或错误使用忌用的灭火剂，都将造成火情突变。不同的火源和可燃物发生火灾后带来的损失和扑救的方法不同。

（3）产生有毒气体，易发生化学性灼伤，扑救难度大。着火后，不少危险化学品在燃烧和受热条件下，可发生分解，蒸发出有毒、有腐蚀性的气体。具有强氧化性的罐（桶）装酸、碱，容器破裂后，遇某些有机物能发生燃烧或爆炸，遇某些无机物能发生剧烈的反应，产生有腐蚀性的气体或毒气等。

1.3.2　火灾发展的四个阶段

火灾从初起到熄灭，可分为四个阶段：初起阶段、发展阶段、猛烈阶段和熄灭阶段。具体见图1-2。

（1）初起阶段。指物质在起火后的十几分钟内，此时燃烧面积还不大，烟气流动速度还比较缓慢，火焰辐射出的能量还不多，周围物品和结构开始受热，温度上升不快，但呈上升趋势。初起阶段是灭火的最有利时机，也是人员安全疏散的最有利时段。因此，应设法把火灾及时控制、消灭在初起阶段。

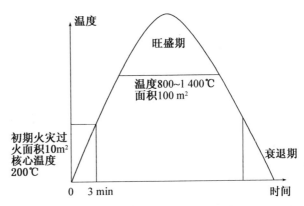

图1-2　火灾发展各阶段情况示意图

（2）发展阶段。指由于燃烧强度增大，导致气体对流增强、燃烧面积扩大、燃烧速度加快的阶段。在此阶段需要投入较多的力量和灭火器材才能将火扑灭。

（3）猛烈阶段。指由于燃烧面积扩大，大量的热释放出来，空间温度急剧上升，使周围的可燃物全部卷入燃烧，火灾达到猛烈程度的阶段，也是火灾最难扑救的阶段。

（4）熄灭阶段。指火势被控制住以后，由于灭火剂的作用或因燃烧材料已经烧至殆尽，火势逐渐减弱直至熄灭的阶段。

大量的火灾表明，在火灾的初起阶级如果能有效扑灭，成功率在95%左右。当火势很小且没有蔓延，可以在30 s或更短的时间内扑灭时，可以选择合适的灭火器材扑灭。如果3 min还没有将火扑灭，应尽快撤离现场逃生。实验室每年至少安排一次关于灭火器材正确使用的培训，让大家了解并熟练掌握如何扑灭初起之火，如何在保证扑火人员生命安全的前提下控制灾害的发展。

1.3.3　火灾的分类

《火灾分类》原来的标准是根据物质燃烧特性将火灾分为A、B、C、D四类。2009年5月1日起，根据《火灾分类》GB/T 4968—2008的规定，火灾根据可燃物的类型和燃烧特性，分为A、B、C、D、E、F、K七类。

A 类火灾:指固体物质火灾。这种物质通常具有有机物质性质,一般在燃烧时能产生灼热的余烬。如木材、煤、棉、毛、麻、纸张等火灾。

B 类火灾:指液体或可熔化的固体物质火灾。如煤油、柴油、原油、甲醇、乙醇、沥青、石蜡等火灾。

C 类火灾:指气体火灾。如煤气、天然气、甲烷、乙烷、丙烷、氢气等火灾。

D 类火灾:指金属火灾。如钾、钠、镁、铝镁合金等火灾。

E 类火灾:带电火灾。物体带电燃烧的火灾。

F 类火灾:烹饪器具内的烹饪物(如动植物油脂)火灾。

K 类火灾:食用油类火灾。通常食用油的平均燃烧速率大于烃类油,与其他类型的液体火相比,食用油火很难被扑灭,由于有很多不同于烃类油火灾的行为,它被单独划分为一类火灾。

1.4　实验室消防安全技术

实验室安全的首要任务是预防发生事故。但实验室的安全事故仍时有发生,因此安全第一,预防为主,综合管理,是我们安全工作一贯的指导方针。实验室消防安全技术是防患于未然的重要保障,消防器材的正确和熟练使用对挽救生命、保护人员健康和财产安全至关重要。对师生员工进行定期、有效的培训可以保证他们能够正确、有效地使用消防器材。

在各类实验室中都不同程度地存在燃烧和爆炸的危险。为了保证教学和科研工作的顺利开展,我们必须对有燃烧和爆炸的危险物质加强管理,采用相应的消防安全技术措施,防止火灾和爆炸事故的发生。如果一旦发生,也要具备一定的减少灾害造成的危害措施,把损失降到最低限度。

1.4.1　防火防爆技术

防火防爆技术是实验室安全技术的重要内容之一。安全第一,预防为主,消除可能引起燃烧和爆炸的危险因素,这是最根本的解决办法。使易燃易爆品不处于危险状态,或消除一切火源和安全隐患,就可以预防火灾或爆炸的发生。

1. 防止可燃可爆系统的形成

(1) 控制可燃物和助燃物

① 控制实验过程中可燃物和助燃物的用量,实验室尽量少用或不用易燃易爆物。通过实验改进,使用不易燃易爆的溶剂。一般低沸点溶剂比高沸点溶剂更具易燃易爆的危险性,例如乙醚。相反,沸点高的溶剂不易形成爆炸浓度,例如沸点在 110 ℃以上的液体,在常温通常不会形成爆炸浓度。

② 加强密闭。为了防止易燃气体、蒸气和粉尘与空气混合,形成易爆混合物,应该设法使实验室储存易燃易爆品的容器封闭保存。对于实验室微量、正在进行的、有可能产生压力反应不能密闭的,尾气少量要通入下水道,大量的要加以吸收或回收,消除安全隐患。

③ 做好通风除尘。实验室易燃易爆品完全密封保存和反应是有困难的,总会有部分

蒸气、气体或粉尘泄漏。所以,必须做好实验的通风和除尘,通过实验室的通风换气,使实验室的易燃、易爆和有毒物质的浓度不超过最高允许浓度。

通风分为自然通风和机械通风,前者是依靠外界风力和实验室内空气进行自然交换,而后者是依靠机械造成的室内外压力差,使空气流动进行交换,例如鼓风机、通风橱和排气扇等。两者都可以从室内排出污染空气,使室内空气中易燃易爆物的含量不超过最高允许浓度。

④ 惰性化。在可燃气体、蒸气和粉尘与空气的化合物中充入惰性气体,降低氧气、可燃物的体积分数,从而使化合物气体达不到最低燃烧或爆炸极限,这就是惰性化原理。

⑤ 实时监测空气中易燃易爆物的含量。实时监测实验室内部易燃易爆物的含量是否达到爆炸极限,是保证实验室安全的重要手段之一。在可能泄露可燃或易爆品区域设立报警仪是实验室的一项基本防爆措施。

(2) 控制点火源

实验室点火源一般有以下几个方面:明火、高温表面、摩擦、碰撞、电气火花、静电火花等。

① 明火:明火是指敞开的火焰和火星等。敞开的火焰具有很高的温度和热量,是引起火灾的主要着火源。实验室明火主要有点燃的酒精灯、煤气灯、酒精喷灯、烟头、火柴、打火机、蜡烛等。在实验室易燃易爆场所不得使用酒精灯、煤气灯、喷灯、火柴、打火机和蜡烛,禁止实验室内吸烟。

② 高温表面:高温表面的温度如果超过可燃物的燃点,当可燃物接触到该表面时有可能着火。常见的高温表面有通电的白炽灯泡、电炉等。

③ 摩擦与撞击:摩擦与撞击往往会引起火花,从而造成安全事故。因此有易燃易爆品的场所,应该采取措施防止火花的发生。

a. 机器上的轴承等转动部分,应该保持良好的润滑并及时加油,例如实验室的水泵和通风的电机最好采用有色金属或塑料制造的轴瓦。

b. 凡是撞击或摩擦的部分都应该采用不同的金属制成,例如实验室用的锤子、扳手等。

c. 含有易燃易爆品的实验室,不能穿带钉子或带金属鞋掌的鞋。

d. 硝酸铵、氯酸钾和高氯酸铵等易爆品,实验室不要大量储存,少量使用也要轻拿轻放,避免撞击。

④ 防止电气火花。用电设备由于线路短路、超负荷或通风不畅,温度急剧上升,超过设备允许的温度,不仅能使绝缘材料、可燃物、可燃灰尘燃烧,而且能使金属熔化,酿成火灾。为了防止电火花引起的火灾,在易燃易爆品场所,应该选用合格的电气设施,最好是防爆电器,并建立经常性检查和维修制度,防止线路老化、短路等,保证电气设备正常运行。

⑤ 消除静电。静电也会产生火花,往往会酿成火灾事故。其中人体的静电防止主要有以下几个方面:

a. 进入实验室不能穿化纤类的服装,要穿防静电服装,例如实验服、静电鞋和手套。

b. 长发最好盘起,防止头发与衣服摩擦产生静电。

c. 人体接地,实验室入口处设有裸露的金属接地物,例如接地的金属门、扶手、支架等,人体接触到这类物质即可以导出人体内的静电。

d. 安全操作,进入存放易燃易爆品的实验室,最好不要做产生人体静电的动作,例如不要脱衣服、不梳头等。

2. 控制火灾和爆炸的蔓延

一旦发生火灾和爆炸事故,要尽一切可能将其控制在一定的范围之内,并及时采取扑救措施,防止火灾和爆炸的蔓延,实验室一般可以采用以下办法:

(1) 实验不要放置大量的易燃易爆品,少量存储也要规范合理放置,例如固液分开、氧化剂和还原剂分开、酸碱分开放置等。存放化学试剂的冰箱应有防爆功能。

(2) 实验室常用设施不能为易燃品,例如窗帘、实验台面、实验柜、药品柜和通风橱等。

(3) 实验室的通风橱应具有防爆功能,具有危险性的实验可以在通风橱内操作。一旦发生安全事故,可以控制在通风橱内,防止进一步蔓延。

(4) 实验室必须配备足量消防器材,例如灭火毯、灭火器、消防沙桶等。

(5) 实验室人员要具备很强的安全意识,会熟练使用消防器材。一旦火势失控,在安全撤离时关闭相应的防火门,防止火势蔓延扩散。

1.4.2　灭火基本方法

物质的燃烧必须同时具备三个要素:可燃物、助燃物和点火源。灭火就要反其道而行之,即设法消除这三个要素的其中一个,火就可以被熄灭。因此,灭火的基本方法有:

1. 隔离法

将正在燃烧的可燃物与其他可燃物分开,中断可燃物的供给,造成缺少可燃物而停止燃烧。例如关闭实验可燃气体或液体的阀门、迅速转移燃烧物附近的有机溶剂、拆除与燃烧物毗连的可燃物等,都是很好的隔离办法。

2. 窒息法

减少助燃物,阻止空气流入燃烧区域或用不燃烧的惰性物质冲淡空气,使燃烧物得不到足够的氧气而熄灭。实际应用时,如用石棉毯、湿麻袋或实验室的灭火毯和干的黄沙等不燃烧或难燃烧物质覆盖在物体上,或封闭着火实验仪器的空洞,都可以窒息燃烧源。但必须注意,因为炸药不需要外界供给氧气即可发生燃烧和爆炸,所以窒息法对炸药不起作用。沙土不可用来扑灭爆炸或易爆物发生的火灾,以防止沙子因爆炸迸射出来而造成人员伤害。

3. 冷却法

将冷灭火剂直接喷射到燃烧物表面,以降低燃烧物的温度,使其温度降低到该物质的燃点以下,燃烧亦可停止;或者将灭火剂喷洒到火源附近的可燃物上,防止辐射热影响而起火。例如用水或干冰等灭火剂喷到燃烧的物质上可以起到冷却作用,但实验室灭火要注意燃烧的物质或附近不能具有和水(用水灭火)或二氧化碳(用干冰灭火)起反应的物质。

4. 化学抑制灭火法

将化学灭火剂喷至燃烧物表面或者喷入燃烧区域,使燃烧过程中的游离基(自由基)消失,抑制或终止使燃烧得以继续或扩展的链式反应,从而使燃烧停止。

1.4.3　灭火剂的选择

灭火剂的种类很多,常用的有以下几种:

1. 水

水是最常见的灭火剂,主要作用是冷却降温,也有隔离和窒息作用。水作为灭火剂方便易得,成本低廉。但水不能用于液体有机物火灾、遇水易放出可燃或助燃气体发生的火灾以及电气火灾。

2. 二氧化碳和其他惰性气体

加压的二氧化碳气体从钢瓶中喷出即形成雪花状的固体(干冰),干冰的沸点是 $-78.5\ ℃$;液态氮气的沸点是 $-196\ ℃$,能起到冷却及冲淡燃烧区空气中含氧量的作用。另外,二氧化碳的密度比空气大,也能起到隔离和窒息作用。二氧化碳适用于液体或可熔化固体燃烧、可燃气体燃烧、电器引起的火灾等。但它的射程短,灭火距离小于 2 m,有风时效果不佳。切不可用于钠、钾、镁等金属及其过氧化物引发的火灾。

3. 卤代烷灭火剂

代表性的物质是四氯化碳,是不可燃液体,沸点较低,遇到燃烧的物质能迅速蒸发,吸收热量使燃烧物的温度降低。四氯化碳气体的密度较大,笼罩在燃烧区,使其与空气隔绝,可使燃烧停止。

4. 化学干粉

化学干粉灭火剂是一种干燥的、易于流动的微细固体粉末,由具有灭火作用的基料(如碳酸氢钠、磷酸盐等,占 90% 以上)和防潮剂、流动促进剂、结块防止剂等添加剂组成。它依靠压缩氮气的压力被喷射到燃烧物表面,起到覆盖隔离和窒息的作用。化学干粉适用于扑救固体有机物燃烧、液体或可熔化固体燃烧、可燃气体燃烧等。因为灭火剂是碳酸氢钠等盐类,残余物有适度的腐蚀性,需要立即清理。

5. 泡沫灭火剂

泡沫灭火剂分为化学泡沫和机械性泡沫。化学泡沫是由化学药剂混合后,发生化学反应产生泡沫,其气泡内主要为二氧化碳。化学泡沫的灭火原理主要是泡沫覆盖了燃烧物的表面,起到覆盖隔离和窒息的作用。机械性泡沫是由发泡液,进过水流的机械作用相互混合而产生。它的灭火原理同化学泡沫。泡沫灭火器适用于固体物质、油类制品等引起的火灾等,一般不适用于电器和遇水燃烧或产生可燃气体等物质引起的火灾。

6. 黄沙和土等覆盖物

这些物质同样起到覆盖隔离和窒息的作用。沙土可以用来扑灭一切不能用水扑救的火灾,沙土必须保持干燥,沙土不可用来扑灭爆炸或易爆物发生的火灾,以防止沙子因爆炸迸射出来而造成人员伤害。

7. 灭火毯

在火灾初起阶段,将灭火毯直接覆盖住火源,并采取积极的灭火方式,直至着火物熄灭。也可在火灾发生时,将灭火毯披盖在身体上,迅速逃离火场。灭火毯应放置在方便易取之处,如有损坏或污损须及时更换。

8. 水系灭火剂

新发展起来的一种由增稠剂、稳定剂、阻燃剂、发泡剂等多种成分组成的灭火剂,与传统灭火剂相比,具有环保、高效、多功能、抗复燃能力强、不造成次生污染,不含消耗臭氧层物质,对人体无毒、无害。水系灭火剂既能灭 A 类火(可燃性固体火灾)、B 类火(可燃性油类火灾)、C 类火(可燃气体火灾),又能灭 E 类火(带电火灾)灭火剂,但不能用来灭 D 类火(金属火灾)。

实验室应在适当的位置配备足量合适的灭火器材,每个人必须让自己熟悉这个位置,学会使用灭火器材,不得随意移动实验室内灭火器材的位置。实验室的灭火器材通常是在房间进出口边、有特别易燃的装备或操作的区域。

1.5　消防设施

《中华人民共和国消防法》中明确指出:消防设施是指火灾自动报警系统、自动灭火系统、消火栓系统、防烟排烟系统以及应急广播和应急照明、安全疏散设施等。

1.5.1　火灾自动报警系统

火灾自动报警系统主要由探测器(触发器件)、控制器、警报装置(声光、区域显示器)和辅助装置(CRT 图形显示)等部分组成。它能在火灾初期,将燃烧产生的烟雾、热量、火焰等物理量,通过火灾探测器变成电信号,传输到火灾报警控制器,发出火灾警报并显示出火灾发生的部位、时间等,使人们能够及时发现火灾,并采取有效措施,扑灭初期火灾,最大限度地减少因火灾造成的生命和财产的损失。

1. 火灾探测器

火灾探测器是火灾自动报警系统的"感觉器官",能对火灾的特征物理量(如温度、烟雾、气体浓度和光辐射等)响应,并立即向火灾报警控制器发送报警信号。

火灾探测器可以分为:感烟式、感温式、感光式、复合式等。

(1) 感烟式火灾探测器　常见的感烟式火灾探测器又分为光电式、电离式和吸气式三种。

　　　光电式感烟探测器　　　　　电离式感烟探测器　　　　　吸气式感烟探测器

图 1-3　感烟式火灾探测器

(2) 感温式火灾探测器　感温火灾探测器温感是利用热敏元件来探测火灾的。在火灾初始阶段,一方面有大量烟雾产生,另一方面物质在燃烧过程中释放出大量的热,使周围环境温度急剧上升。探测器中的热敏元件发生物理变化,从而将温度信号转变成电信号,并进行报警处理。感温式火灾探测器可分为定温式、差温式及差定温式三种。

定温式探测器　　　　　　差温式探测器　　　　　　差定温式探测器

图 1-4　感温式火灾探测器

(3) 感光式火灾探测器　感光式火灾探测器又称火焰探测器,它是利用对扩散火焰燃烧的光强度和火焰的闪烁频率响应的一种火灾探测器。根据火焰的光特性,现使用的火焰探测器又分为紫外火焰探测器和红外火焰探测器。

紫外火焰探测器　　　　　　　　　红外火焰探测器

图 1-5　感光式火灾探测器

(4) 复合式火灾探测器　指能对两种或两种以上火灾的特征物理量响应的探测器,它有感烟感温式、感烟感光式、感温感光式等几种形式。

2. 火灾报警控制器

火灾报警控制器是在火灾自动报警系统中,用来接收、显示和传递火灾报警信号,并能发出控制信号和具有其他辅助功能的控制指示设备。火灾报警控制器具有为火灾探测器供电、接收、显示和传输火灾报警信号,并能对自动消防设备发出控制信号的完整功能,是火灾自动报警系统中的核心组成部分。

火灾报警控制器按其用途不同,可分为区域火灾报警控制器、集中火灾报警控制器和通用火灾报警控制器三种基本类型。

(1) 区域火灾报警控制器的主要特点是控制器直接连接火灾探测器,处理各种报警信号,是组成自动报警系统最常用的设备之一。

(2) 集中火灾报警控制器的主要特点是一般不与火灾探测器相连,而与区域火灾报警控制器相连,处理区域火灾报警控制器送来信号,常使用在较大型系统中。

(3) 通用火灾报警控制器的主要特点是它兼有区域、集中两级火灾报警控制器的特点。通过设置或修改某些参数即可作区域级使用,连接探测器;又可作集中级使用,连接区域火灾报警控制器。

3. 火灾警报装置

在火灾自动报警系统中,用以发出区别于环境声、光的火灾警报信号的装置称为火灾警报装置。它以声、光的方式向报警区域发出火灾警报信号,以警示人们采取安全疏散、灭火救灾措施。常见的如警铃、讯响器及火灾显示盘等。

图 1-6　火灾报警控制器

(1) 警铃是一种火灾警报装置,用于将火灾报警信号进行声音中继的一种电气设备,警铃大部分安装于建筑物的公共空间部分,如走廊、大厅等。

(2) 讯响器是消防警铃的替代元件,是一种将电能转化为声音讯号(声波)的电器元件,并可使用于有轻微腐蚀性气体及尘埃的环境中。

警铃　　　　　　　　　　　　讯响器

图 1-7　火灾警报装置

1.5.2　消火栓系统

消火栓系统由室外消火栓设施和室内消火栓设施构成。室外消火栓设施主要由蓄水池、加压送水装置(水泵)等构成;室内消火栓设备由消火栓箱、消防水枪、消防水带、室内消火栓、消防管道等组成。

1. 消火栓箱

遇有火警时,根据箱门的开启方式,按下门上的弹簧锁,销子自动退出,拉开箱门后,取下水枪并拉转水带盘,拉出水带,同时把水带接口与消火栓接口连接上,拨动箱体内壁的电源开关,把室内消火栓手轮顺开启方向旋开,即能进行喷水灭火。

2. 消防水枪

消防水枪是灭火的射水工具,用其与水带连接会喷射密集充实的水流。它由管牙接口、枪体和喷嘴等主要零部件组成。

3. 消防水带

消防水带是消防现场输水用的软管。消防水带按材料可分为有衬里消防水带和无衬里消防水带两种。无衬里的水带承受压力低、阻力大、容易漏水、易霉腐,寿命短,适用于建筑物内火场铺设;有衬里的水带承受压力高、耐磨损、耐霉腐、不易渗漏、阻力小,经久耐用,也可任意弯曲折叠,随意搬动,使用方便,适用于外部火场铺设。

消火栓箱　　　　　　　　消防水枪　　　　　　　　消防水带

图 1-8　消火栓系统

4. 室内消防栓

通常安装在消火栓箱内,与消防水带和水枪等器材配套使用,通过管道与室外消防设施相连,使用时可直接连接水带。

5. 水带接扣

用于水带与水枪之间的连接,以便输送水进行灭火。它由本体、密封圈座、橡胶密封圈和挡圈等零部件组成,密封圈座上有沟槽,用于扎水带。

6. 管牙接口

用于水带和消火栓之间的连接,内螺纹固定接口装在消火栓上。

室内消火栓　　　　　　　水带接扣　　　　　　　　管牙接口

图 1-9　消火栓系统

7. 消火栓按钮

消火栓按钮安装在消火栓箱中。当发现火情必须使用消火栓的情况下,手动按下按钮,向消防中心送出报警信号,若自动灭火系统的主机设置在自动时,将直接启动消火栓泵。

1.5.3　自动灭火系统

自动灭火系统分为自动喷水灭火系统和气体自动灭火系统两大类。

1. 自动喷水灭火系统

自动喷水灭火系统属于固定式灭火系统,是目前世界上较为广泛采用的一种固定式消防设施,它具有价格低廉、灭火效率高等特点,能在火灾发生后,自动进行喷水灭火,同时发出警报。在一些发达国家的消防规范中,几乎所有的建筑都要求使用自动喷水灭火系统。在我国,随着建筑业的快速发展及消防法规的逐步完善,自动喷水灭火系统也得到了广泛的应用。自动喷水灭火系统又分为采用闭式洒水喷头的闭式系统和采用开式洒水喷头的开式系统。

2. 气体自动灭火系统

气体自动灭火系统是以气体为灭火介质的灭火系统,根据灭火机理和采用的灭火剂不同主要分为二氧化碳灭火系统、卤代烷 1301 和 1211 灭火系统、气溶胶灭火系统、七氟丙烷灭火系统以及混合气体灭火系统等几种。

1.5.4　其他消防设施

1. 防火卷帘门

防火卷帘门是一种适用于建筑物较大洞口处的防火、隔热设施,能有效地阻止火势蔓延,是现代建筑中不可缺少的防火设施。当卷帘门附近的感烟探测器报警时,将卷帘门降至中位(距地面 1.8 m)人员疏散逃离;当火势蔓延至卷帘门附近时,卷帘门附近的感温探测器报警,将卷帘门降到底,完成防火分区之间的隔离。在卷帘门两侧分别安装手动开关,利用此开关可现场控制卷帘门的升降。发生火灾时,若有人困在卷帘门的内侧,可以按"上升"键,此时卷帘门可提起,用于人员撤离。

2. 手动火灾报警按钮

手动火灾报警按钮主要安装在经常有人出入的公共场所中明显和便于操作的部位。当有人发现有火情的情况下,手动按下按钮,向报警控制器送出报警信号。手动火灾报警按钮比探头报警更紧急,一般不需要确认。因此,手动报警按钮要求更可靠、更确切,处理火灾要求更快。

1.6　火灾的预防和火场逃生与自救

1.6.1　消防安全"四懂四会"

1. 实验室消防安全"四懂"

(1) 懂本岗位发生火灾危险性:具体内容为电源;可燃、易燃品;火源。

(2) 懂预防火灾的措施:加强对可燃物质的管理;管理和控制好各种火源;加强电气设备及其线路的管理;易燃易爆场所应有足够的、适用的消防设施,并要经常检查,做到会用、有效。

(3) 懂灭火方法:冷却灭火方法、隔离灭火方法、窒息灭火方法、抑制灭火方法。

(4) 懂逃生方法:

① 自救逃生时要熟悉周围环境,要迅速撤离火场。

② 紧急疏散时要保证通道不堵塞,确保逃生路线畅通。

③ 紧急疏散时要听从指挥,保证有秩序地尽快撤离。

④ 当发生意外时,要大声呼喊他人,不要拖延时间,以便及时得救,也不要贪婪财物。

⑤ 要学会自我保护,尽量保持低姿势匍匐前进,用湿毛巾捂住嘴鼻。

⑥ 保持镇定,就地取材,用窗帘、床单自制绳索,安全逃生。

⑦ 逃生时要直奔通道,不要进入电梯,防止被关在电梯内。

⑧ 当烟火封住逃生的道路时,要关闭门窗,用湿毛巾塞住门窗缝隙,防止烟雾侵入房间。

⑨ 当身上的衣物着火时,不要惊慌乱跑,就地打滚,将火苗压住。

⑩ 当没有办法逃生时,要及时向外呼喊求救,以便迅速地逃离困境。

2. 实验消防安全"四会"

(1) 会报警:大声呼喊报警,使用手动报警设备报警;如使用专用电话、手动报警按钮、消火栓按键击碎等;拨打 119 火警电话,向当地公安消防机构报警。

(2) 会使用消防器材:各种手提式灭火器的操作方法简称为:一拔(拔掉保险销);二握(握住喷管喷头);三压(压下握把);四准(对准火焰根部即可)。

(3) 会扑救初期火灾:在扑救初起火灾时,必须遵循先控制后消灭、救人第一、先重点后一般的原则。

(4) 会组织人员疏散逃生:按疏散预案组织人员疏散;酌情通报情况,防止混乱;分组实施引导。

1.6.2　实验室火灾的预防

严格执行操作规程是做好实验室消防安全工作的最基本最可靠的手段。实验室首先要根据各类实验性质,在积累经验的基础上,建立科学的实验安全操作规程。实验人员应熟悉所使用物质的性质、影响因素与正确处理事故的方法;了解仪器结构、性能、安全操作条件与防护要求,严格按规程操作。实验中要修改规程时,必须经小量实验的科学论证,否则不可改动。实验室火灾的预防要做到:

1. 安全用电

(1) 电器设备安装:要按照电器规程安装和使用电器设备,不要乱接乱拉电线,照明灯具要远离可燃物。严禁使用铜丝、铁丝代替保险丝,否则遇到漏电、短路、超负荷等情况不能及时熔断,将导致线路、电器发热起火或烧毁。

(2) 电源插座:使用电源插座要注意选择质量合格的产品,最好选择带有漏电保护装置的产品;不能用裸线头代替插头,插头要插实插牢;防止超负荷、接触电阻过大,造成短路或打火引发火灾。

(3) 仪器设备:要放在通风干燥的地方,避免震动、冲击、碰撞、温度骤热或湿热条件下引起电线短路;大功率仪器避免与周围物品距离太近;注意接线与电器功率的配套;设置短路、漏电保护装置。

2. 安全使用燃气

(1) 在燃气管道或设备上,不要吊挂重物,严禁把电器设备的接地线路连接在管道上。

(2) 不在燃气具和管道周围堆放易燃易爆物品。

(3) 要定期对燃气具、管道进行检测,用毛刷蘸肥皂水在燃气管道和灶具的开关阀门、管道接头处、调压器等处涂抹,检查燃气是否泄漏,一旦发现燃气泄漏,要及时关闭燃气管道阀门,迅速通知燃气管理部门前来检修。

（4）在停止使用或外出时应注意关掉室内燃气管道总阀门或煤气罐阀门。

3. 安全使用药品

实验室应有安全员专人管理,在使用易燃易爆化学危险品时,要随用随取,注意登记,强化管理;使用时要有安全使用措施,配备相应的灭火器材;使用完后的废液及时处理;未用完的易燃易爆品应根据相关要求进行管理。

1.6.3　实验室火灾的逃生与自救

发生火灾时的自救方法:火灾发生后,如果被大火围困,最重要的是要保持头脑清醒,千万不能慌乱,应根据火势情况采取最佳的自救方案,争取时间尽快脱离危险区域。以达到减少损失,避免不必要的伤亡。可以简单总结为以下的逃生歌谣:

火灾袭来迅速逃,不要贪恋物和包。

平时掌握逃生法,熟悉路线要记牢。

受到威胁披湿物,安全出口要找好。

穿过浓烟贴地面,湿巾捂鼻最重要。

身上着火不要跑,就地打滚压火苗。

遇到火灾弃电梯,紧急出口方向逃。

第2章　实验室通用电气安全与防护

2.1　电气事故类型及危害

电气事故(electrical accident)指由于电气设备故障直接或间接造成设备损坏、人员伤亡、环境破坏等后果的事件。电气事故按发生灾害的形式,可以分为人身事故、设备事故、电气火灾和爆炸事故等;按发生事故时的电路状况,可以分为短路事故、断线事故、接地事故、漏电事故等;按照造成事故的基本原因,可以分为触电事故、雷电和静电事故、射频伤害(电磁场辐射)、电路故障等,尤其以触电事故最为常见。电气事故具有危险源识别难、事故危害大、涉及领域广等特点,掌握基本的电气安全知识和防护技术,是预防电气事故的基本要素。

2.1.1　触电事故

1. 触电事故伤害种类

触电(electric shock)事故是最常见的一种电气事故,人体触及带电体与电源构成闭合回路,就会有电流通过人体,对人体造成伤害。触电事故伤害主要有电击和电伤两种:

(1) 电击:指电流通过人体内部,直接对内部器官、组织造成伤害。电流通过人体的不同器官会形成不同程度的伤害,最危险的形式有通过心脏会引起心室颤动致使心脏停止跳动(血液循环停止)而死亡、通过中枢神经系统会导致中枢神经系统失调(遏制呼吸)而死亡、通过胸肌引起胸肌收缩导致窒息而死亡、通过头部会使人立即昏迷、通过人体脊髓会引起人体肢体瘫痪等。电击的另一种形式是高压电击穿空气与人体形成电流回路引发电击伤害。

(2) 电伤:指电流直接或间接对人体表面的局部组织造成伤害,包括:① 电灼伤:指由于电流的热效应和电弧对皮肤烧伤;② 电烙印:指由于电流化学效应和机械效应产生的皮肤肿块、硬化等伤害;③ 皮肤金属化:指由于电弧使金属高温熔化、蒸发并飞溅渗透到皮肤表层引起的皮肤粗糙硬化伤害。

2. 触电事故影响

触电是一种非常复杂的过程,一般电击和电伤往往同时发生,但绝大多数触电死亡事故都是由于遭电击引起的。正确认识电流对人体的伤害,有助于在日常生活和工作环境中有效预防触电事故。

(1) 电流对人体的伤害

通过人体的电流越大,人的生理反应越明显,事故的危害越大。按照不同电流强度通过人体时的生理反应,可将电流分为以下三类:

① 感觉电流：人体能感觉到的最小电流称为感觉电流。工频(交流电)平均感觉电流成年男性约为 1.1 mA，成年女性约为 0.7 mA；直流感觉电流均为 5 mA，相对来说女性对电流更敏感。

② 摆脱电流：触电后人体能自主摆脱电源的最大电流。工频(交流电)平均摆脱电流成年男性约为 16 mA，成年女性约为 10 mA；直流摆脱电流均为 50 mA。摆脱电流的大小与触电的形式和触电人的身体状况有较大关联，身体强壮的其摆脱电流会相应高些。

③ 致命电流：人体发生触电后，在较短时间内危及生命的最小电流，也称为室颤电流。一般情况下，通过人体的工频(交流)电流超过 50 mA，心脏就会停止跳动，出现致命危险。实验证明，(工频交流)电流大于 30 mA(或直流超过 80 mA)时，心脏就会有心室颤动的危险，因此 30 mA 也是作为致命电流的一个阀值。一般(工频交流电的)漏电保护器的电流漏电脱钩器电流也是定为 30 mA。

电流通过人体的持续时间越长，对人体的伤害越大。人体心脏每收缩和扩张一次，中间有一时间间隙，在这段间隙时间内，心脏对电流特别敏感，即使电流很小，也会引起心室颤动，因此触电时间超过 1 s 就相当危险。这种情况下，及时脱离电源是唯一救援形式。

(2) 电压对人体触电的影响

作用于人体的电压越高，危险越大。人体的阻抗主要由人体内部阻抗和皮肤表面阻抗组成，其中内部阻抗与外界条件无关，一般为 500 Ω 左右，皮肤表面阻抗在正常环境条件下相对稳定，一般为 1 000~2 000 Ω，但随着环境变化，主要是干燥程度变化，阻抗会急剧变化，同时随着电压的增高，人体的阻抗会出现剧烈下降趋势。随着电流增加，皮肤局部发热增加，使汗液增多，人体阻抗下降。电流持续时间越长，人体阻抗下降越多。皮肤沾水、有汗、损伤、表面沾有导电性粉尘等都会使人体阻抗降低。接触压力增加、接触面积增大也会使人体阻抗降低。所以，接触开关、插座等电源设备时手要尽量保持干燥，切勿湿手接触电气设备。此外，女子的人体阻抗比男子的小、儿童的比成人的小、青年人的比中年人的小。遭受突然的生理刺激时，人体阻抗可能明显降低。

(3) 电流通过人体不同途径对人体触电的影响

电流总是从电阻最小的途径通过，因此触电形式的不同，电流通过人体的主要途径也不同，其危害程度和造成人体伤害的情况也不同。最危险的形式是电流从左手到脚，因此平时尽量用右手接触电气设备。

(4) 安全电流、电压

通过科学实验和事故分析，一般把摆脱电流认为是安全电流，工频(交流)电流为 10 mA，直流为 50 mA。由于人体阻抗的变化区间相对稳定，因此通常认为低于 40 V 的工频(交流)电压为安全电压，安全电压等级一般分为 42 V、36 V、24 V、12 V、6 V，超过 24 V 时应有安全措施。

(5) 人体触电方式

人体触电一般分为直接接触触电(单相触电、两相触电)、跨步电压触电和接触电压触电等几种形式。

2.1.2　电气火灾和爆炸

电气火灾和爆炸事故是指由于电气原因引起的火灾和爆炸事故。其发生的原因,涉及电气设备的设计、制造及安装、使用等阶段。实验室电气设备引发的电气火灾和爆炸事故的原因主要集中于安装和使用过程,特别是由于使用过程中产生的电流热量、电火花或电弧等诱发的事故偏多。

1. 电气设备过热

在使用电气设备的过程中,电流通过导体时,由于导体电阻的存在,就会消耗部分电能,并转化为热能,这部分热量会使导体温度升高,当温度超过电气设备及周围材料的允许温度并达到燃点时就可能引发火灾。

常规设备的过热事故是由于下列原因引起的:

(1) 电路短路。线路发生短路时,电流将急剧增加,使设备温度在短时间内迅速升高达到可燃物的燃点引发火灾,尤其是连接部分接触电阻相对较大处更容易发生温度积聚。引起电路短路的原因绝大部分是由于绝缘损坏。

(2) 过负荷。由于供电线路和设备设计或选用不合理,在运行过程中电流超过设计的额定值,导致线路过负荷,引起供电线路或供电设备温度上升、积聚,当温度超过供电线路或设备的允许值时发生火灾。

(3) 接触不良。使用设备与供电设施之间连接不良,如插头连接不牢、活动端子(开关、熔丝、接触器、插座、灯座等)接触不良,导致接触电阻增大,长期使用后导致接头过热,诱发火灾。

(4) 散热不良。由于使用环境或设备的散热通风措施遭到破坏,设备运行中产生的热量不能有效散热,造成设备过热诱发火灾。

(5) 发热量大的一些设备由于安装或使用不当引发火灾,如烘箱、电炉、红外灯、白炽灯等。

2. 电火花和电弧

电火花是电极间击穿放电时产生的强烈流注,大量电火花汇集成电弧,电火花的温度可高达数千度,不仅能直接引起可燃物燃烧,还能使金属熔化、飞溅,构成二次火源。闸刀开关、断路器、接触器、继电器等电器正常工作或正常操作过程中会产生电火花;直流电动机的电刷与换向器的滑动接触处、绕线式异步电动机的电刷与滑环的滑动接触处也会产生电火花;电气设备或电气线路的绝缘发生过电压击穿、发生短路、故障接地以及导线断开或接头松动时,都可能产生电火花或电弧;熔断器的熔体熔断时也会产生危险的电火花或电弧;雷电放电、静电放电、电磁感应放电也都会产生电火花;切断感性电路时,断口处将产生比较强烈的电火花或电弧。在有可燃、爆炸危险的场所,如有堆积可燃物品、粉尘、可燃气体等场所,电火花和电弧更是十分危险的因素。

2.1.3　静电危害

在日常生活中,最常见的静电是由于两种不同的物质相互摩擦时,自由电子在物体之间会发生转移现象,呈现电性,失去电子的物质带上正电,得到电子的物质带负电,这种因摩擦而产生的电,叫做静电。足够量的静电,会使局部电场强度超过周围介质的击穿场强而产生火花,引发爆炸事故和火灾事故。人体积累的静电积累到 2000 V 以上会产生不同程度的静电电击,严重的会造成人体伤害。电气设备系统的静电积累会严重干扰设备功能的正常使用,引发关联事故。

2.1.4　电磁场危害

人体在电磁场作用下,能吸收一定的辐射能量,使人体内一些器官的功能受到不同程度的伤害。在一定强度的高频电磁场作用下,人会产生头晕、头痛、乏力、记忆力衰退、睡眠不好等症状,影响工作和生活。有时会出现多汗、食欲减退、心悸、脱发、视力减退以及心血管系统方面的异常。在超短波和微波电磁场的作用下,除神经衰弱症状会加重外,植物神经系统也会失调,出现如心动过缓或过速,血压升高或降低等异常反应。电磁场对人体的影响往往是功能性改变,具有可恢复性,所产生的症状一般在脱离接触后数周内就可消失。

一般归纳起来,电磁场对人体的影响程度与以下因素密切相关:

(1) 电磁场强度越高,对人体的影响越严重。

(2) 电磁场频率越高,对人体的影响越严重。

(3) 在其他参数相同的情况下,脉冲波比其他连续波对人体的影响更严重。

(4) 受电磁波照射的时间越长,对人体的影响越严重。

(5) 电磁波照射人体的面积越大,人体吸收的能量越多,影响越严重。

(6) 温度太高和湿度太大的环境下,不利于人体的散热,会使电磁场影响加重。

(7) 电磁场对人体的影响程度,女性比男性相对重些。

高频、微波电磁场除对人体有危害外,还会产生高频干扰,影响通信、测量、计算等电子设备正常工作,诱发事故。有时还会因电磁场的感应产生火花放电,造成火灾或爆炸等严重事故。

2.2　实验室电气设备安全与防护

电气设备(electrical equipment)泛指按功能和结构适用于电能应用的产品或部件,如发电、输电、配电、储存、测量、控制、调节、转换、监察、保护和消费电能的产品,包括通讯技术领域中的及它们组合成的电气装置、电气设备、电器器具等。实验室电气设备主要指电气试验和测量设备、电气控制设备、电气实验设备等。

2.2.1　建立正确合理的实验室电气设备使用环境

实验室电气安全涉及实验室的建造、设计和使用过程,同时涉及各类实验室电气设备的整个生命周期,包括设计、制造、安装、使用、维护及改造等过程,涉及的人员主要是管理者和具体使用者。建立正确合理的实验室电气设备使用环境一般须经过实验室电气设备及其使用环境的危险识别、风险预估和风险评价三个阶段,设计和实施防护措施是消除危险、降低风险的最直接手段。

1. 实验室电气设备及使用环境危险识别

系统地识别电气设备生命周期中所有阶段的潜在危险、危险处境和危险事件是建设实验室电气安全环境的基础步骤，必须区别所考虑的危险、危险处境或危险事件是否影响对人员、财产或两者的损害。实验室电气设备生命周期的所有阶段包括设计、制造、安装、运行、使用、维护、改造等。危险识别应从电气设备进行各项操作以及与电气设备交互人员的各项任务中进行识别，识别任务须考虑电气设备生命周期所有阶段的所有相关任务，识别任务一般可以有以下内容：设置、测试、编程、启动、所有操作模式、从电气设备移动产品或部件、正常停止、意外停止、紧急停止、从阻断状态恢复、在意外停止后启动、意外启动、勘察/排除故障、清洁和清扫、计划内维护和维修、计划外维护和维修、合理预见误用。

危险识别应识别并列出有关危险、危险处境和危险事件的列表，并赋以能够以危险处境在何时和如何导致伤害的方式来描述可能发生的事故背景。只有识别危险后，才可能采取措施降低与之有关的风险。

（1）识别危险的常用方法

① 自上而下法：以潜在后果（例如触电、灼伤、火灾等）的核查清单为起点，并确定引起伤害的危险源。识别时由危险事件返回到危险处境，再返回到危险本身。该核查清单中的每一项依次应用于电气设备生命周期的每个阶段、每个零部件/功能和（或）任务。该方法的缺点之一是工作过于依靠可能并不完善的核查清单，要求人员有较丰富的经验。

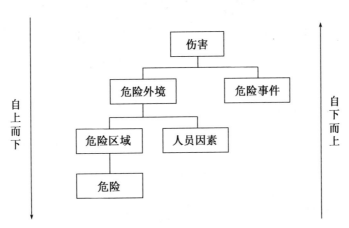

图 2-1　危险识别的自下而上和自上而下的方法

② 自下而上法：以考察所有危险作为起点，考虑在所确定的危险处境中所有可能出错的途径（如绝缘、潮湿、老化、损坏、故障等），以及这种处境如何导致伤害。自下而上法比自上而下法更全面和彻底，但这种方法花较多时间，有可能会造成过于复杂和冗长而缺失重点。

（2）危险识别信息

危险识别时，应将危险识别进行适当方式的记录，以保证能清楚地描述下列信息：

① 危险及其位置（危险区域）。

② 危险处境，指不同类型的人员（如管理人员、维护人员、使用人员等）以及他们所从事的使其暴露在危险中的任务或活动。

③ 作为危险事件或长时间持续暴露的结果,危险处境如何导致伤害及造成伤害的过程、程度等。

④ 有关电气设备的可能的特殊伤害(一般会通过技术手册等作特殊申明)的性质和严重程度。

表 2 - 1 通用危险源识别

序号	危险类别	危险名称	可能的危险源
1	电击危险	电气绝缘危险	① 绝缘电阻和泄露电流;② 介质强度;③ 绝缘结构和耐热性;④ 防潮性能;⑤ 电气绝缘的应用。
		直接接触危险	① 人体允许流过的电流值;② 安全特低压限值;③ 外壳防护及等级(防异物、水等的进入);④ 电气隔离;⑤ 封闭场所。
		间接接触危险	① 保护接地(接地系统连接的可靠性、耐腐蚀性,接地电阻值,保护接地标志等);② 双重绝缘结构;③ 故障电压、过流切断等。
2	着火危险	结构部件的非金属材料的危险	耐热性。
		支撑带电部件的绝缘材料或工程塑料的危险	① 耐热性、耐电性;② 耐燃、阻燃性。
3	机械危险	外壳防护危险	① 防异物进入;② 防水进入。
		结构危险	① 结构强度、刚度;② 表面粗糙度、锐边、棱角;③ 稳定性。
		运动部件的危险	① 机械防护罩材料及其厚度、尺寸;② 运动件、作业工具的防甩出;③ 气体、液体介质的飞溢;④ 振动。
		联接危险	① 机械联接危险(联接件的应用、参数、可靠性等);② 电气联接的危险(联接结构、内部接线、电源连接、电缆等的可靠性)。
4	运行危险	环境变化引起的危险	① 海拔、温度、湿度;② 外部的冲击、振动;③ 电场、磁场和电磁场的干扰。
		接近、触及危险部件的危险	① 人肢体触及危险部件;② 刀具、刃具、磨料等的线速度控制。
		危险物质	① 阻止燃烧;② 易爆物质的隔离;③ 灰尘、液体、蒸汽和气体的溢出。
		振动、噪音的危险	① 消声设施;② 隔离设施。
		静电积聚引起危险	
		防止电弧引起危险	
		电源控制及危险	① 电压波动、中断、暂降等电源故障;② 应急自动切断电源;③ 电源开关与控制的可靠性。
		操作故障引起的危险	① 误操作;② 意外启动、停止;③ 无法启动;④ 硬件或软件的逻辑错误;⑤ 操作规程。

序号	危险类别	危险名称	可能的危险源
5	辐射危险	电离辐射危险	① 激光和化学辐射；② 红外线、可见光辐射；③ 紫外线辐射。
		非电离辐射危险	① 射频电场、磁场和电磁场辐射；② 极低频电场、磁场。
6	人体工程学	操作性危险	① 操作适应人体的动作特性、感觉；② 提高舒适度、减少疲劳和心理压力的程度；③ 人机互动界面。
7	化学品危险	电气设备使用的材料	① 限制使用的金属；② 限制使用的化学品等。

危险识别一般可以建立以下格式的表格予以记录。

表 2-2　危险识别

危险源识别				
资源（初步设计文件、技术文件、构造文件）			方法/工具	
范围（生命周期阶段、电气设备零部件/功能）			分析员	
危险	危险区	危险处境	危险事件	可能的伤害

2. 实验室电气设备风险评估

识别危险后，应通过测定各类危险源的各项风险要素，对每种危险处境进行风险预测，综合判定各项风险。

（1）风险要素

特定情况或技术过程中的相关风险源主要由表 2-3 所示各项要素组成。

表 2-3　风险要素

序号	风险要素	程度	描述
1	伤害的严重程度	伤害的程度	① 轻微：正常可逆或可修复； ② 严重：正常不可逆或不可修复或死亡。
		伤害的广度	单个人员或设备本身或周围环境财产。
2	发生伤害的可能性	暴露的危险处境	① 需要触及危险区域，如正常操作、维护等；② 触及的性质，如手动操作、给料等；③ 在危险区域停留的时间；④ 所需涉及的人员数量；⑤ 触及的频率、度；⑥ 已采取的防护；⑦ 电气设备运行的持续时间；⑧ 电气设备关闭的持续时间；⑨ 电气设备在监控下运行和关闭。

序号	风险要素	程度	描述
2	发生伤害的可能性	发生危险事故	发生危险事件的评定准则：① 可靠性和其他统计书籍；② 意外事故历史；③ 损害健康或财产的历史；④ 风险比较。
		抑制伤害的可能性	避免或限制伤害的评定准则：① 操作电气设备的人员：技术人员、非技术人员、无人操作；② 人员避免或限制伤害的可能性（如反应、敏捷、脱离的可能性）：可能、有条件下的可能、不可能；③ 发现风险的途径：通过总体信息（隐含）、通过直接观察、通过警示和指示装置；④ 实际经验和知识：有无关于电气、电气设备的经验；⑤ 危险处境下导致伤害的速度：突然、快、慢；⑥ 不同暴露人员对伤害的感受范围以及可以降低的伤害广度。

（2）风险程度

一般通过风险指数来描述风险程度，风险指数是通过描述相关的危险、危险处境、危险事件和可能的伤害，评定风险要素相对应的参数。

3. 实验室电气设备风险评价

风险预估后，进行风险评价，以评定是否需要降低风险或是否已实现安全。如果需要降低风险，则需选择适当的防护措施予以实施，直至消除各种危险隐患，达到安全。在评价风险时，应根据具体实验环境采用的基础安全标准和多专业安全标准进行。因此，风险评价的主要目的是通过设计减少风险并根据现有条件确定最合适的安全措施。

风险评价中考虑的因素，如表 2-4 所示。

表 2-4　风险评价因素

序号	因素	描述
1	人员要素	风险评价中考虑人员要素可能带来的风险，常规包括以下方面： ① 人员与电气设备的互动，包括维修；② 人员之间的互动；③ 心理压力相关的因素；④ 人体工效学影响；⑤ 人员在特定情况下认知风险的能力，该能力与其经历的培训、经验和自身能力相关。 预估暴露人员的能力，一般须考虑以下因素： ① 在电气设备设计中给出的人体工效学原则；② 执行任务需具备的能力；③ 对风险的认知；④ 执行任务正常操作的情况下的信心；⑤ 误导以致违反规定的和必要的安全操作规程。 培训、经验和能力可能影响风险，但设计和实施防护措施仍是消除危险、降低风险的最直接手段。
2	可靠性和环境因素	风险预估应考虑设备零部件的可靠性和环境因素，一般包括以下方面： ① 识别可能伤害的环境，如环境参数、电磁兼容、振动、电源故障等； ② 尽可能使用定量方法，并在使用过程中验证，以比较各种防护措施； ③ 提供相关信息，以便选择适当安全功能的零部件和装置。 与技术培训、工作组织、正确行为、注意事项、应用人员防护装备等相关防护措施相比，设计阶段所实施的安全措施和技术安全措施更为有效。因此在风险预估中，设计措施的可靠性所具有的风险相对低于技术防护措施的风险。

（续表）

序号	因素	描述
3	防护措施失效的可能性	风险预估必须考虑措施失效或没有起到有效的防护的可能性：① 防护措施影响效率，或涉及其他活动，或与用户预想不符；② 难以使用防护措施；③ 涉及除操作人员以外的人员；④ 用户不知道防护措施或不认可防护措施的有效性。
4	防护措施的维持能力	
5	使用信息	① 建立有关电气设备预期用途的信息，特别是电气设备的所有操作模式；② 应向使用者提供必备信息，以保证安全和正确使用电气设备，应将可能的残余风险告知使用者，并作出相应警告及措施；③ 使用信息应包括依据指示和描述合理预期的电气设备用途，并应警告除描述信息以外的使用方法使用电气设备而造成的风险，特别考虑其可以预见的误用；④ 使用信息应包括运输、组装、安装、使用、操作、清洁、维修等相关内容。

4．风险识别、预估及评价的逻辑过程

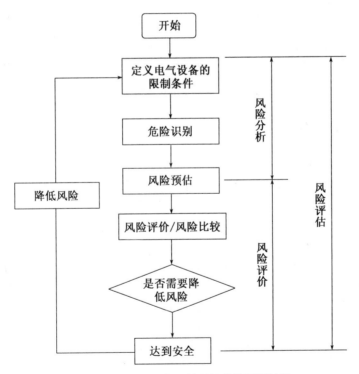

图 2 - 2　风险识别、预估及评价的逻辑过程

5．实验室电气设备的风险降低

降低风险的目标，可通过移除危险，或分别、同时降低以下两种风险要素的一种：① 考虑危险的伤害严重程度；② 发生伤害的可能性。风险降低的过程可以按照图 2 - 3 的顺序执行，以降低残余风险。

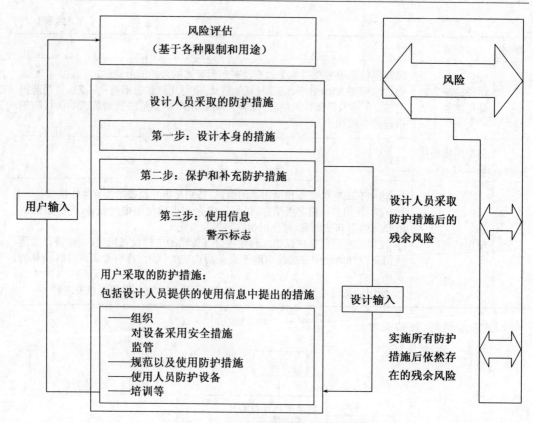

图 2-3　风险降低的过程方法示意图

判断电气设备是否安全,一般可以按下面信息进行自我检查:

◇ 是否已考虑了所有操作条件和所有干预程度?

◇ 是否已消除危险或适当降低风险?

◇ 是否确定所采取的措施不会带来其他危险?

◇ 是否已让使用者充分了解残余风险并且给予警告?

◇ 使用者的操作条件和电气设备的使用能力是否不会受到所采取措施的影响?

◇ 所采取的各项防护措施之间是否相互兼容?

◇ 是否已充分考虑在非专业/专业背景下对专业/工业用途的特定使用所带来的后果?

◇ 是否确定所采取的措施不会降低电气设备发挥其功能的能力?

6. 实验室电气设备安全环境建设涉及的主要文档和规程

表 2-5　主要文档和规程类型

序号	文档类型	说明
1	电气设备类	操作手册:包括预期用途、使用方法、限制、环境要素(电源、负载、压力、安全等)等。
2	危险识别类	① 危险处境; ② 危险事件。

序号	文档类型	说明
3	风险评估类	① 所使用的数据和资源:如意外事故历史、降低类似电气设备风险的经验等; ② 所使用数据的相关不确定性及其对风险评估的影响。
4	防护措施类	① 防护措施要实现的目标; ② 包括防护措施的建设、使用等。
5	残余风险类	相关电气设备及使用过程中的可能残余风险。

2.2.2 培养准确适当的危险意识和安全意识

负责任的良好的实验室设计,从客观条件上规避或降低了发生风险的概率和程度,同时提供了规避风险或降低风险的防护措施,但高校实验室的主要任务是从事教学和科学研究,目的是验证和探索未知的事物和现象,发生意外客观上难以完全避免,因此提高实验人员、实验管理人员的危险意识和安全意识,培养使用者主动防护和规避风险能力,是从根本上防护和规避风险的最直接手段。

建立专业的、针对性强的实验室电气设备安全培训体系是培养准确适当的危险意识和安全意识的基础条件。合理的安全培训内容必须是通用性知识和专业性知识相结合的,应该包含的内容见表 2 - 6。

表 2 - 6 实验室电气设备安全培训主要内容

序号	类别	内容	描述
1	配电、供电	基础知识	更多的重视实验室电气设备管理使用者识别危险的基础知识,强调适用完备性。
		潜在危险和规避措施	强调可预见的风险和规避措施,来自于实验室建设阶段的风险预估和评价内容,针对不同类型的人员开展针对性培训。
2	电气设备	操作流程和使用方法	针对各类电气设备建立规范、完备的操作流程和使用方法,强调规范操作。
		潜在危险和规避措施	① 重视培养使用者识别该类设备使用过程中风险的能力,建立设备风险采集汇报制度; ② 强调可预见的风险和规避措施,分类建设; ③ 对评估风险系数大的设备,在使用者第一次接触该类设备时必须采取相应的保障措施。
3	电气设备使用环境	电气设备使用环境保障及相关知识	① 重视电气设备在实验过程中的使用环境变化过程及相关知识的培训,建立必要的识别风险能力; ② 强调对特殊使用环境的风险意识增强的培训; ③ 强调可预见风险和规避措施; ④ 对评估风险系数大的环境,必须强化。
4	与电气设备使用管理的专业知识	与本实验室管理的专业安全知识	特别是与电气设备使用关联的专业安全知识。

2.3 实验室常用电气设备安全使用知识

2.3.1 电热设备

电炉、电加热板、电烤箱、干燥箱(烘箱)等都是用来加热的电热设备,加热用的电阻丝是螺旋形的镍铬合金或其他加热材料,温度可达 800 ℃以上,使用时必须注意安全,否则容易发生火灾。使用中应注意以下几个问题:

(1)电热设备应放在没有易燃、易爆性气体和粉尘及有良好通风条件的专门房间内,设备周围不能有可燃物品和其他杂物。

(2)电热设备最好有专用线路和插座,因为电热设备的功率一般都比较大,如将它接在截面积过小的导线上或使用老化的导线,容易发生危险。

(3)电热设备接通后不可长时间无人看管,要有人值守、巡视。要经常检查电热设备的使用情况,如:控温器件是否正常,隔热材料是否破损,电源线是否过热、老化等等。

(4)不要在温度范围的最高限值长时间使用电热设备。

(5)如果加热用电阻丝已坏,更换的新电阻丝一定要和原来的功率一致。

(6)不可将未预热的器皿放入高温电炉内。

(7)电热烘箱一般用来烘干玻璃仪器和加热过程中不分解、无腐蚀性的试剂或样品。挥发性易燃物或刚用乙醇、丙酮淋洗过的样品、仪器等不可放入烘箱加热,以免发生着火或爆炸。

(8)电烘箱门关好即可,不能上锁。

总之,电热设备的使用要有严格的操作规程和制度。

2.3.2 电冰箱

电冰箱在实验室的使用越来越普遍,由于违规使用导致的实验室事故也非常多。冰箱使用过程中应重视以下几个方面:

(1)保存化学试剂的冰箱应安装内部电器保护装置和防爆装置,最好使用防爆冰箱。

(2)不要将食物放入保存化学试剂的冰箱内。

(3)冰箱内保存的化学试剂,应有永久性标签并注明试剂名称、物主、日期等。化学试剂应该放在气密性好,最好充满氮气的玻璃容器中。

(4)不要将剧毒、易挥发或易爆化学试剂存放在冰箱中。

(5)不要在冰箱内进行蒸发重结晶,因为溶剂的蒸气可能会腐蚀冰箱内部器件。

(6)应该定期擦洗冰箱,清理药品。

2.3.3 空调器

空调器如果使用不当,也会引起火灾。主要原因是:电容器耐压值不够;受潮;电压过高被击穿;轴流风扇或离心风扇因故障停转使电机温度升高,导致过热短路起火;空调出风口被窗帘布阻挡,使空调机逐步升温,先引燃窗帘布再引起机身着火;导线过细载流量

不足,造成超负荷起火等。因此在使用空调时应注意以下几点:

(1) 空调器应配有专用插座且保证良好的接地,导线和空调器功率要匹配。

(2) 空调器周围不得堆放易燃物品,窗帘布不能搭在空调器上,要有良好的散热条件。

(3) 空调开启后,温度不要调得太低,更不要长时间在太低温度下运行。门窗要关好,以提高空调使用效率。

(4) 经常检查空调器元件,定期检测制冷温度,定期擦洗空气过滤网,出现故障及时排除。

2.3.4　变(调)压器

不少化学实验室都在使用各种类型电器变压器,但有些方面使用不规范,存在安全隐患。使用中应注意以下问题:

(1) 变压器应远离水源,例如最好不要放在通风柜内水龙头边上,以免溅上水引起短路。

(2) 变压器的功率要和电器的功率一致或者略大一些。

(3) 变压器电源进线上最好装上开关并接好指示灯,以提醒在电器使用完毕后及时切断电源。

(4) 不要在变压器周围堆放可燃物。

(5) 经常检查变压器在使用过程中的状况,如发现有异味或较大噪声,应及时处理。

为了更好地解决化学实验室常用设备的安全问题,建议最好购买带有防爆功能的电烘箱、电冰箱、空调器、变压器等电器设备。这类电器设备的控制电路、各种元器件以及内外部结构,都经过科学防爆设计,特别适合化学实验室使用。例如,化学防爆电冰箱,具有数字化 LED 温度设定与显示、外置式自保护控制线路、工作传感器和安全传感器,确保设备不会短路和断电;压缩机过载保护功能,在有故障的情况下,设备将自动断电,同时声光报警;内壁的防静电涂层确保不会产生静电,储存腔内没有任何线路,不会产生电火花;夹层内特制缓冲层,保证紧急情况下的安全等。化学实验室的易燃、易爆和易挥发化学品最好存放在化学防爆电冰箱里。

2.4　实验室安全用电与应急救援

2.4.1　高校实验室电气事故的防止

高校实验室为防止电气事故的发生,应做到如下几点:

(1) 使用室内电源时,应首先确认仪器的使用电压(如 220 V 或 380 V),插头是两插还是三插。如果使用的是三相电源,需要确定三相电的相序,如果不符合时可交换连接导线,调整相序。

(2) 使用电气设备时,手要干燥。不要用潮湿的手接触通电工作的电气设备,也不要用湿毛巾擦拭带电的插座或电气设备。不能用测电笔去测试高压电。

（3）不能随便乱动或私自修理实验室内的电气设备。进行电气设备的连接、拆装或整体移动时，严禁带电操作，以免发生触电事故。经常接触和使用的配电箱、配电板、闸刀开关、按钮、插座、插销以及导线等，必须保持完好、安全。

（4）不得有破损或将带电部分裸露出来，对不可避免的裸露部分应用绝缘胶布等绝缘体进行妥善绝缘处理。

（5）不得用铜丝等代替保险丝，并保持闸刀开关、磁力开关等面板完整，以防止短路时发生电弧或保险丝熔断飞溅伤人。

（6）所有电器设备的金属外壳都应按要求保护接地或保护接零。经常检查电气设备的保护接地、接零装置，保证连接牢固。

（7）在使用电钻、电砂轮等手持电动工具时，必须安装漏电保护器，工具外壳进行防护性接地或接零，并要防止移动工具时导线被拉断。操作时应戴好绝缘手套并站在绝缘板上。

（8）在移动电风扇、照明灯、电焊机等电气设备时，必须先切断电源，并保护好导线，以免磨损或拉断。

（9）在雷雨天气，应停止带电的实验操作，避免发生雷击事故；不要走进高压电杆、铁塔、避雷针的接地导线周围 20 m 之内。当遇到高压线断落时，周围 10 m 范围之内，禁止人员入内；若已经在 10 m 范围之内，应单足或并足跳出危险区。

（10）对设备进行维修或安装新电器时，一定要先切断电源，并在明显处放置"禁止合闸，有人工作"的警示牌。连接或维修完成后，接通电源，并及时用试电笔或万用表检查电气设备各个部分带电情况。

（11）实验室内不宜存放超量的低沸点有机溶剂或易燃易爆品，以防止这些物品的蒸气达到爆炸极限时遇到电火花而发生爆炸或燃烧。

（12）电气设备使用完毕后，实验人员应及时关闭总电源，并检查加热装置的分开关是否关闭。

（13）在进行电气设备的安装时，设备与设备、设备与墙体、设备与通道之间应留有合理的距离，以免人员走动时刮碰到电气设备或线路，维修设备时身体可能会靠墙或接触电气，易引发触电事故。

（14）通常不应在无人监控的情况下长时间开启电气设备，不应过度依赖电气开关的自动控制，要经常注意观察电气设备的工作状态，预防传感器失灵而导致电路失控。

（15）一旦有人触电，应首先切断电源，然后抢救。

2.4.2 安全用电与防护

1. 直接电击的防护

直接接触电击的基本防护原则是：应当使危险的带电部分不会被有意或无意地触及。最为常见的直接电击的防护措施为绝缘、屏护和间距。这些措施的主要作用是防止人触及或过分接近带电体时造成触电事故。

绝缘材料又称介电材料或电介质，其导电能力很小，但并非绝对不导电。绝缘材料的主要功能是对带电的或不同的导体进行隔离，使电流按照规定的线路流动。

屏护是一种对电击危险因素进行隔离的手段，即采用遮拦、护罩、护盖、箱闸等，把危险带电体同外界隔离开来，以防止人体触及或接近带电体所引起的电击事故。屏护还有防止电弧伤人，防止弧光短路或便利检修工作的作用。

间距是指带电体与地面之间、带电体与其他设备之间、带电体与带电体之间必要的安全距离。间距的作用是防止人体触及或接近带电体造成触电事故；避免车辆或其他器具碰撞或过分接近带电体造成事故；防止火灾、过电压放电及各种短路事故；另外，还要顾及操作方便。

2. 间接电击防护

间接电击防护即故障状态下的电击在电击死亡事故中约占 50%，而这种电击在尚未导致死亡的伤害中所占的比例要大得多。接地、接零、加强绝缘、电气隔离、不导电环境、等电位联结、安全电压和漏电保护都是防止间接接触电击的技术措施。其中接地、接零和漏电保护是防止间接接触电击的基本技术措施。

2.4.3　实验室用电常见安全事故应急措施

1. 触电类型及特点

触电事故是指电流流过人体时对人体产生不同程度伤害的事故。

触电事故按照电流对人体的损害，分为电击和电伤。当电流流过人体，人体直接接收局外电能时所受的伤害叫做电击；当电流转换成其他形式的能量（如热能）作用于人体时，人体将受到不同形式的伤害，这类伤害统称电伤。

根据触电时的情况，可将触电事故分为五种类型：

（1）单相触电：人体直接接触到带电电气设备或电力线路中一相时，电流经过人体流入大地或带电体，此种触电方式称为单相触电，它属于直接触电的一种。单相触电的危险程度与电网的运行方式有关。一般情况下，电网接地的单相触电比电网不接地的单相触电危险性大。

（2）两相触电：当人体的两个部位同时接触电源的两相时，将有电流从电源的一相经过人体流入另一相，这种触电方式称为两相触电。两相触电时，人体承受的电压为线电压，因此两相触电更容易造成严重伤害。

（3）漏电触电：电气设备和用电设备在运行时，常因绝缘损坏而使其金属外壳带电，当人体触碰时，电流从带电部位经过人体流入大地或接地体，这种触电方式称为漏电触电。漏电触电电压受到漏电电阻的影响，一般小于或等于相电压。

（4）跨步电压触电：在带电导线触地或故障情况下的接地体周围都存在电场，当人的两脚分别接触不同点时，两脚间承受电压，电流流经两腿，这种触电方式称为跨步电压触电。

（5）高压电击：当人体靠近带高压电的物体时，在人体和高压物体之间会形成击穿放电，对人体造成一定伤害。当接触高压物体时，如果人体和大地导通，则会有电流流过人体而触电；如果人体和大地绝缘较好，则可能因带上同性电荷而被排斥开从而造成人体的机械伤害。

2. 发生触电事故后的应急措施

学习电气安全的目的是要防止实验室触电事故的发生。如果事故不可避免地发生了,第一时间进行现场急救是十分关键的,如果处理及时、准确,并能迅速进行抢救,很多触电者的心脏虽然停止跳动,呼吸已经停止,但仍然可以抢救回来。

(1) 触电事故发生后,首先应迅速查看配电系统。如果实验室总配电箱上的总漏电保护没有跳闸,应以手动方式立即扳下闸刀断电。

(2) 当电线搭落在触电者身上或被压在身下时,可用干燥的衣服、手套、绳索、木板、木棒等绝缘物作为工具,拉开触电者或电线。

(3) 如果触电者倒地或俯卧在仪器上,不要试图关闭仪器上的开关或拔掉仪器后方墙面上的众多的插头,因为此仪器可能整体带电,施救者身体会接触到仪器外壳而触电;也不要试图移动触电者的身体,而应迅速采取(1)中的断电措施。

(4) 进行现场急救。当触电者脱离电源后,可轻拍其肩部并高声唤其姓名。如果发现伤员有了意识,应立即送往医院;如发现伤员无反应,应立即用手指掐其人中穴、合谷穴5s;如触电者呼吸心跳停止,要立即进行人工呼吸和胸外心脏按压,实行心肺复苏。

抢救触电者应设法按上述情况迅速切断电源,使其脱离电源后,立即将其转移到就近的通风而干燥的场所,避免手忙脚乱,避免围观。然后应根据具体情况进行判别,再根据不同情况进行对症救护。对于需要救治的触电者,大致可以分为下列三种情况:

① 对伤势不重、神志清醒,但有点心慌、四肢发麻、全身无力,或者触电过程中曾一度昏迷,但已经清醒过来的触电者,此时应让其安静休息,并注意观察。也可请医生前来诊治,或送医院救治。

② 对伤势较重、已失去知觉,但心脏仍在跳动,有呼吸的触电者,应让其舒适、安静地平躺。为让空气流通良好,边上不要围观。解开其衣服领口以及裤带,以便于其呼吸。

③ 对伤势较重,呼吸或脉搏停止,甚至呼吸和脉搏都已经停止(所谓的"假死状态"),则应立即进行人工呼吸和胸外心脏按压法进行抢救。同时请医生或快速送医院抢救。

3. 现场救护的主要方法

对触电者进行现场救护的主要方法是心肺复苏法,包括人工呼吸法和胸外按压法两种急救方法。这两种急救方法对于抢救触电者生命来讲,既至关重要,又相辅相成。所以,正常情况下上述两种方法要同时进行。

(1) 口对口人工呼吸法。口对口人工呼吸就是采用人工机械的强制作用维持气体交换,以使其逐步地恢复自主呼吸。进行人工呼吸时,首先要保持触电者气道通畅,捏住其鼻翼,深深吸足气,与触电者口对口接合并贴近吹气,然后放松换气,如此反复进行。开始时可先快速连续而大口地吹气4次,然后施行速度为每分钟12~16次。对于儿童为每分钟20次。

(2) 胸外心脏按压法。胸外心脏按压法就是采用人工机械的强制作用维持血液循环,并使其逐步过渡到正常的心脏跳动。让触电者仰面躺在平坦而硬实的地方,救护人员立或跪在伤员一侧肩旁,两肩位于伤员胸骨正上方,两臂伸直,肘关节固定不屈,两手掌根相叠。此时,贴胸手掌的中指尖刚好抵在触电者两锁骨的凹陷处,然后再将手指翘起,按压时抢救者的双臂绷直,双肩在患者胸骨上方正中,垂直向下用力按压,均匀进行,每分钟

80～100 次,每次按压和放松时间要相等。当胸外按压与口对口人工呼吸两法同时进行时,其节奏为:单人抢救时,按压 15 次,吹气 2 次,如此反复进行;双人抢救时,每按压 5 次,由另一人吹气 1 次,可轮流反复进行。

按压救护是否有效的标志,是在施行按压急救过程中再次测试触电者的颈动脉,看其有无搏动。

第3章　特种设备的安全使用与维护

根据国务院《特种设备安全监察条例》（国务院令第 549 号），特种设备是指涉及生命安全、危险性较大的锅炉、压力容器（含气瓶，下同）、压力管道、电梯、起重机械、客运索道、大型游乐设施和场（厂）内专用机动车辆。

3.1　特种设备的使用

3.1.1　特种设备使用要求

（1）特种设备使用单位应当使用符合安全技术规范要求的特种设备。

（2）所购置的特种设备，由设备制造单位负责安装和调试。如因特殊情况无法负责安装、调试时，应由制造单位委托或同意的具有专业施工资质的单位负责安装和调试。在有爆炸危险的场所使用的特种设备，其安装和使用条件须符合防爆安全的技术要求。

（3）使用单位不得自行设计、制造和使用自制的特种设备，也不得对原有的特种设备擅自进行改造或维修。

（4）特种设备投入使用前或者投入使用后 30 日内，向直辖市或者设区的特种设备安全监督管理部门登记。登记标志应当置于或者附着于该特种设备的显著位置。

（5）未取得"特种设备使用登记证"的特种设备，不得擅自使用。

3.1.2　特种设备使用管理

（1）特种设备使用单位应对特种设备进行经常性日常维护保养，并定期自行检查和记录。在检查和日常维护保养时发现异常情况时，应当及时处理。

（2）特种设备使用单位应当对特种设备的安全附件、安全保护装置、测量调控装置及有关附属仪器仪表进行定期校验、检修，并保存记录。

（3）特种设备使用单位应当按照安全技术规范的定期检验要求，在安全检验合格有效期届满前 1 个月向特种设备检验检测机构提出定期检验要求。由检验检测机构按照要求及时进行安全性能检验和能效测试。未经定期检验或者检验不合格的特种设备，不得继续使用。

（4）特种设备出现故障或者发生异常情况，使用单位应当对其进行全面检查，消除事故隐患后，方可重新投入使用。

（5）特种设备存在严重事故隐患，无改造、维修价值，或者超过安全技术规范规定使用年限，特种设备使用单位应当及时予以报废，并向原登记的特种设备安全监督管理部门办理注销手续。

3.1.3　特种设备操作人员和档案管理

（1）特种设备操作、管理人员，必须取得特种设备作业人员资格证书，并在作业中严格遵守特种设备的操作规程和有关安全管理制度。

（2）使用单位应建立特种设备安全操作规程、紧急救援预案等管理制度，及时建立特种设备安全技术档案，其主要内容包括：

① 设备及部件出厂时的随机技术文件；

② 安装、维护、大修、改造的合同书及技术资料；

③ 登记卡、特种设备使用登记证、检验报告书；

④ 安全使用操作规程、运行记录和日常安全检查记录；

⑤ 故障及事故记录；

⑥ 操作人员情况登记。

3.2　实验室需要办理使用登记的特种设备

特种设备安装、调试并自检合格后，施工单位需将安全技术资料移交使用单位存档。使用单位在特种设备投入使用前或者投入使用后 30 日内，向直辖市或者设区的特种设备安全监督管理部门申请登记。需要办理使用登记的实验室常用特种设备有以下几类：

（1）锅炉　指利用各种燃料、电或者其他能源，将所盛装的液体加热到一定的参数，并对外输出热能的设备，其范围规定为容积大于或者等于 30 L 的承压蒸气锅炉；出口水压大于或者等于 0.1 MPa（表压），且额定功率大于或者等于 0.1 MW 的承压热水锅炉、有机热载体锅炉。

（2）压力容器　指盛装气体或者液体，承载一定压力的密闭设备，其范围规定为最高工作压力大于或者等于 0.1 MPa（表压），且压力与容积的乘积大于或者等于 2.5 MPa·L 的气体、液化气体和最高工作温度高于或者等于标准沸点的液体的固定式容器和移动式容器；盛装公称工作压力大于或者等于 0.2 MPa（表压），且压力与容积的乘积大于或者等于 1.0 MPa·L 的气体、液化气体和标准沸点等于或者低于 60 ℃ 液体的气瓶、氧舱等。

（3）压力管道　指利用一定的压力，用于输送气体或者液体的管状设备，其范围规定为最高工作压力大于或者等于 0.1 MPa（表压）的气体、液化气体、蒸气介质或者可燃、易爆、有毒、有腐蚀性、最高工作温度高于或者等于标准沸点的液体介质，且公称直径大于25 mm 的管道。

（4）电梯　指动力驱动，利用沿刚性导轨运行的箱体或者沿固定线路运行的梯级（踏步），进行升降或者平行运送人、货物的机电设备，包括载人（货）电梯、自动扶梯、自动人行道等。

（5）起重机械　指用于垂直升降或者垂直升降并水平移动重物的机电设备，其范围规定为额定起重量大于或者等于 0.5 t 的升降机；额定起重量大于或者等于 1 t，且提升高度大于或者等于 2 m 的起重机和承重形式固定的电动葫芦等。

（6）场（厂）内专用机动车辆　指除道路交通、农用车辆以外，仅在校园内等特定区域使用的专用机动车辆。

3.3　实验室压缩气瓶的安全使用

3.3.1　高压气瓶的颜色和标志

表 3-1　高压气瓶的颜色和标志

气瓶名称	表面涂料颜色	字样	字样颜色	横条颜色	气瓶名称	表面涂料颜色	字样	字样颜色	横条颜色
氧气瓶	天蓝	氧	黑	—	氯气瓶	草绿	氯	白	白
氢气瓶	深绿	氢	红	红	氨气瓶	棕	氨	白	—
氮气瓶	黑	氮	黄	棕	氖气瓶	褐红	氖	白	—
氩气瓶	灰	氩	绿	—	丁烯气体	红	丁烯	黄	黑
压缩空气瓶	黑	压缩气体	白	—	氧化亚氮气体	灰	氧化亚氮	黑	—
石油气体瓶	灰	石油气体	红	—	环丙烷气体	橙黄	环丙烷	黑	—
硫化氢气瓶	白	硫化氢	红	红	乙烯气体	紫	乙烯	红	—
二氧化硫气瓶	黑	二氧化硫	白	黄	乙炔气体	白	乙炔	红	—
二氧化碳气瓶	黑	二氧化碳	黄	—	氟氯烷气瓶	铝白	氟氯烷	黑	—
光气瓶	草绿	光气	红	红	气体可燃性气瓶	红	气体名称	白	白
氦气瓶	黄	氦	黑	—	其他非可燃性气瓶	黑	气体名称	白	黄

3.3.2　气瓶安装及使用管理

（1）气瓶直立放稳并用链条、皮带等进行有效固定，以防止气瓶翻倒或滚动。

（2）清除瓶阀周围可能的油渍及危险品（注意：如瓶阀处有油或润滑油，则停止使用，并与你的供应商联系。

（3）站在气瓶的一侧，快速开闭瓶阀，以便清洁阀口。（注意：不要正对瓶阀口，也不要开启时间太长，否则排气的反向压力会使气瓶翻倒。）

（4）确认所使用的减压器调压范围及适用于何种气体。

（5）清除减压器进气口的油渍及危险品。（注意：如发现进气口处有油渍或润滑油，则停止使用并拿到附近的维修站清理。特别是氧气瓶，绝对不可沾油。）

（6）将减压器安装在相应的气瓶上，并用扳手锁紧。（注意：如减压器带有浮子式流量计，则流量计必须处于直立状态）

（7）逆时针旋转调压把手，使调压弹簧处于自由状态，并关闭流量计调节旋钮。（注意：打开瓶阀时，如调压把手没有完全旋松则瞬时压力有可能损坏膜片，从而导致减压器失效，严重时会造成人身伤害。）

（8）站在减压器前，慢慢打开瓶阀，用专用设备检查减压器与瓶阀联接处是否有漏。（注意：打开瓶阀不要正对或背对减压器，乙炔瓶阀应开到最小，并且要检验纯度，防止爆炸。）

（9）按要求接上软管，并用扳手锁紧。

（10）由于软管内部可能存在灰尘、杂物或滑石粉，故使用前须进行吹尘处理，但在做软管吹气时，应保持良好的通风条件。

① 旋转调压把手,允许 0.03 MPa 的压力通过软管;

② 气体流通时间 10 s 左右;

③ 旋转调压把手或流量计旋钮,关闭出气口。

(11) 在软管的另一端接上所需的设备(焊炬、割炬或其他设备),并用扳手锁紧。

(12) 调节减压器,到所需要的压力或流量。

(13) 对二氧化碳减压器,使用时还需注意以下事项:

① 只限于与非虹吸式二氧化碳气瓶配用;

② 如减压器为电加热式,则须确认所使用的电压,注意不得用错,否则将有可能损毁设备,引起电击伤,导致严重后果;

③ 如减压器为电加热式,使用前须预热 5~10 min。

务请注意:当开启气瓶上的阀时,切不可站在气体减压器的前面(亦即压力表的前面)。开启瓶阀时,调压把手必须处于完全旋松状态。

(14) 旧瓶定期接受安全检验。超过钢瓶使用安全规范年限,接受压力测试合格后,才能继续使用。

3.3.3　压缩气体的安全管理

(1) 气瓶验收时,查看瓶体防震圈、阀门安全帽是否完好、旋紧,瓶身有无缺陷损坏和钢瓶头部是否有粘油污等现象。

(2) 严禁火种,隔绝热源,防止日光曝晒。

(3) 气瓶应立放稳固整齐,阀门向上,不得倾靠墙壁,如果平放,必须将瓶口朝向一方,不得交错堆码,并用三角木卡牢,防止滚动。

(4) 严禁氧气与乙炔气、油脂类、易燃物品混存,气瓶阀门和试压表绝对不许沾染油污、油脂,以防引起燃烧和爆炸。

(5) 岗位人员和兼职安全员要熟练灭火器材使用方法,每日上班应查看气瓶有无漏气和其他异常情况。

(6) 使用人员不得将瓶内气体全部用完,必须按规定保持瓶内有一定的气压。

3.3.4　氧气、乙炔等设备的安全使用

(1) 运输、储存和使用气瓶时避免激烈振动和碰撞冲击,防止气瓶直接受热。

(2) 严禁氧气瓶与乙炔瓶等易燃气瓶混装运输。

(3) 氧气瓶与乙炔瓶明火距离不少于 10 m,而气瓶间距离保持 5 m 以上。

(4) 开启瓶阀时,用力要平稳,操作者应位于出气口侧以防受气体冲击,使用减压器时应检查气瓶丝口是否完好、紧固,防止高压冲掉;乙炔减压器的工作压力不应该大于 0.1 MPa。

(5) 严禁将瓶内气体用尽,须留有余压以防空气倒灌和用于检查。

(6) 必须按规定连接气带与气瓶,严禁乱接胶管,以防事故,且氧气、乙炔胶管长度以 20~30 m 为宜。

(7) 焊割时发现回火或发现有倒吸声音,应立即关闭割炬上的乙炔阀门,再关闭氧气阀门,稍停后开启氧气阀门把焊割内灰尘唬掉,恢复正常使用。

（8）在输气胶管或减压器发生爆炸、燃烧时应立即关闭瓶阀。

（9）若发现瓶阀易烧塞或瓶体等部位有漏气时应立即停止作业,把气瓶转移到安全地点妥善处理且附近不得有火源。

（10）当气瓶瓶阀易烧塞或其他部位因漏气而着火时应用干粉、二氧化碳灭火器灭火,同时用水冷却瓶壁以防进一步发生危险。

（11）若发现瓶壁温度异常升高时,应立即停止使用,并用大量的冷水喷淋以防燃烧和爆炸事故。

（12）氧气、乙炔瓶在运输中严禁使用电动葫芦、塔吊等机械吊装运输,动输过程中必须先卸去减压器,氧气、乙炔瓶上必须确保防振圈,气瓶、气带严禁漏气。

（13）使用氧气、乙炔设备时应根据钢材厚度选择适当的割具,在切割材料中应把材料垫高 10 mm 左右,防止割烂下面材料。

（14）使用结束时,须将气瓶阀门关闭,收好气带,并将气瓶放回规定位置,整理好氧气设备,并清理和打扫使用场所。

（15）氧气、乙炔焊割作业老师必须取得焊割作业特种操作证,做到持证上岗。

3.3.5 气体减压阀的安全使用

气体钢瓶充气后,压力可达 150×101.3 kPa,使用时必须用气体减压阀,其结构原理如图 3-1 所示。当顺时针方向旋转手柄 1 时,压缩主弹簧 2,作用力通过弹簧垫块 3、薄膜 4 和顶杆 5 使活门 9 打开,这时进口的高压气体(其压力由高压表 7 指示)由高压室经活门调节减压后进入低压室(其压力由低压表 10 指示)。当达到所需压力时,停止转动手柄,开启供气阀,将气体输到受气系统。

停止用气时,逆时针旋松手柄 1,使主弹簧 2 恢复原状,活门 9 由压缩弹簧 8 的作用而密闭。当调节压力超过一定允许值或减压阀出故障时,安全阀 6 会自动开启排气。

安装减压阀时,应先确定尺寸规格是否与钢瓶和工作系统的接头相符,用手拧满螺纹后,再用扳手上紧,防止漏气。若有漏气应再旋紧螺纹或更换皮垫。

如图 3-2(氧气压力表)所示,在打开钢瓶总阀 1 之前,首先必须仔细检查调压阀门 4 是否已关好(手柄松开是关)。切不能在调压阀 4 处在开放状态(手柄顶紧是开)时,突然打开钢瓶总阀 1,否则会出事故。只有当手柄松开(处于关

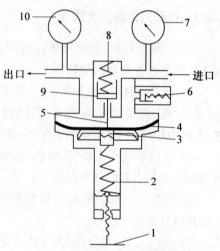

图 3-1　气体减压工作原理示意图

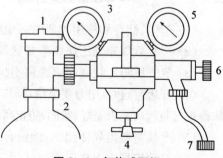

图 3-2　气体减压阀

1. 钢瓶总阀门;2. 气表与钢瓶连接螺旋;
3. 总压力表;4. 调压阀门;5. 分压力表;
6. 供气阀门;7. 接进气口螺旋

闭状态)时,才能开启钢瓶总阀1,然后再慢慢打开调压阀门。

停止使用时,应先关钢瓶总阀1,到压力表下降到零时,再关调压阀门(即松开手柄4)。

1. 减压器使用结束时注意事项

(1) 关闭气瓶阀。

(2) 开放气体出气口,排出减压器及管道内剩余气体。

(3) 剩余气体排完后,关闭出口阀门。

(4) 逆时针旋松调压把手,使调压弹簧处于自由状态。

(5) 片刻之后,检查减压器上的压力表是否归零,以检查气瓶阀是否完全关闭。

(6) 如需要的话,卸下减压器,并用保护套将减压器进出气口套好。

2. 日常检查

(1) 气体减压器中没有气体时,确认压力表指针回零。

(2) 在气体减压器中含有气体时,用肥皂水(或家用中性洗涤剂加10至20倍的水制成的液体)检查各螺纹及联接部位是否有泄漏。

(3) 供气后,确认可对气体流量(或压力)进行连续调节。

(4) 供气后,确认没有气体从安全阀中泄漏。

3. 维护及修理

如有下列情况发生,就需要更换零部件了,此时切不可自行拆装,请与经销商联系。

(1) 气体减压器中含有气体时,气体从各螺纹联接处泄漏。

(2) 气体减压器中含气体时,压力表指针不回零。

(3) 供气后,流量(或压力)不能连续调节。

(4) 供气后,压力表指针并不抬起。

(5) 供气后,气体从安全阀中泄漏。

(6) 压力表损坏(或流量计损坏)。

(7) 调压把手处于旋松状态时有气体从减压器出气口排出。

务请注意:自行拆装气体减压器之零部件,将会造成设备损坏,甚至严重的人身伤害。

3.3.6　常用气体的使用安全

1. 氧气

(1) 氧气储存注意事项:储存于阴凉、通风的库房。远离火种、热源。库温不宜超过30 ℃。应与易(可)燃物、活性金属粉末等分开存放,切忌混储。储区应备有泄漏应急处理设备。氧气瓶不得与可燃气体气瓶同室贮存。采用氧乙炔火焰进行作业时,氧气瓶、溶解乙炔气瓶及焊(割)炬必须相互错开,氧气瓶与焊(割)炬明火的距离应在10 m以上。

(2) 开启瓶阀和减压阀时,动作应缓慢,以减轻气流的冲击和摩擦,防止管路过热着火。

(3) 禁止用压缩纯氧进行通风换气或吹扫清理,禁止以压缩氧气代替压缩空气作为风动工具的动力源,以防引发燃爆事故。

(4) 现场急救措施:常压下,当氧浓度超过40％时,有可能发生氧气中毒。吸入40％～60％的氧时,出现胸骨后不适、轻咳,进而胸闷、胸骨后烧灼感和呼吸困难,咳嗽加剧；严重时可发生肺水肿，甚至出现呼吸窘迫综合征。吸入氧浓度在 80％以上时，出现面部肌肉抽动、面色苍白、眩晕、心动过速、虚脱，继而全身强直性抽搐、昏谜、呼吸衰竭而死亡。

长期处于氧分压为 60 kPa～100 kPa（相当于吸入氧浓度 40％左右）的条件下可发生眼损害，严重者可失明。应迅速脱离现场至空气新鲜处，保持呼吸道通畅。如呼吸停止，立即进行人工呼吸，就医。

（5）氧气瓶的灭火方法：用水保持容器冷却，以防受热爆炸，急剧助长火势。迅速切断气源，用水喷淋保护切断气源的人员，然后根据着火原因选择适当灭火剂灭火。

（6）氧气泄漏应急处理：应迅速撤离泄漏污染区人员至上风处，并进行隔离。严格限制出入，切断火源。建议应急处理人员戴自给正压式呼吸器，穿棉制工作服。避免与可燃物或易燃物接触。尽可能切断泄漏源，合理通风，加速扩散，漏气容器要妥善处理，修复、检验后再用。

（7）特别提醒

① 操作高压氧气阀门时必须缓慢进行，待阀门前后管道内压力均衡后方可开大（带均压阀的截止阀必须先开均压阀，待压力均衡后方可开截止阀）。

② 氧气严禁与油脂接触（与油脂接触会自燃）。

③ 严禁使用氧气作试压介子；严禁使用氧气作仪表气源。

④ 氧气的比重大于空气，宜沉积管低洼处。因此在坑、洞、容器内，室内或周边通风不良的情况下，必须检测氧含量。氧含量小于等于 22％、大于 18％方可作业。

⑤ 氧气放散时周边 30 m 范围内严禁明火。

⑥ 氧气设施、容器、管道等检修时必须可靠切断气源，并插好盲板。

⑦ 凡与氧气接触的备品、备件等必须严格脱脂。

⑧ 作业人员穿戴的工作服、手套严禁被油脂污染。

⑨ 氧气管道要远离热源。

2. 氢气

（1）氢气的贮存注意事项：室内必须通风良好，保证空气中氢气含量不超过 1％（体积比）。室内换气次数每小时不得少于 3 次，局部通风每小时换气次数不得少于 7 次。

（2）氢气瓶与盛有易燃、易爆物质及氧化性气体的容器和气瓶的间距不应小于 8 m。

（3）氢气瓶与明火或普通电气设备的间距不应小于 10 m。

（4）氢气瓶与空调装置、空气压缩机和通风设备等吸风口的间距不应小于 10 m。

（5）禁止敲击、碰撞，气瓶不得靠近热源；夏季应防止暴晒。

（6）必须使用专门的氢气减压阀。开启气瓶时，操作者应站在阀口的侧后方，动作要轻缓。

（7）阀门或减压阀泄漏时，不得继续使用；阀门损坏时，严禁在瓶内有压力的情况下更换阀门。

（8）氢气瓶内气体严禁用尽，应保留 0.2 MPa～0.3 MPa 以上的余压。

（9）使用前要检查连接部位是否漏气，可涂上肥皂液进行检查，确认不漏气后再进行使用。

（10）使用结束后，先顺时针关闭钢瓶总阀，再逆时针旋松减压阀。

3. 氯气

（1）氯气贮存注意事项：氯气钢瓶应远离热源，严禁用热源烘烤和加热钢瓶。防止高温，当气温在 30 ℃以上时，严禁钢瓶瓶体在太阳下暴晒，应将钢瓶放入库房，或者在钢瓶上加盖草包并用水喷洒冷却。

（2）操作人员必须配备专用的个人防毒面具，各使用地应配备有预防氯气中毒的解毒药物。

（3）氯气不得与氧气、氢气、液氨、乙炔同车（船）运送，不得与易燃品、爆炸品、油脂及沾有油脂的物品通车（船）运送。

（4）应设有专用仓库贮存氯气钢瓶，不应与氧气、氢气、液氨、乙炔、油料等化工原材料同仓存放。贮存氯气的仓库地面应干燥，防止潮湿，仓库要阴凉、通风良好，避免阳光暴晒和接近火源。

（5）氯气钢瓶不能直接与反应器连接，中间必须有缓冲器。

（6）金属钛和聚乙烯等材料不得应用于液氯和干燥氯气系统。

（7）通氯气用的铜管应尽量少弯折，以防铜管折破；发现铜管破损后应及时更换。如果空气中有大量泄漏的氯气，则可以使用氯气捕消器，使用时一定要佩戴好自动供氧形式的呼吸面具，以防止使用过程中缺氧而产生意外。

（8）如果钢瓶破裂或者瓶阀泄漏而导致泄漏，则应尽快将事故钢瓶滚入氯气破坏池，并向池中加入碱液破坏氯气，用氨气中和空气中的氯气，并打开破坏池引风，以防止氯气外泄。

（9）对于氯气极易溶解的物料，要防止氯气溶解后形成真空倒吸物料。

（10）对于氯气钢瓶用完后要换瓶时，首先关反应釜面通氯阀门，之后迅速（防止缓冲包压力过高）关氯气钢瓶瓶阀并拧紧。接着关掉铜管另一头的阀门，用扳手将瓶阀一边的铜管与瓶阀脱开。

（11）拧紧铜管之后要用手转动或摇动铜管，目测一下是否拧紧，拧紧之后打开铜管与气包一头阀门，用气包余压以及氨水先试验钢瓶接头处是否泄漏，如果发现氨气与氯气产生白雾，则需要重新拧紧瓶阀至无泄漏为止。

（12）急性氯气中毒的抢救措施

① 进入高浓度氯气区，必须佩戴完好的氧气呼吸器，否则不能进入此区域。

② 一旦出现氯气逸散现象时，在场人员应立即逆风向和向高处疏散，迅速离开现场。如污染区氯气浓度大，应忍着呼吸离开，避免接触吸入氯气造成中毒。

③ 应立即把氯气中毒者抢救出毒区，急性中毒患者必须立即转移到阴凉新鲜空气处脱离污染区静卧，注意保暖并松解衣带。

④ 当有液氯溅到人员身上时，应在脱离污染区后，除去被污染的衣服，然后用温热水冲洗受伤部位，用干净毛巾小心擦干水。

4. 乙炔气

（1）乙炔瓶应装设专用的回火防止器、减压器，对工作地点不固定，移动较多的，应装在专用安全架上。

(2) 严禁敲击、碰撞和施加强烈的震动,以免瓶内多孔性填料下沉而形成空洞,影响乙炔的储存。

(3) 乙炔瓶应直立放置,严禁卧放使用。因为卧放使用会使瓶内的丙酮随乙炔流出,甚至会通过减压器而进入橡皮管,造成火灾爆炸。

(4) 要使用专用扳手开启乙炔气瓶。开启时操作者应站在阀口的侧后方,动作要轻缓。

(5) 瓶内气体严禁用尽。冬天应留 0.1 MPa～0.2 MPa,夏天应留有 0.1 MPa～3 MPa。

(6) 乙炔瓶体温度不应超过 40 ℃。夏天要防止暴晒。因瓶内温度过高会降低对乙炔的溶解度,而使瓶内乙炔的压力急剧增加。

(7) 乙炔瓶不得靠近热源和电气设备。与明火的距离一般不应小于 10 m。

(8) 瓶阀冬天冻结,严禁用火烤。必要时可用不含油性的 40 ℃以下的热水解冻。

(9) 严禁放置在通风不良及有放射线的场所使用,且不得放在橡胶等绝缘物上。使用时,乙炔瓶和氧气瓶应距离 10 m 以上。

(10) 乙炔胶管应能承受 5 kg 气压,各项性能应符合 GB2551《乙炔胶管》的规定,颜色为黑色。

(11) 使用乙炔瓶的现场、储存处与明火或散发火花地点的距离不得小于 15m,且不应设在隐藏部位或空气不流通处。

5. 氮气

(1) 氮气储存注意事项:储存于阴凉、通风的库房。远离火种、热源。库温不宜超过 30 ℃,储区应备有泄漏应急处理设备。

(2) 氮气现场急救措施:空气中氮气含量过高,使吸入氧气分压下降,引起缺氧窒息。吸入氮气浓度不太高时,患者最初感胸闷、气短、疲软无力;继而有烦躁不安、极度兴奋、乱跑、叫喊、神情恍惚、步态不稳,称之为"氮酪酊",可进入昏睡或昏迷状态。吸入高浓度氮气,患者可迅速昏迷,甚至因呼吸和心跳停止而死亡。应迅速脱离现场至空气新鲜处,保持呼吸道通畅。如呼吸困难,应输氧。呼吸心跳停止时,立即进行人工呼吸和胸外心脏按压术,就医。

(3) 氮气泄漏应急处理:应迅速撤离泄漏污染区人员至上风处,并进行隔离,严格限制出入。建议应急处理人员戴自给正压式呼吸器,穿一般作业工作服。尽可能切断泄漏源,合理通风,加速扩散。漏气容器要妥善处理,修复、检验后再用。

(4) 氮气瓶灭火方法:本品不燃,尽可能将容器从火场移至空旷处。喷水保持火场容器冷却,直至灭火结束。

(5) 特别提醒

① 进入坑、洞、容器内、室内或周边通风不良的情况下作业,必须检测氧含量。含氧量大于 18%、小于 22%方可作业。

② 在氮气大量放散时应通知周边人员。

③ 在使用氮气吹、引煤气等可燃气体管道、容器时必须检测氮气中含氧量小于 2%方可使用。

④ 氮气设施、容器、管道等检修时必须可靠切断气源，并插好盲板防止窒息事故发生。

6. 氩气

（1）氩气储存注意事项：储存于阴凉、通风的库房。远离火种、热源。库温不宜超过 30 ℃。应与易（可）燃物分开存放，切忌混储。储区应备有泄漏应急处理设备。

（2）氩气现场急救措施：常压下无毒。高浓度时，使氧分压降低而发生窒息，氩浓度达 50％以上，引起严重症状；75％以上时，可在数分钟内死亡。当空气中氩浓度增高时，先出现呼吸加速，注意力不集中。继之，疲倦乏力、烦躁不安、恶心、呕吐、昏迷、抽搐，以至死亡。应脱离污染环境至空气新鲜处，必要时输氧或人工呼吸，进行胸外心脏按压术，就医。液态氩可致皮肤冻伤，眼部接触可引起炎症。

（3）氩气泄漏应急处理：迅速撤离泄漏污染区人员至上风处，并进行隔离，严格限制出入。建议应急处理人员戴自给正压式呼吸器，穿一般作业工作服，尽可能切断泄漏源。合理通风，加速扩散。漏气容器要妥善处理，修复、检验后再用。

（4）氩气瓶的灭火方法：本品不燃，切断气源；喷水冷却容器，或者将容器从火场移至空旷处。

（5）特别提醒

① 氩气的比重大于空气，宜沉积管低洼处。因此在坑、洞、容器内、室内或周边通风不良的情况下，检修作业前必须检测氧含量大于 18％、小于 22％方可作业。

② 在氩气大量放散时应通知周边人员。

③ 在使用氩气吹、引煤气等可燃气管道、容器时必须检测氩气中含氧量小于 2％方可使用。

④ 氩气设施、容器、管道等检修时必须可靠切断气源，并插好盲板防止窒息事故发生。

7. 二氧化碳

（1）使用方法

使用前检查连接部位是否漏气，可涂上肥皂液进行检查，调整至确实不漏气后才进行实验。

使用时先逆时针打开钢瓶总开关，观察高压表读数，记录高压瓶内总的二氧化碳压力，然后顺时针转动低压表压力调节螺杆，使其压缩主弹簧将活门打开。这样进口高压气体由高压室经节流减压后进入低压室，并经出口通往工作系统。使用后，先顺时针关闭钢瓶总开关，再逆时针旋松减压阀。

（2）注意事项

① 防止钢瓶的使用温度过高。钢瓶应存放在阴凉、干燥、远离热源（如阳光、暖气、炉火）处，不得超过 31 ℃，以免液体 CO_2 随温度的升高，体积膨胀而形成高压气体，产生爆炸危险。

② 钢瓶千万不能卧放。如果钢瓶卧放，打开减压阀时，冲出的 CO_2 液体迅速气化，容易发生导气管爆裂及大量 CO_2 泄漏的事故。

③ 减压阀、接头及压力调节器装置正确连接且无泄漏、没有损坏、状态良好。

④ CO_2不得超量填充。液化 CO_2 的填充量,温带气候不要超过钢瓶容积的 75%,热带气候不要超过 66.7%。

3.4　起重设备安全使用

实验室的起重设备在安全使用与管理上应严格要求,专人操作,确保人员安全。

(1) 操作人员必须熟悉电动行车、手拉葫芦、钢丝绳、吊环、卡环等起重工具的性能、最大允许负荷、使用、保养等安全技术要求,同时还要掌握一定的捆扎、吊挂知识。

(2) 起重作业前,要严格检查各种设备、工具、索具是否安全可靠,若有裂纹、断丝等现象,必须更换有关器件,不得勉强使用。

(3) 起重作业前,应事先清理起吊地点及通道上的障碍物。自己选择恰当的作业位置,并通知其余人员注意避让。吊运重物时,严禁人员在重物下站立或行走,吊运物体的高度必须高出运行线路上所遇到的物件,但不得从人的上方通过,重物也不得长时间悬在空中。

(4) 选用钢丝扣时长度应适宜,多根钢丝绳吊运时,其夹角不得超过 60 度。吊运物体有油污时,应将捆扎处的油污擦净,以防滑动,锐利棱角应用软物衬垫,以防割断钢丝绳或链条。

(5) 起重作业时,禁止用手直接校正已被重物拉紧的钢丝扣,发现捆扎松动或吊运机械发出异常声响,应立即停车检查,确认安全可靠后方可继续吊运。翻转大型物件,应事先放好枕木,操作人员应站在重物倾斜相反的方向,严禁面对倾斜方向站立。

(6) 起重作业时,根据所吊物件的重量、形状、尺寸、结构,应正确选用起重机械,吊运时,操作人员应密切配合,准确发出各项指令信号。吊运物体剩余的绳头、链条,必须绕在吊钩或重物上,以防牵引或跑链。

(7) 起重作业时,拉动手链条或钢丝绳应用力均匀、缓和,以免链条或钢丝绳跳动、卡环。手拉链条、行车钢丝绳拉不动时,应立即停止使用,检查修复后方可使用。

(8) 起重作业时,要注意观察物体下落中心是否平衡,确认松钩不致倾倒时方可松钩。

(9) 起重作业时,操作人员注意力要集中,不得随意接电话或离开工作岗位,如与其他人员协同作业,指令信号必须统一。

(10) 禁止用吊钩吊人或乘坐在吊运的物体上。

(11) 捆绑、吊运具有尖锐边缘的物体时,须用木板等软料垫好,防止钢丝绳被割断。

(12) 各类起重机械应在明显位置悬挂最大起重负荷标识牌,起吊重物时不得超出额定负载,严禁超载使用。

(13) 手拉葫芦、电动行车在 $-10\,℃$ 以下使用时应以起重设施额定负载的一半工作,以确保安全使用。

(14) 吊运物品要检查缆绳的可靠性,同时使用防止脱钩装置的吊钩和卡环。

(15) 各种手拉葫芦在起吊重物时应估计一下重量是否超出了本机的额定负载,严禁超载使用;在使用前须对机件以及润滑情况进行仔细检查,完好无损后方可使用;在起吊过程中,无论重物上升或下降,拉动手链条时,用力应均匀、缓和,不要用力过猛,以免手链条跳动或卡环;在起吊重物时,操作者如发现拉不动时不可猛拉,应进行检查,修复后方可使用。

（16）工作结束后应将起重设备开回停放处,将吊钩升至一定的高度,并切断电源。

第4章 实验室环境、健康与安全

4.1 实验室新建、扩建、改建中的 EHS 理念

高校实验室不是简单的大楼加仪器,一流大学的实验室不是简单地配备一流的设备就能够成就。实验室的建设是一个集成理念,它与人才培养的质量及科研成果的质量和水平密切相关,化学和化工类实验室因其专业特点,尤其如此。高校要成为时代潮流的引领者和科技发展的领军者,必须建设好高水平的现代化实验室。环境(Environment)、健康(Health)、安全(Safety)简称 EHS。EHS 管理体系是环境管理体系(EMS)和职业健康安全管理体系(OHSMS)两体系的整合。EHS 文化是先进文化,积极加强 EHS 文化建设是高校可持续发展的根本。

EHS 管理体系的建立和实施完全取决于高校管理层的认识水平。只有真正认识到 EHS 的重要性和必要性,才会积极地推行 EHS 管理体系。在政府积极倡导"以人为本"的人性关怀中,高校化学化工实验室更需要提高认识,更新观念,树立环境、健康、安全的价值理念,在实验室建设规划时将 EHS 的理念和元素融合到实验室的规划、设计、建设和管理的全过程。

高校的实验室建设规划是实验室建设的纲领性文件,该建设规划应与高校的整体发展规划相一致。高校的化学、化工类实验室的建设应根据自身的办学规模、发展目标、专业设置、科研方向,结合国内外同类实验室的现状、水平来统筹考虑,准确定位,让有限的资源发挥最大的作用。

实验室的规划设计是实验室建设的重要支撑点,是实验室建设成功的前提。规划要反映化学和化工领域教学科研的最新趋势,并有前瞻性;要有科学性、系统性、阶段性和可持续发展性。高校管理层必须以一种科学的态度把握实验室规划核心问题,全面分析自身现有实验室的状况、特色、水平、优势和不足之处,决定资源在实验室的配置及实验室的调整和整合。实验室建设规划在一定时期内应该相对稳定,一般规划期限为五年,要保证实验室建设与发展规划的连续性、稳定性和先进性。

实验室建设规划中很重要的一个环节是沟通与集思广益,要让专业教师们了解并得到他们的理解和支持,这样的规划才能更加贴合实际,更具实用性。在实验室建设规划决策前期,管理层首先要深入调查研究,充分了解实验室现状,与不同的学科方向带头人及各个层面专业教师广泛接触和交流,积极采纳专家和一线教师的意见,既符合实际需要,又能提升规划的水平。充分了解国内外同类实验室的各种信息,广泛了解兄弟院校同行的建设经验,再根据自身的特色和经费情况,制定出切合高校自身的实验室建设发展规划。

实验室建设规划受到多种因素的制约，包括经费投入、仪器设备管理、体制管理、队伍建设以及环境保护、职业健康和安全管理等方面。实验室规划涉及多个部门的配合，必须站在全方位的角度总体构思、详细部署。建设发展规划，无论是长远规划还是近期规划都不能以现有的实验建设经费作依据来制定，要用长远眼光来制定发展规划。将来一旦有了新的经费投入时，就可根据规划，形成建设计划，有重点、有目的地逐步实施。如果仅以现有的建设经费制定规划很可能形成低水平、分散、重复的建设局面，造成资源浪费。

4.2 实验室建设和改造中的 EHS 理念

我国高等教育事业的快速发展，让高校实验室，特别是化学化工实验室的作用和地位愈加凸现，实验室工作的师生员工对环境、健康和安全方面的意识和需求逐步加强，越来越渴望能够得到重视。随着留学归国人员的快速增多，很多国际先进理念被不断引入，对高校化学化工实验室的建设有了更新的认识，对实验室建设和管理提出了更高的要求，那就是如何让实验室功能更齐全、更先进，实验室环境更怡人，更加重视实验室的职业健康，师生员工对安全更加注重和实验室管理更高效、水平更高。

化学化工实验室建设是复杂的系统工程。实验建筑不同于普通建筑，在新建、扩建或改建的实验室项目时，应综合考虑实验室建设的总体规划、合理布局和平面设计，以及供电、供水、供气、通风、空气净化、职业健康、环境保护、安全措施等基础设施和基本条件。"环境、健康与安全"(EHS)已成为人们高度关注的重点，舒适、智能、高效、节能、环保、健康、安全是当今化学化工实验室建设的理想要素，也是高校实验室建设的宗旨。

高校实验室 EHS 的内容相对复杂。不同的实验室所涉及的环境、职业健康和安全问题各有侧重。除了实验室的普通安全外，各实验室涉及的 EHS 内容各不相同，有的实验室需要使用各种化学试剂、危险物品、剧毒物品、放射性物品、生物样品和制剂、实验动物等，有的需要用到高温、高压、超低温、强磁、真空、微波辐射、高电压和高转速等特殊的实验环境和条件，在高校教学和科研活动过程中，危险化学品安全、实验室的安全使用、实验废弃物(废气、废液、固废、噪声、辐射等)的安全处置以及应急处理等环节都存在着一系列环境保护、职业健康和安全方面的问题。

由于缺乏 EHS 理念，很多高校的 EHS 硬件设施在实验室的规划和建设时配备上存在严重缺陷和不足。具体表现在：

(1) 实验室规划不合理，实验室空间不足。空间不足造成实验室内原本应该分开安排的办公室、学习室、仪器、药品、物品等混杂在一起。

(2) 个体防护装备(Personal Protective Equipment，PPE)缺乏。很多实验室涉及的化学药品、生物试剂等情况千差万别，由于 EHS 意识不强，很多实验室根本没有配备基本的个体防护装备，如实验服、防护眼镜、手套等基本防护装备。

(3) 消防设施配置不足。不少实验室缺乏消防报警系统，消防设施数量不足，功能不全，或者缺少定期维护。有的实验楼消防通道被堵死，或者消防通道内没有新风系统，存在极大的安全隐患。

(4) 缺乏环保及安全装备。包括缺少实验废弃物的分类收集和处理设施，实验室通风系统数量不足或者效果不佳,紧急冲淋装置、洗眼器和急救箱等安全装备严重缺乏。由于历史欠账太多,不少高校实验室要完全合乎 EHS 的要求需要一个渐进的过程。

4.2.1　新建实验室设计过程中的 EHS 理念

高校实验室建设本质上是高校管理模式的具体反映。一流的大学必须拥有一流的实验室,实验室的建设和管理需要高校领导的重视,全校上下共同努力和相互配合。实验室建设工程项目既有普通建筑工程的共性,又有它自身的特性。评价一个实验室建设的好坏一般可以通过以下几个方面进行衡量:

(1) 效能指标。实验室的建设目的是为了能让科研出成果,培养创新人才。这个特性体现在相关实验室的合理搭配,实验场地的独到安排,室内空间的充分利用,研究团队的协调共享,仪器设备的使用效益,实验大楼的节能降耗,实验室工作人员的健康和安全等。既要按照专业建设要求满足人才培养的需要,又要有利于师生教学和科研活动的顺利、高效开展,注重实验室效能的提高,将实验室的规模和功能有机结合起来。

(2) EHS 指标。实验室在设计时都要充分考虑 EHS 理念和元素,每个细节都要保证人员和设备的环保、健康和安全。由于现代实验的复杂性和高科技化,设备投资巨大,更不用说科研人才的价值。EHS 意识和设施要从设计源头上就纳入规划,不能把不符合 EHS 要求的实验室简单交到教师和学生手里,期望他们严格遵守安全规范来达到补救 EHS 的目的。应该在设计初期就根据实验室类别(如化学类实验室、生物类实验室),严格遵循设计规范,布局科学合理,选择正确的设备、材料,确保人员和设备的 EHS 规范。

(3) 仪器设备指标。主要是对于实验仪器的使用和管理进行评估。通过共享平台进行仪器使用效率的评估,由此得出仪器的使用率和回报率。这既反映了实验室的使用效率,也对实验室的设计提供了很有价值的参考信息。

(4) 影响力指标。好的实验室无疑会带来非凡的社会影响力,从而吸引众多科技精英和优秀学生纷至沓来。这既可大大提升大学知名度,又能带动整体相关学科科研的发展。优秀的实验室可以提供良好的工作环境,有利于激发实验人员的工作热情,提高工作效率,取得丰硕的成果。管理不好的实验室很难激发工作人员的工作热情和创新思维,这也在很大程度上损害了科研成果的产出和科研项目的进展,也会造成人才的流失。

由于实验室建筑工程具有长期性和永久性,实验室的设计和建设要尽量体现时代性和科学性,吸纳国内外同种性质、同等规模实验室建设的经验,尽可能做到高水平、高起点。要周密考虑使用要求,特别对开间大小、环境条件、水电通风、网络通讯、楼面承载负荷、楼层净高等要认真设计。避免功能过高造成浪费,功能过低达不到使用要求,又要重新改造,形成新的浪费。

在开始进行实验室设计前,设计方应该充分了解实验室的学科和专业背景,分析相关学科的彼邻影响因素:哪些空间需要进行相互交流? 独立研究团队如何协调工作? 哪些空间可以开放,哪些独立使用? 这些分析和研究有助于把握设计布局,加强整体实验室的工作效率。同时还要分析未来发展可能性的影响:哪些学科最有可能近期改变和成长? 下一步对于空间和仪器设备的影响可能是什么? 预留一个未来的计划,以解决未来的学者和研究人员需求的变化,从而实现可持续发展。

　　在进行新建实验室设计时,可借鉴国外一些著名大学的成功经验,将符合时代潮流、有助于优化利用率、有利于课题组之间交流与合作、激发创新思维等元素考虑进来,如:

　　(1) 增加共享合作空间的面积。包括仪器设备区、场地、讨论和休息区。实践证明,越来越多的研究人员乐于使用开放合作的实验室,共享通用仪器,分享研究信息和合作交流。

　　(2) 将办公室等非实验功能房间与实验室分开。实验楼中的办公室、休息室、控制室、会议室等具有民用建筑的特点,把这些房间移出到实验区外的其他区间,可大大降低实验室建设和使用成本,也可增加实验室工作人员的安全性。

　　(3) 整合并加大储存空间的密度。建立并优化中央储存室的概念,让出更多宝贵的研究平台和空间留给亟须工作空间的工作人员。

　　(4) 合理布局实验室区间。固定的仪器设备可以安排在室内中心部分,周围的工作区可以考虑采用可移动的家具和仪器组合。

　　实验室建筑设计人员是体现各方需求和想法的综合体,专业的实验室设计人员应该在实验室的成功设计和建设方面具有丰富的经验和阅历,这是成功设计的基础。如果只有普通办公建筑、民用建筑的设计经验,很少经历过科学实验室的设计,很难单独胜任这项工作。具有专业知识的实验室一线教师和实验人员,他们缺乏建筑设计知识,所以应该成立实验室建设项目设计领导小组,把建筑设计人员、实验室使用者、实验室内装修人员组织起来,充分协商和沟通,准确把握相互的要求、动机和意图,才能比较圆满地完成实验室的设计工作。领导小组成员应具有实验室建设相关的知识,工作过程中应保持领导小组人员的连续性和稳定性,以充分了解全套清晰、详细而周全的流程。

　　实验室的设计和建设过程中,须避免两种情况:一是后勤建设部门对实验室建设的特殊性认识不够,只把它按一般建筑工程去做;二是使用方认为,实验室工程建设是后勤建设部门的事,你建好后交给我使用就是了。有些专业实验室建设需要在建设过程中解决许多专业和建筑安装方面的技术难题。很多交叉学科或边缘学科的实验室,更需要土建和工艺之间的密切协作。要建成符合专业需要的、先进的、现代化的、可持续发展的化学和化工实验室,后勤建设部门和使用方必须密切配合,深入沟通,关注到每个细节。

　　综合各方的经验,高校实验室的建筑设计和建设一般包括如下几个流程:

　　(1) 前期论证和初步设计。每个实验室都有它不同于其他建筑物或其他实验室的特点。在规划和设计之前,必须进行充分的论证和调查研究,弄清楚拟建实验室有哪些特殊要求和技术指标,以便有针对性地确定设计和施工方案,制定可行性计划。在初步设计中明确树立学校战略意图的设计原则,如:建筑面积、共享学科、仪器设备、人员配置、环境保护、职业健康、人身安全、发展趋势以及可持续发展等。

　　实验室的初步设计在设计阶段是非常重要的,这个阶段是对设计方案及实验室整体结构确定的阶段。根据他人成功的经验,初步设计在整个设计过程中占了很大的比重,等到设计方案基本成熟之后,才进入施工设计阶段。而个别高校办事程序却是恰恰相反的,所以在工作中容易反复,从而带来很多问题。

　　最好的设计应该能够促进实验室人员的交流互动,突出结构空间的灵活善变,提供资源的支持共享和成果交流,无论对于科学探索还是培养跨学科的复合型人才都是相当重要的。设计方案要有前瞻性,应充分考虑实验室 EHS 文化和相关要素,要为后续的发展留有空间和余地,如实验楼配电系统电的预留容量、实验楼通风系统的管道通风容量等。

国外大学在评估实验室规划和设计方案时,大多采用 QBS(Quality Based Selection)质量采购评估标准,而不是以价格采购评估选择设计方案。理由是:① 实验室的建设成本不同于产品的统一成本核算,每个实验室都不尽相同,不能只考虑降低成本而忽略了具体项目整体系统的合理性和优化性;② 高质量优良的实验室建设从长远看应该能节省维护成本、运行成本和未来的升级成本,而不应只看重尽可能缩减眼前的经费投入;③ 防止一味追求低价而被居心不良的施工承包商将实验室建成"豆腐渣"工程。

(2) 实验室布局规划。不同类型的实验室布局各不相同,重点是安排具体使用时的内部结构,规划仪器设备实验工作区,实验家具的摆放,水电气排布,照明防火等,包括实验室空间的设计、格局的设计、功能的设计、实验流程的设计、实验室家具的设计、给水排水的设计、排风或送风的设计、电路的设计、各种实验气体管路的布置等。合理安排人行通道与实验仪器设备的关系,提高工作效率,加强交流与注重安全。设计要为未来考虑,提高可变性和灵活性,在升级改造时减少改造成本。

(3) 实验室内部细节的确定。着重对实验室内部进行细化局部要求的调整,这个阶段的平面和立体设计应该定型。

(4) 施工工程设计。施工工程设计阶段主要是施工工程图纸的制作。完善而专业化的设计是施工得以顺利进行的基础,完美的施工才能把设计蓝图付诸实现。在做设计方案时要充分考虑施工上的可行性,具有可操作性。施工设计是对初步设计的细化,对基础数据完整的采集,如果中间环节出现任何问题,都会影响设计质量,最终影响到实验室的建设水平和质量。

从开展实验室建设项目的初步设计到后建设阶段,应该有一个阐述清晰的流程说明文件。流程说明文件应该由实验室使用方组织设计方、施工方、监理方等使用方认为合适的人选来认真讨论和编制,编制人必须能够自始至终参与整个项目,了解相关专业并对实验室的设计和建设具备相当的专业知识和经验。该流程说明文件应该涵盖整个过程中各个步骤中有关各方关注的重点、需要解决的问题、各方之间必须进行的沟通,应该是一份实验室使用方可以看懂的文件。这个文件非常重要,但经常容易被忽视。作为实验室的使用方,可以通过审阅这个流程说明了解一些关键控制点的实施过程,提前发现问题,避免出现疏漏,同时还可以作为施工过程中间控制的依据。做好流程说明文件,可以明确各个关键点不同工序合理进场时间以及相互配合,出现问题及时解决,从而提高工程效率和工程质量。

(5) 工程施工。建筑施工方按照图纸进行施工,监理方负责现场监督,保证完全按照预定的设计进行施工,使用方应根据流程说明文件全程跟踪,并与各方协调解决施工中可能出现的一些设计矛盾,以保证交付使用的实验室能完全符合使用方的要求。百年大计,质量为本。应选择好施工和监理队伍,对工程质量长抓不懈。合理处理好工程建筑质量、工程进度和工程造价三者的关系,当三者发生冲突时,首先应确保工程质量。

(6) 竣工验收。实验室的竣工验收应按照不同的项目分别进行,如建筑施工质量、给水排水系统、电力系统、消防系统、通风系统、EHS 设施、空调系统、公用设施及管道、工程管网布置、实验气体管路的布置、实验室家具布局和质量等方面逐项进行。只有各项工程指标都符合标准,使用方方可接收使用。

4.2.2　老实验室改造过程中的 EHS 理念

随着我国高校办学规模不断扩大,在校师生人数急剧上升,实验室紧张甚至超负荷运转的情况非常突出。为应付这种状况,高校不断加强基础设施建设,但仍不能满足发展的需求,实验室紧缺的矛盾非常明显,很多高校的部分基础设施老化,存在诸多安全隐患。有学校因经费紧张无法新建实验室,原有的实验室建筑结构陈旧、实验室布局不合理、实验室使用的危险品种类和数量繁多但安全设施缺乏、很多仪器设备"老弱病残"。有的高校将一些原本不是实验室的办公室等普通用房改建成实验室,以缓解教学和科研眼前的窘境。有的高校将根本不适合做实验室的砖木结构的办公室改造成实验室,存在严重的安全隐患。这在一定程度上导致高校教育管理偏离以人为本的轨道,忽视了对人的健康、安全和环境的关注。更有部分高校在新建实验室时,因初期规划和设计不能符合使用方的相关要求而不得不在刚竣工就开始改造,造成了不必要的浪费。

有些高校在实验室建设管理过程中,重视教学和科研活动而忽视了管理,重视实验室硬件建设,把实验室建设重点放在仪器设备的更新和实验室环境改善上,而健康和安全问题被相对弱化,缺少对实验室 EHS 设施的规范化建设,普遍存在一些由于实验室规划设计引发的职业健康和安全隐患,诸如实验室房屋、水、电、气等管线设施不规范,布局不合理;乱装防盗门窗、堵塞安全通道;EHS 设施陈旧落后或者干脆没有;因实验室用房紧张,致使仪器设备的安全操作空间距离不足,需要分开存放的药品和物品不能做到完全分开存放;部分会产生有毒气体的实验室没有通风橱,实验室没有必要的排气和补风设施,实验产生的废弃物无法按照规定处理;缺乏必要的 EHS 防护装备和应急设施,带来诸多职业健康和安全隐患。

实验室 EHS 设施和条件是保障实验室工作人员职业健康和人身安全的首要条件。高校应把实验室 EHS 建设标准纳入到实验室基础设施规划与建设中,加大实验室 EHS 设施建设投入力度。在进行老实验室功能改建工程时,要优先考虑实验室的 EHS 元素,加强实验室的 EHS 设施建设,按专业实验室的特点,周密考虑改建实验室的设计、建设、仪器设备的购置等,在 EHS 设施上加大投入力度,配备必要的洗眼器、紧急喷淋装置、气体泄漏报警器等实验室安全装备,安装必要的烟雾报警装置和门禁探头等安全监控设施,以增强对事故的预防和处置能力,防患于未然,确保实验室人员的职业健康和人身安全。

4.3　实验室管理中的 EHS 理念

高校实验室实施 EHS 管理体系很有必要,这是高校管理和国家发展的必然趋势。EHS 管理体系强调人与自然的和谐,其根本是保护人类的安全与健康,其目的是保护人类社会可持续发展。高校实验室管理需要从认识上提高,观念上更新,制度上健全,操作上规范,牢固树立环境、健康、安全的理念。推行 EHS 管理体系不仅是要求建立一个独立的职能部门,一个专职的团队,更是要求师生员工必须全员参与,需要大家都认识到

EHS 管理体系的重要性,知道每个人的职责所在,知道操作中如何贯彻实施 EHS 管理体系要求。强化认识,由他律转向自律。只有将自我负责、自我约束、自我管理的责任心落实到实际操作中去,才能化被动为主动,真正投入到 EHS 管理体系中去。

提高管理层及每个师生员工的 EHS 意识,是推行 EHS 体系首先要做的。通过宣传、讲座等方式加强实验室人员的深刻认识,在实验室营造 EHS 氛围,促进大家自觉参与到 EHS 管理体系中去。EHS 管理体系强调严格按程序和规程办事,强调细致分工、各司其职,这样有利于建立实验室管理的长效机制。

实验室 EHS 管理不是采取一些简单的措施便可实现,EHS 管理体系需要制定一整套规范的程序和标准化文件。实验室安全装备的配备和维护,使用方法的培训;实验室环境的保护;实验室仪器设备的安全使用、管理制度、操作规程、标准化文件的实施等,这些不是简单的花架子,需要很高的技术含量。加强 EHS 培训工作是推行的关键,EHS 培训系统应包括 EHS 文化意识和 EHS 操作技能两个部分。进行全员培训,使体系知识深入到每个人的心中,让其了解建立 EHS 体系对群体和个人的益处,通过培训使每一岗位人员熟悉、掌握各自的职业安全健康职责、要求和做法,并积极地加入到体系建立和实施工作中。

通过实施 EHS 管理体系,会在高校内部形成一个系统化、结构化的健康、安全和环境自我管理机制,进而提高单位的健康安全和环境管理水平,真正做到安全环保,从而减少或避免发生伤亡事故,保证师生员工的健康。

4.4　实验室污染物的种类及对人体健康的危害

环境污染是影响人体健康的重要因素之一,其影响作用的特点是多因子、多介质、低剂量、长效应,带来慢性和远期健康危害。由环境污染引起的疾病,早期多无明显临床症状,毒素进入人体并蓄积到一定程度时,才最终导致身体生理功能性或器质性病变。

研究发现,实验室工作人员所说的过敏、头疼、恶心、注意力不集中、疲乏等实验室综合征,与实验室内的污染水平密切相关。通常情况下实验室内某些污染物的浓度远超过实验室外的水平。污染物对人体健康的危害程度取决于污染物的种类、性质、浓度和对人体的作用时间,以及个体的敏感性。当然,也不能忽视多种污染物的协同作用。实验室中比较有代表性的污染物及其对人体健康的危害大致如下:

1. 空气中的颗粒物质

空气中的颗粒物质指悬浮于空气中的固体、液体或固体与液体结合的微粒。颗粒物按其自身重力作用沉降的特性可分为降尘和飘尘。粒径大于 $10~\mu m$ 为降尘;小于 $10~\mu m$ 者因能够长时间飘浮在空气中,称为飘尘。其中粒径等于或小于 $100~\mu m$ 的称总悬浮颗粒物(PM100);粒径大于 $2.5~\mu m$,等于或小于 $10~\mu m$ 的能够被吸入呼吸道的称可吸入颗粒物(PM10);PM2.5 是指直径小于或等于 $2.5~\mu m$ 的颗粒物,也称为可吸入肺颗粒物。虽然 PM2.5 只是地球大气成分中含量很少的组分,但它对空气质量和能见度等有重要的影响。PM2.5 粒径小,富含大量的有毒、有害物质且能在大气中长时间停留、远距离输送,因而对人体健康和大气环境质量的影响更大。2012 年 2 月,国务院同意发布新修订的

《环境空气质量标准》增加了 PM2.5 监测指标。

空气中颗粒物成分非常复杂，其中一些颗粒物本身有毒性，如金属及其化合物尘埃、纤维状石棉、酸雾、碱雾和油雾等。此外，无论悬浮颗粒性质如何，它们都有着巨大的比表面积，容易成为有毒有害物质的吸附核心。带有毒物的小颗粒可以通过呼吸道吸入后滞留在鼻腔、咽喉和气管等部位。长期吸入会引起气管炎、肺气肿、鼻炎等慢性疾病，也可引起消化系统和血液系统等疾病，更严重者可导致死亡。

2. 无机污染物

环境中的无机污染物主要有硫化物、一氧化碳、氮氧化物、氰化物、氟化物、硝酸盐和亚硝酸盐，长期接触对人体健康有严重危害。

3. 重金属污染物

重金属一般指相对密度在 5 以上的金属，有时也指相对密度 4 以上的金属。在环境污染方面主要指汞、镉、铅、铬、锌、铜、镍等，准金属砷因其毒性及某些性质与金属类似，所以也将其列入重金属范围。

重金属的毒性以离子态形式最为严重，释放到环境中后，不仅不能被微生物所分解，反而转化为毒性更大的金属有机化合物，主要是甲基化合物，例如无机汞转化为毒性强的甲基汞。此外，释放到环境中的重金属还会通过食物链等进行富集产生放大效应，进而对身体健康造成危害。

4. 有机污染物

有机污染物主要指碳氢化合物及其衍生物质，如烃、醇、酮、胺等对人体有害的化合物。这些都是脂溶性物质，可以通过皮肤吸收，溶解到脂肪中侵入人体，也能够通过呼吸道进入肌体组织中，并迅速扩散到全身。正常情况下，这些污染物会有一小部分以原形排出体外，其余能够通过新陈代谢被分解成简单的水溶性化合物而排出体外。但往往在代谢过程中会形成一些毒性更强且更不容易排出的次生代谢产物，逐步在血液、脂肪内增加，并在肝、肾等器官中积累，最终引发包括细胞损伤、遗传变异、肿瘤和癌症等各种疾病。

5. 电磁辐射与电离辐射

（1）电磁辐射

电磁辐射是一种复合性电磁波，以相互垂直的电场和磁场随时间的变化而传递能量。人体生命活动包含一系列的生物电活动，这些生物电对环境中的电磁波非常敏感，因此，电磁辐射可以对人体造成影响和损害，主要表现为热效应和非热效应：

① 热效应。人体 70% 以上是水，水分子受到电磁波辐射后相互摩擦，引起机体升温，从而影响到体内器官的正常工作。体温升高引发各种疾病症状，如心悸、头疼、失眠、心动过缓、白细胞减少、免疫功能下降、视力下降等。

② 非热效应。人体的器官和组织都存在微弱的电磁场，它们是稳定和有序的，一旦受到外界电磁场的干扰，处于平衡状态的微弱电磁场将遭到破坏，人体也会遭受伤害。这主要是低频电磁波产生的影响，即人体被电磁辐射照射后，体温并未明显升高，但已经干扰了人体的固有微弱电磁场，使血液、淋巴液和细胞原生质发生改变，影响神经系统、感觉系统、免疫系统和内分泌系统的正常功能。

（2）电离辐射

电离辐射是一切能引起物质电离的辐射总称，其种类很多，高速带电粒子有 α 粒子、β 粒子和质子，不带电粒子有中子以及 X 射线、γ 射线。电离辐射是指波长短、频率高、能量高的射线。电离辐射可以从原子或分子里电离出至少一个电子。

在接触电离辐射的工作中，如防护措施不当，或违反操作规程，人体受照射的剂量超过一定限度后，就会发生有害作用。机体对电离辐射的反应程度取决于电离辐射的种类、剂量、照射条件及机体的敏感性。电离辐射可引起放射病，它是机体的全身性反应，几乎所有器官、系统均发生病理性改变，但其中以神经系统、造血器官和消化系统的改变最为明显。短时间内接受一定剂量的照射，可引起机体的急性损伤，多发生于核事故和放射治疗病人；而较长时间内分散接受一定剂量的照射，可引起慢性放射性损伤，如皮肤损伤、造血障碍、白细胞减少、生育力受损等病症。此外，辐射还可以致癌和引起胎儿的死亡和畸形。

6. 生物性污染

实验室的生物污染主要指可能会导致健康工作者和动物致病的细菌、真菌、病毒和寄生虫等生物因子，实验动物和有潜在感染生物因子的人血液、体液和排泄物等物质的违规操作、感染或泄漏，有可能引发感染性疾病的发生或爆发，危害人体健康及公共安全。

4.5　实验室污染控制与防治

从 20 世纪 60 年代开始，许多国家相继制定了有关环境保护的法律和法规，我国也形成了以《宪法》为基础、以《中华人民共和国环境保护法》为主体的环境法律体系。2005 年1 月 1 日起执行的国家环保总局《关于加强实验室类污染环境监管的通知》中明确规定，科研、监测（检测）、试验等单位实验室、化验室、试验场将按照污染源进行管理并纳入监管范围；同时提出新建、改建和扩建或使用性质调整的实验室、化验室和试验场，必须严格执行建设项目环境保护审批制度，并建立污染事故预防和应急体系及上报制度。

实验室产生的废气、废水和废物进入环境将污染空气、水源和土壤，破坏生态，并通过食物链而危害人体自身健康。实验室污染的后果是严重的，实验室内的污染也给实验工作人员和开展实验工作的师生带来健康危害。因此，实验室污染控制刻不容缓，本节重点讲述实验室空气的净化技术，其他类型的污染处置方法将在后面章节中陆续介绍。

1. 通风

通常实验室内的空气污染物浓度要比室外高许多，合理改善实验室内的通风设施，加强通风换气，能有效降低实验室内的空气污染物浓度，改善实验室内的空气质量。根据实验室内污染物的种类和量来决定通风量和通风方式。通风形式主要有渗漏、自然通风、强制或机械通风等几种形式。

（1）渗漏通风

所有建筑物结构都有通透性，即建筑物的壳体有许多空气进出的渠道，如门、窗、电线出入口和管道周围的缝隙等，也包括进出风口。室内外空气交换受建筑物的密封度及室外温差、风速等环境因素影响，通常在寒冷和刮风的情况下换气率高，而在温暖和温差较小的天气状况时换气率较低。

（2）自然通风

当建筑物门窗打开的时候，就处于自然通风状态。开窗通风可以始终保持实验室内具有良好的空气质量。

（3）机械通风

包括全面稀释通风和局部排气通风。全面通风一般采用通风空调系统，将室外新鲜空气均匀地送到室内，以达到降低污染的目的。对实验室而言，污染源确定，而且对污染源的瞬时挥发速率要求高，因此需要采用局部排风系统，如排风扇、通风柜等设备来解决污染物的排放问题。

2. 吸附

吸附是一种常用的气态污染物净化方法，是将废气与大表面、多孔而粗糙的固体物质相接触，废气中的有害成分积聚或凝缩在固体表面，达到气体净化的目的。对于低浓度废气和高净化要求的场所，应用吸附技术是一种有效且简便易行的方法。常用的吸附剂种类如下：

（1）活性炭　活性炭是由含碳原料（果壳、木材、煤炭、木质素），经过加工、炭化、破碎和活化等几道工序制成，形状有颗粒状、纤维状和粉末状。活性炭的比表面积可达 $600\sim 1\,600\,cm^2/g$，具有优异的、广泛的吸附性能。活性炭主要用于吸附苯、甲苯、乙烷、庚烷、丙酮、四氯化碳、萘、醋酸乙酯等有机气体和蒸气。由于纤维活性炭吸附法具有吸附和脱附效率高，残留少的特性，作为近几年发展起来的新技术，已经普遍用于回收苯乙烯、丙烯腈、二氯甲烷和三氯甲烷等有机化合物。

（2）活性氧化铝　活性氧化铝是一种极性吸附剂，有粒状、片状和粉状，其比表面积为 $210\sim 360\,cm^2/g$，主要用于吸附二氧化硫、硫化氢、氮氧化物、气态碳氢化合物和含氟废气，也可用于溶剂的回收利用。

（3）硅胶　硅胶的比表面积为 $600\,cm^2/g$，通常用于气体干燥和废气中二氧化硫、氮氧化物和有机烃类的净化。硅胶具有很强的亲水性，吸水后其吸附性能下降。

（4）分子筛　分子筛是一种人工合成的泡沸石，是具有多孔骨架的硅铝酸盐结晶体。其微孔十分丰富，具有很大的内表面，吸附容量大，孔径分布单一均匀，有很强的吸附能力和选择吸附性。分子筛可以从废气中有选择地除去二氧化硫、硫化氢、氮氧化物、氨、二氧化碳和有机烃类等污染物。还可以作为载体，负载微量的贵金属催化剂和过度金属氧化物，催化和净化废气中的气态污染物。

人类的文明，社会的进步离不开实验性研究，重视并加强实验室环境污染的控制和防治，重视实验室的科学管理，创造一个绿色、环保的实验室环境，既是对当代负责任，也符合可持续发展的基本要求。

4.6　高校绿色实验室的建立

4.6.1　绿色化学的概念

绿色化学（Green Chemistry）又称环境无公害化学（Environmentally Benign

Chemistry)、环境友好化学（Environmentally Friendly Chemistry）、清洁化学（Clean Chemistry），是 20 世纪 90 年代出现的具有明确的社会需求和科学目标的新兴交叉学科，已成为当今国际化学科学研究的前沿，是 21 世纪化学化工行业发展的重要方向。绿色化学旨在从源头上消除污染，最大限度地从合理利用资源、生态平衡、环境保护等方面满足人类可持续发展的需求，实现人和自然的协调与和谐。绿色化学包括所有可以降低对人类健康与环境产生负面影响的化学方法、技术和过程，是新的科学发展观。在绿色化学基础上发展起来的技术称为绿色技术（Green technology）、清洁技术（Clean technology）或环境友好技术（Environmentally Friendly technology）。各国对绿色化学的提法不太相同，我国称为"清洁生产工艺"。

《中华人民共和国清洁生产促进法》（2012 年修订）对"清洁生产"定义为：清洁生产是指不断改进设计、使用清洁的能源和原料、采用先进的工艺技术与设备、改善管理、综合利用等措施，从源头削减污染，提高资源利用效率，减少或者避免生产、服务和产品使用过程中污染物的产生和排放，以减轻或者消除对人类健康和环境的危害。

4.6.2 绿色化学的意义

世界环境与发展委员会（WECD）1987 年提出的《我们共同的未来》的研究报告中对可持续发展的定义为："既满足当代人的需求，又不对后代满足其自身需求的能力构成危害的发展。"绿色化学就是从可持续发展理念为出发点，以生态大系统的整体优化为目标，对物质转化的全过程不断采取战略性、综合性和预防性的措施，提高能源的利用率，减少及消除废料的生成和排放，降低生产活动对资源的过度使用以及对人类和环境造成的风险，实现社会的可持续发展。从科学的角度看，绿色化学是对传统化学思维的创新和发展，是更高层次的化学科学；从环境的角度看，绿色化学是从源头上消除污染，保护生态环境的新科学和新技术；从经济的角度看，绿色化学是合理利用资源和能源，实现可持续发展的核心战略之一。因此，绿色化学是一项指导化学化工行业革命的科学，也为其他学科和科学技术领域的"绿色革命"提供了宝贵的理念、技术、经验和强有力的支撑。

4.6.3 绿色化学的核心

绿色化学主要从原料的安全性、工艺过程节能性、反应原子的经济性和产物环境友好性等方面进行评价。原子经济性和"5R"原则是绿色化学的核心内容。原子经济性是指充分利用反应物中的各个原子，从而既能充分利用资源又能防止污染。原子利用率越高，可以最大限度地利用原料中的每个原子，使之结合到目标产物中，反应产生的废弃物就越少，对环境造成的污染就越小。实验过程中应遵循绿色化实验的 5 个"R"原则，即 Reduction，减量使用原料，减少实验废弃物的产生和排放；Reuse，循环使用、重复使用；Recycling，回收，实现资源的回收利用，从而实现"省资源、少污染、减成本"；Regeneration，再生，变废为宝，资源和能源再利用，是减少污染的有效途径；Rejection，拒用有毒有害品，对一些无法替代又无法回收、再生和重复使用的，有毒副作用及会造成污染的原料，拒绝使用，这是杜绝污染的最根本的办法。

4.6.4　绿色化学的基本原则

绿色化学是用化学的原理、技术和方法，从源头上消除对人类健康、社区安全、生态环境有害的原料、催化剂、溶剂、反应产物和副产物等的使用和产生。它的基本指导思想在于不使用有毒有害物质，不产生废物，是一门从源头上阻止污染的绿色与可持续发展的化学。根据绿色化学遵循的不断完善的基本原则，以保护人类环境和健康，实现环境、经济和社会的和谐发展。为了评价一个化工产品、一个单元操作、或一个化工过程是否符合绿色化学目标，Anastas PT 和 Warner JC 首先于 1988 年提出了著名的绿色化学 12 条原则。

（1）防止污染优于污染治理：防止废物的产生优于在其生成后再进行处理。

（2）原子经济性：合成方法应具有"原子经济性"，即尽量使参加反应的原子都进入最终产物。

（3）绿色化学合成：在合成中尽量不使用和不产生对人类健康和环境有毒、有害物质。

（4）设计安全化学品：设计具有高使用功效和低环境毒性的化学品。

（5）采用安全溶剂和助剂：尽量不使用溶剂等辅助物质，必须使用时应选用无毒、无害的。

（6）合理使用和节省能源：生产过程应该在温和的温度和压力下进行，而且能耗最低。

（7）利用可再生资源合成化学品：尽量采用可再生的原料，特别是用生物质代替矿物燃料。

（8）减少不必要的衍生化步骤：尽量减少副产品。

（9）采用高选择性的催化剂。

（10）设计可降解的化学品：化学品在使用完后应能够降解成无毒、无害的物质，并能进入自然生态循环。

（11）进行预防污染的现场实时分析：开发实时分析技术，以便监控有毒、有害物质的生成。

（12）使用安全工艺：选择合适的参加化学过程的物质及生产工艺，尽量减少发生意外事故的风险。

绿色化学 12 条原则目前被国际化学界所公认，它不仅是近年来绿色化学领域中所开展的多方面的研究工作的基础，也指明了未来发展绿色化学的方向。

4.6.5　绿色实验室的建立与推行

高校化学和化工实验室、材料学实验室、生物科学实验室、医学实验室等是高校实验室污染物产生的主要源头。开展生物科学实验和医学实验的实验室会产生大量高浓度含有害微生物的培养液、培养基，这些废弃物未经规范处理而直接外排，会造成生物污染和生物毒素污染，甚至带来严重后果。生物实验室、化学（化工）实验室、材料学实验室所产生的化学类废弃物如果不进行规范处置直接排放会对环境带来严重破坏。而随着科学技术的快速发展,很多交叉学科应运而生,很多高校实验室里所涉及的研究内容不再是传统的单一学科的内容,而是涉及多个学科的交叉融合。其中生物化学涉及蛋白质、酶、核酸(DNA、RNA)、激素、膜的生命功能等;医学实验室涉及制药、药理、生物相容性等方面的研究;电子学中有液晶、发光二极管等;纺织行业涉及染料、染整、纤维等;材料学包含了纳米材料、高分子材料、高能材料(如炸药、锂电池、推进剂)等;食品类、IT类、环保类实验室所涉及的内容很多都与化学科学密切相关,更需要推行绿色实验室的理念。

树立绿色化学的思维方式,创造清洁美好的生活环境是人类共同的愿望,给子孙后代留下美好的环境也是我们每个人应该履行的社会责任。绿色化学和绿色技术的发展为人类可持续发展、构建和谐社会和节约型社会指明了方向,也是发展的必然趋势。在高校师生中开展环境保护、健康和安全教育,树立绿色化学理念,应成为师生的自觉行动。高校教师应不断发展和创新绿色技术,将绿色理念、绿色技术传授、灌输给学生,加强和提高学生的创新能力和绿色意识。学生应该自觉培养自身的绿色意识和习惯,将绿色理念贯穿在学习、生活和工作的每个环节中。

绿色实验室应在高校中得到实现并大力推行。绿色化学理念和绿色化学技术不应该仅停留在化学和化工实验室,而是应该推广到高校其他学科的实验室,乃至全社会所有的不同学科、不同类别的实验室和生产单位,大力发展和充分利用绿色新技术和新方法,保护人类健康和生态环境,促进可持续发展。

4.6.6　纳米材料的安全性

随着科学研究的快速发展和不断深入,高校实验室所用实验材料的数量和种类都有较大幅度的增加,实验材料组成结构更趋复杂,一些新型的污染和伤害不断呈现,应引起高校管理层和实验室工作人员的高度重视。

纳米科技是近年来发展起来的一门新兴学科,纳米材料是纳米科技中最具活力、最基础的研究领域,是原子团簇、纳米薄膜、纳米碳管和纳米固体材料的总称,其粒径分布在1~100 nm。纳米颗粒材料由于小尺寸效应和大表面积而具有较高的表面活性,所以和微米级颗粒材料相比,纳米颗粒材料与人体作用的机制有所不同,在微米级材料不引起毒性的物质,当以纳米尺寸存在时,在足够的剂量下,能对细胞或者脏器产生不良反应。纳米粒子的超微性使得纳米材料更易于被人体吸收,进入人体细胞和人体血液循环系统,并和生物大分子发生结合或催化化学反应,使生物大分子和生物膜的正常立体结构发生改变,其结果将导致体内一些激素和重要酶系的活性丧失,或使遗传物质产生突变,导致肿瘤发病率升高或促进老化过程。

纳米科学的快速发展至今只有十几年的历史,人们对它的认识还不完全,以往宏观物质的安全性评价结果对于纳米材料有可能不适用,关于纳米材料安全性的研究严重缺乏,对于纳米颗粒危险度的评价信息严重不全。目前,国内还没有纳米材料生产的许可证制度和纳米实验室安全方面的规章制度,而国外在这方面的研究也刚刚起步,缺乏必要的系统性、理论性和定量化的评价标准。目前对纳米级废料没有比较好的消纳方法,如果采用随意排放的方式处理纳米级废料,这些排放出来的污染物积少成多,经过一定时间的积累后会对周边的水体环境、大气环境、土壤环境和生态环境构成威胁,对人类生存环境造成严重影响。因此,在实验中遇到纳米颗粒材料或者纳米级废弃物,如果不加注意,这些貌似无害材料的飞散和随意抛弃很可能会带来对环境和人体的侵害。实验室工作人员应该针对面临的实际情况在实验室层面上加强防范,在未能确定纳米材料毒性的情况下,纳米级颗粒材料的前处理,按照有毒材料的规范进行,应佩戴手套和口罩等个体防护装备;纳米颗粒材料的操作应该在通风橱内进行;纳米颗粒材料样品和实验废弃物不能随意丢弃,以免造成不必要的污染和伤害。

第二篇 化学实验室安全知识

第5章 化学品的分类、储存和管理

5.1 化学品的分类

5.1.1 危险化学品的定义与分类

根据中华人民共和国国务院令(第591号)颁布修订后的《危险化学品安全管理条例》(2011版)第三条的规定,危险化学品是指具有毒害、腐蚀、爆炸、燃烧、助燃等性质,对人体、设施、环境具有危害的剧毒化学品和其他化学品。

根据2010年5月1日起实施的《化学品分类和危险性公示通则》(GB 13690—2009)的分类方法,按理化危险、健康危险和环境危险三个类别将化学品进行了分类。

1. 理化危险

在这一大类中又细分为16个小类,具体为:

(1) 爆炸物质(或混合物):指一种固态或液态物质(或物质混合物),其本身能够通过化学反应而产生气体,而产生气体的温度、压力和速度能对周围环境造成破坏。其中也包括发火物质,即使它们不放出气体。发火物质(或发火混合物)是一种物质或物质的混合物,旨在通过非爆炸自持放热化学反应产生的热、光、声、气体、烟或所有这些组合来产生效应。爆炸性物品是含有一种或多种爆炸性物质或混合物的物品。烟火物品是包含一种或多种发火物质或混合物的物品。

(2) 易燃气体:指在20 ℃和101.3 kPa标准压力下,与空气有易燃范围的气体。

(3) 易燃气溶胶:指气溶胶喷雾罐,系任何不可重新灌装的容器,该容器由金属、玻璃或塑料制成,内装强制压缩、液化或溶解的气体,包含或不包含液体、膏剂或粉末,配有释放装置,可使所装物质喷射出来,形成在气体中悬浮的固态或液态微粒或形成泡沫、膏剂或粉末或处于液态或气态。

(4) 氧化性气体:指一般通过提供氧气,比空气更能导致或促进其他物质燃烧的任何气体。

(5) 压力下气体:指高压气体在压力等于或大于200 kPa(表压)下装入贮器的气体,或是液化气体或冷冻液化气体。压力下气体包括压缩气体、液化气体、溶解气体、冷冻液化气体。

(6) 易燃液体:指闪点不高于93 ℃的液体。

（7）易燃固体：指容易燃烧或通过摩擦可能引燃或助燃的固体。易于燃烧的固体为粉末、颗粒状或糊状物质，它们在与燃烧着的火柴等火源短暂接触即可点燃和火焰迅速蔓延的情况下，都非常危险。

（8）自反应物质或混合物：指即使没有氧气（空气）也容易发生激烈放热分解的热不稳定液态或固态物质或者混合物。其中不包括根据统一分类制度分类为爆炸物、有机过氧化物或氧化物质的物质和混合物。自反应物质或混合物如果在试验中其组分容易起爆、迅速爆燃，或在封闭条件下加热时显示剧烈效应，应视为具有爆炸性质。

（9）自燃液体：指即使数量小也能与空气接触后 5 min 之内引燃的液体。

（10）自燃固体：指即使数量小也能与空气接触后 5 min 之内引燃的固体。

（11）自热物质和混合物：指除发火液体或固体以外，与空气反应不需要能源供应就能够自己发热的固体或液体物质或混合物。这类物质或混合物不同于发火液体或固体，因为这类物质只有数量很大（千克级）并经过长时间（几小时或几天）才会燃烧。

（12）遇水放出易燃气体的物质和混合物：指通过与水作用，容易具有自燃性或放出危险数量的易燃气体的固态或液态物质或混合物。

（13）氧化性液体：指本身未必燃烧，但通常因放出氧气可能引起或促使其他物质燃烧的液体。

（14）氧化性固体：指本身未必燃烧，但通常因放出氧气可能引起或促使其他物质燃烧的固体。

（15）有机过氧化物：指含有二价过氧结构（—O—O—）的液态或固态有机物质，可以看作是一个或两个氢原子被有机基替代的过氧化氢衍生物，也包括有机过氧化物配方（混合物）。有机过氧化物是热不稳定物质或混合物，容易放热自加速分解。另外，它们可能具有下列一种或几种性质：① 易于爆炸分解；② 迅速燃烧；③ 对撞击或摩擦敏感；④ 与其他物质发生危险反应。如果有机过氧化物在实验室试验中，在封闭条件下加热时组分容易爆炸、迅速爆燃或表现出剧烈效应，则可认为它具有爆炸性质。

（16）金属腐蚀剂：指通过化学作用显著损坏或毁坏金属的物质或混合物。

2. 健康危险

在这一大类中又分为 10 种，具体为：

（1）急性毒性：指在单剂量或在 24 h 内多剂量口服或皮肤接触一种物质，或吸入接触 4 h 之后出现的有害效应。

（2）皮肤腐蚀/刺激：皮肤腐蚀是对皮肤造成不可逆损伤，即施用试验物质达到 4 h后，可观察到表皮和真皮坏死。腐蚀反应的特征是溃疡、出血、有血的结痂，而且在观察期14 d 结束时，皮肤、完全脱发区域和结痂处由于漂白而褪色。皮肤刺激是施用试验物质达到 4 h 后对皮肤造成可逆损伤。

（3）严重眼损伤/眼刺激：严重眼损伤是在眼前部表面施加试验物质之后，对眼部造成在施用 21 d 内并不完全可逆的组织损伤，或严重的视觉物理衰退。眼刺激是在眼前部表面施加试验物质之后，在眼部产生在施用 21 d 内完全可逆的变化。

（4）呼吸或皮肤过敏：呼吸过敏物是吸入后会导致气管超过敏反应的物质。皮肤过敏物是皮肤接触后会导致过敏反应的物质。

（5）生殖细胞致突变性：主要指可能导致人类生殖细胞发生可传播给后代的突变的化学品。

（6）致癌性：指可导致癌症或增加癌症发生率的化学物质或化学物质混合物。

（7）生殖毒性：生殖毒性包括对成年雄性和雌性性功能和生育能力的有害影响，以及在后代中的发育毒性。

（8）特异性靶器官系统毒性——一次接触：由一次接触产生特异性的、非致死性靶器官系统毒性的物质。

（9）特异性靶器官系统毒性——反复接触：由反复接触而引起特异性的、非致死性靶器官系统毒性的物质。

（10）吸入危险："吸入"指液态或固态化学品通过口腔或鼻腔直接进入或者因呕吐间接进入气管和下呼吸系统。吸入毒性包括化学性肺炎、不同程度的肺损伤或吸入后死亡等严重急性效应。

3. 环境危险

主要为危害水生环境这一类别，可按急性水生毒性、潜在或实际的生物积累、有机化学品的降解（生物或非生物）和慢性水生毒性四个要素来加以判别，具体参见《化学品分类、警示标签和警示性说明安全规范　对水环境的危害》（GB20602—2006）。急性水生毒性是指物质对短期接触它的生物体造成伤害的固有性质。慢性水生毒性是指物质在与生物体生命周期相关的接触期间对水生生物产生有害影响的潜在性质或实际性质。生物积累是物质以所有的接触途径（即空气、水、沉降物/土壤和食品）在生物体内吸收、转化和排出的净结果。降解是指有机分子分解为更小的分子，并最后分解为二氧化碳、水和盐。

国家安全监管总局先后于 2011 年和 2013 年公布了两批重点监管的危险化学品名录，其中包含了化学品共 74 种，具体见表 5-1。

表 5-1　重点监管的危险化学品名录（2013 年完整版）

序号	化学品名称	别名	CAS 号	序号	化学品名称	别名	CAS 号
1	氯	液氯、氯气	7782-50-5	38	四氯化钛		7550-45-0
2	氨	液氨、氨气	7664-41-7	39	甲苯二异氰酸酯	TDI	584-84-9
3	液化石油气		68476-85-7	40	过氧乙酸	过乙酸、过醋酸	79-21-0
4	硫化氢		7783-06-4	41	六氯环戊二烯		77-47-4
5	甲烷、天然气		74-82-8（甲烷）	42	二硫化碳		75-15-0
6	原油			43	乙烷		74-84-0
7	汽油（含甲醇汽油、乙醇汽油）、石脑油		8006-61-9（汽油）	44	环氧氯丙烷	3-氯-1,2-环氧丙烷	106-89-8
8	氢	氢气	1333-74-0	45	丙酮氰醇	2-甲基-2-羟基丙腈	75-86-5

(续表)

序号	化学品名称	别名	CAS 号	序号	化学品名称	别名	CAS 号
9	苯(含粗苯)		71-43-2	46	磷化氢	膦	7803-51-2
10	碳酰氯	光气	75-44-5	47	氯甲基甲醚		107-30-2
11	二氧化硫		7446-09-5	48	三氟化硼		7637-07-2
12	一氧化碳		630-08-0	49	烯丙胺	3-氨基丙烯	107-11-9
13	甲醇	木醇、木精	67-56-1	50	异氰酸甲酯	甲基异氰酸酯	624-83-9
14	丙烯腈	氰基乙烯、乙烯基氰	107-13-1	51	甲基叔丁基醚		1634-04-4
15	环氧乙烷	氧化乙烯	75-21-8	52	乙酸乙酯		141-78-6
16	乙炔	电石气	74-86-2	53	丙烯酸		79-10-7
17	氟化氢、氢氟酸		7664-39-3	54	硝酸铵		6484-52-2
18	氯乙烯		75-01-4	55	三氧化硫	硫酸酐	7446-11-9
19	甲苯	甲基苯、苯基甲烷	108-88-3	56	三氯甲烷	氯仿	67-66-3
20	氰化氢、氢氰酸		74-90-8	57	甲基肼		60-34-4
21	乙烯		74-85-1	58	一甲胺		74-89-5
22	三氯化磷		7719-12-2	59	乙醛		75-07-0
23	硝基苯		98-95-3	60	氯甲酸三氯甲酯	双光气	503-38-8
24	苯乙烯		100-42-5	61	氯酸钠		7775-09-9
25	环氧丙烷		75-56-9	62	氯酸钾		3811-04-9
26	一氯甲烷		74-87-3	63	过氧化甲乙酮		1338-23-4
27	1,3-丁二烯		106-99-0	64	过氧化(二)苯甲酰		94-36-0
28	硫酸二甲酯		77-78-1	65	硝化纤维素		9004-70-0
29	氰化钠		143-33-9	66	硝酸胍		506-93-4
30	1-丙烯、丙烯		115-07-1	67	高氯酸铵		7790-98-9
31	苯胺		62-53-3	68	过氧化苯甲酸叔丁酯		614-45-9
32	甲醚		115-10-6	69	N,N'-二亚硝基五亚甲基四胺		101-25-7
33	丙烯醛、2-丙烯醛		107-02-8	70	硝基胍		556-88-7
34	氯苯		108-90-7	71	2,2'-偶氮二异丁腈		78-67-1

（续表）

序号	化学品名称	别名	CAS 号	序号	化学品名称	别名	CAS 号
35	乙酸乙烯酯		108 - 05 - 4	72	2,2′-偶氮-二-(2,4-二甲基戊腈)	偶氮二异庚腈	4419 - 11 - 8
36	二甲胺		124 - 40 - 3	73	硝化甘油		55 - 63 - 0
37	苯酚	石炭酸	108 - 95 - 2	74	乙醚		60 - 29 - 7

5.1.2　危险化学品的标志

　　危险化学品安全标志是通过图案、文字说明、颜色等信息,鲜明、简洁地表征危险化学品的危险特性和类别,向作业人员传递安全信息的警示性资料。当一种危险化学品具有一种以上的危险特性时,应同时用多个标志表示其危险性类别。按中华人民共和国国家标准《危险货物包装标志》(GB190—2009),危险化学品的标志见表5-2。

表 5-2　危险化学品的标志

标签名称	爆炸性物质或物品	爆炸性物质或物品	爆炸性物质或物品	爆炸性物质或物品
符号	黑色	黑色	黑色	黑色
底色	橙红色	橙红色	橙红色	橙红色
标签图形				
对应的危险货物类项号	1.1、1.2、1.3	1.4	1.5	1.6
标签名称	易燃气体	易燃气体	非易燃无毒气体	非易燃无毒气体
符号	黑色	白色	黑色	白色
底色	正红色	正红色	绿色	绿色
标签图形				
对应的危险货物类项号	2.1	2.1	2.2	2.2

（续表）

标签名称	毒性气体	易燃液体	易燃液体	易燃固体
符号	黑色	黑色	白色	黑色
底色	白色	正红色	正红色	白色红条
标签图形				
对应的危险货物类项号	2.3	3	3	4.1
标签名称	易于自燃物质	遇水放出易燃气体的物质	遇水放出易燃气体的物质	氧化性物质
符号	黑色	黑色	白色	黑色
底色	上白下红	蓝色	蓝色	柠檬黄色
标签图形				
对应的危险货物类项号	4.2	4.3	4.3	5.1
标签名称	有机过氧化物	有机过氧化物	毒性物质	感染性物质
符号	黑色	白色	黑色	黑色
底色	红色和柠檬黄色	红色和柠檬黄色	白色	白色
标签图形				
对应的危险货物类项号	5.2	5.2	6.1	6.2
标签名称	一级放射性物质	二级放射性物质	三级放射性物质	裂变性物质
符号	黑色	黑色	黑色	黑色
底色	白色,附一条红竖条,黑色文字,在标签下半部分写上"放射性"、"内装物____"、"放射性强度____",在"放射性"字样之后应有一条红竖条	上黄下白,附两条红竖条,黑色文字,在标签下半部分写上"放射性"、"内装物____"、"放射性强度____",在一个黑边框内写上:"运输指数",在"放射性"字样之后应有两条红竖条	上黄下白,附三条红竖条,黑色文字,在标签下半部分写上"放射性"、"内装物____"、"放射性强度____",在一个黑边框内写上:"运输指数",在"放射性"字样之后应有三条红竖条	白色,黑色文字,在标签上半部分写上:"易裂变",在标签下半部分的一个黑边框内写上:"临界安全指数"

(续表)

标签名称	一级放射性物质	二级放射性物质	三级放射性物质	裂变性物质
标签图形				
对应的危险货物类项号	7A	7B	7C	7E

标签名称	腐蚀性物质	杂项危险物质和物品
符号	黑色	黑色
底色	上白下黑	白色
标签图形		
对应的危险货物类项号	8	9

5.1.3 化学品安全技术说明书(SDS)

化学品安全技术说明书(Safety data sheet for chemicals,SDS)是由化学品生产商或经销商提供的包含化学品理化特性、毒性、环境危害以及对使用者健康(如致癌、致畸等)可能产生危害等信息的一份综合性文件。化学品安全技术说明书在有些国家也称为物质安全技术说明书(Material safety data sheet,MSDS)。此外,根据《全球化学品统一分类标签制度》(Globally harmonized system of classification and labeling of chemicals,GHS),将化学物质或混合物的危险性分为物理危害、健康危害和环境危害三大类 28 项,称为 GHS 分类(GHS classification)。

SDS 是化学品供应商对下游用户传递化学品基本危害信息(包括运输、操作处置、储存和应急行动信息)的一种载体,同时也向公共机构、服务机构和其他涉及到该化学品的相关方传递这些信息。按照要求,每种化学品都应该编制一份 SDS。供应商应向下游用户提供完整的 SDS,并有责任及时更新,为下游用户提供最新版本的 SDS。下游用户在使用 SDS 时,还应充分考虑化学品在具体使用条件下的风险评估结果,采取必要的预防措施。下游用户应通过合适的途径将危险信息传递给不同作业场所的使用者,当 SDS 对工作场所提出具体要求时,下游用户应考虑 SDS 的建议。由于 SDS 仅和某种化学品有关,它不可能考虑所有工作场所可能发生的情况,所以 SDS 仅包含了保证操作安全所必备的一部分信息。SDS 应按照使用化学品工作场所控制法规总体要求,提供某一种物质或混合物有关的综合性信息。此外,当化学品是一种混合物时,供应商没有必要编制每个相关组分的单独的 SDS,只需编制和提供混合物的 SDS 即可。然而,当其中某种成分的信息不可或缺时,供应商应该提供该成分的 SDS。

　　一份合格的 SDS 应该提供化学品 16 个方面的信息,每部分的标题、编号和前后顺序不可随便变更。内容和顺序如下:(1) 化学品及企业标识;(2) 危险性概述;(3) 成分/组成信息;(4) 急救措施;(5) 消防措施;(6) 泄漏应急处理;(7) 操作处置与储存;(8) 接触控制与个体防护;(9) 理化特性;(10) 稳定性和反应性;(11) 毒理学信息;(12) 生态学信息;(13) 废弃处置;(14) 运输信息;(15) 法规信息;(16) 其他信息。在这 16 个部分中,除第 16 部分“其他信息”外,其余部分不能留下空项。在对每一部分进行描述时,还可以根据其内容细分出若干小项。需要注意的是,16 个部分的每一部分要清楚地分开,大项标题和小项标题的排版要醒目。下面以永华化学科技(江苏)有限公司编制的乙醚的 SDS 为例加以说明:

永华化学科技(江苏)有限公司　　　　　　　　　　　　　　　　　**SDS**

乙醚　　　　　　　　　　　　　　　　　　　　　　**编制日期:2013－05－02**

1. 产品标识

商品名:乙醚;别名:二乙醚;英文名:Ethyl ether;Diethyl ether

分子式:$C_4H_{10}O$　　相对分子质量:74.12

生产商:永华化学科技(江苏)有限公司　　地址:江苏省常熟市支塘镇何市何项路

邮编:215538　　电话:0512－52549653

2. 危险性概述

2.1　物质或混合物的分类

危险性类别:第 3.1 类低闪点一级易燃液体

GHS 分类:

　　　　可燃液体,类别 2,H225

　　　　急性毒性—吞食:类别 4,经口,H302

2.2　标记要素

2.3　危险性说明

　　　　H224:极端易燃液体和蒸气

　　　　H302:吞咽有害

　　　　H336:可能引起昏睡或眩晕

　　　　EUH019:可能产生易爆过氧化物

　　　　EUH066:反复暴露可能引起皮肤干燥和开裂

侵入途径:吸入、食入、经皮吸收。

健康危害:本品的主要作用为全身麻醉。急性大量接触,早期出现兴奋,继而嗜睡、呕吐、面色苍白、脉缓、体温下降和呼吸不规则,而有生命危险。急性接触后的暂时后作用有头痛、易激动或抑郁、流涎、呕吐、食欲下降和多汗等。液体或高浓度蒸气对眼有刺激性。

慢性影响：长期低浓度吸入，有头痛、头晕、疲倦、嗜睡、蛋白尿、红细胞增多症。长期皮肤接触，可发生皮肤干燥、皲裂。

环境危害：

燃爆危险：本品极度易燃，具刺激性。

3. 组分信息

主要有害成分	CAS RN	含量(%)
乙醚	60 – 29 – 7	≥98.5

4. 急救措施

吸入：迅速脱离现场至新鲜空气处。保持呼吸道通畅。如呼吸困难，给输氧；如呼吸停止，立即进行人工呼吸；就医。

误食：饮足量温水，催吐，就医。

皮肤接触：脱去被污染衣着，用大量清水冲洗。

眼睛接触：提起眼睑，用流动清水或生理盐水冲洗；就医。

5. 消防措施

危险特性：其蒸气与空气可形成爆炸性混合物，遇明火、高热极易燃烧爆炸。与氧化剂能发生强烈反应。在空气中久置后能生成有爆炸性的过氧化物。在火场中，受热的容器有爆炸危险。其蒸气比空气重，能在较低处扩散到相当远的地方，遇火源会着火回燃。

有害燃烧产物：一氧化碳、二氧化碳。

灭火剂：抗溶性泡沫、干粉、二氧化碳、砂土。

灭火注意事项：尽可能将容器从火场移至空旷处。喷水保持火场容器冷却，直至灭火结束。处在火场中的容器若已变色或从安全泄压装置中产生声音，须马上撤离。

6. 泄漏应急措施

应急处理：迅速撤离泄漏污染区人员至安全区，并进行隔离，严格限制出入。切断火源。建议应急处理人员戴自给正压式呼吸器，穿消防防护服。尽可能切断泄漏源，防止进入下水道、排洪沟等限制性空间。小量泄漏：用活性炭或其他惰性材料吸收。也可以用大量水冲洗，洗水稀释后放入废水系统。大量泄漏：构筑围堤或挖坑收容；用泡沫覆盖，降低蒸气灾害。用防爆泵转移至槽车或专用收集器内，回收或运至废物处理场所处置。

7. 操作处置与储存

操作注意事项：密闭操作，全面通风。操作人员必须经过专门培训，严格遵守操作规程。建议操作人员佩戴过滤式防毒面具（半面罩），戴化学安全防护眼镜，穿防静电工作服，戴橡胶耐油手套。远离火种、热源，工作场所严禁吸烟。使用防爆型的通风系统和设备。防止蒸气泄漏到工作场所空气中。避免与氧化剂接触。灌装适量，应留有 5% 的空容积。配备相应品种和数量的消防器材及泄漏应急处理设备。倒空的容器可能残留有害物。

储存注意事项：通常商品加有稳定剂。储存于阴凉、通风的仓间。远离火种、热源。仓内温度不宜超过 28 ℃。防止阳光直射。包装要求密封。不可与空气接触。不宜大量或久存。应与氧化剂、氟、氯等分仓间存放。储存间内的照明、通风等设施应采用防爆型，开关设在仓外。配备相应品种和数量的消防器材。罐储时要有防火防爆技术措施。禁止使用易产生火花的机械设备和工具。罐装适量，应有 5％地空容积。夏季应早晚运输，防止日光曝晒。

8. 接触控制/个体防护

作业场所职业接触限值：中国 MAC(mg/m^3)：500；前苏联 MAC(mg/m^3)：300

美国 TVL-TWA：OSHA 400ppm，1210mg/m^3；ACGIH 400ppm，1210mg/m^3［皮］

美国 TVL-STEL：ACGIH 500ppm，1520mg/m^3［皮］

工程控制：生产过程密闭，全面通风。提供安全淋浴和洗眼设备。

呼吸系统防护：空气中浓度超标时，佩戴过滤式防毒面具（半面罩）。

眼睛防护：必要时，戴化学安全防护眼镜。身体防护：穿防静电工作服。手防护：戴橡胶手套。

其他防护：工作现场严禁吸烟；注意个人清洁卫生。

9. 理化特性

外观与性状：无色透明液体，有芳香气味，极易挥发。

熔点(℃)：−116.2　　　　相对密度(空气＝1)：2.56　　　　辛醇/水分配系数的对数值：0.89

沸点(℃)：34.6　　　　相对密度(水＝1)：0.71　　　　饱和蒸气压(kPa)：58.92(20 ℃)

燃烧热(kJ/mol)：2 748.4　　临界温度(℃)：194　　　　临界压力(MPa)：3.61

燃烧性：易燃　　　　　　闪点(℃)：−45　　　　　爆炸下限(％)：1.9

引燃温度(℃)：160　　　爆炸上限(％)：36.0　　　最小点火能(mJ)：0.33

溶解性：微溶于水，溶于乙醇、苯、氯仿等多数有机溶剂　　主要用途：用作溶剂，医药上用作麻醉剂。

10. 稳定性和反应性

稳定性：稳定　　　　　　聚合危害：不聚合

避免接触的条件：受热、接触空气。禁忌物：强氧化剂、氧、氯、过氯酸。

11. 毒理学信息

急性毒性：LD50 1 215 mg/kg(大鼠经口)；LC50 221190 mg/m^3，2 小时(大鼠吸入)

刺激性：家兔经眼：40 mg，重度刺激。家兔经皮开放刺激性刺激试验：500 mg，轻度刺激。

12. 生态学信息

无资料

13. 废弃处置

废弃方法：处置前应参阅国家和地方有关法规。废物贮存参见"作业与储存"。用控制焚烧法处置。

剩余化学品应留在原装容器中，不得与其他废弃物混合。处理未清洁容器的方法和产品本身相同。

14. 运输信息

危规号：31026　　　　UN 编号：1155　　　　包装类别：051　　　　包装标志：易燃液体

包装方法：小开口钢桶；螺纹口玻璃瓶、铁盖压口玻璃瓶、塑料瓶或金属桶（罐）外木板箱。

运输注意事项：采用铁路运输，每年 4～9 月使用小开口钢桶包装时，限按冷藏运输。运输时运输车辆应配备相应品种和数量的消防器材及泄漏应急处理设备。夏季最好早晚运输。运输时所用的槽（罐）车应有接地链，槽内可设孔隔板以减少震荡产生静电。严禁与氧化剂、食用化学品等混装混运。运输途中应防曝晒、雨淋，防高温。中途停留时应远离火种、热源、高温区。装运该物品的车辆排气管必须配备阻火装置，禁止使用易产生火花的机械设备和工具装卸。公路运输时要按规定路线行驶，勿在居民区和人口稠密区停留。铁路运输时要禁止溜放。严禁用木船、水泥船散装运输。

15. 法规资料

《危险化学品安全管理条例》（国务院令第 591 号）

《危险货物品名表》（GB12268—2012）

《危险货物分类和品名编号》（GB6944—2012）

《化学品安全技术说明书内容和项目顺序》（GB/T 16483—2008）

《化学品分类和危险性公示通则》（GB13690—2009）

16. 其他信息

编制单位：永华化学科技（江苏）有限公司

电话：0512－52549653　　　传真：0512－52546337　　　应急电话：0512－52549680

危险化学品信息查询网址：http://www.chemaid.com　　本公司网址：http://www.yonghuachem.com

5.2　剧毒化学品的管理

5.2.1　剧毒化学品的定义

剧毒化学品是指具有非常剧烈毒性危害的化学品，包括人工合成的化学品及其混合物（含农药）和天然毒素。剧毒化学品毒性判定界限为：大鼠试验经口 $LD_{50} \leqslant 50$ mg/kg，经皮 $LD_{50} \leqslant 200$ mg/kg，吸入 $LC_{50} \leqslant 500$ ppm（气体）或 2.0 mg/L（蒸气）或 0.5 mg/L（尘、雾），经皮 LD_{50} 的试验数据，可参考兔试验数据。目前，已有 335 种化学品列入了我国剧毒化学品名录。

5.2.2　加强剧毒化学品管理的重要意义

加强对剧毒化学品的安全管理对于整个高校和社会的稳定至关重要。高校使用剧毒化学品的实验室众多,涉及的剧毒化学品种类广且各不相同。在高校实验室中使用某种剧毒化学品的用量可能不大,但使用到的剧毒化学品的品种较多,而且实验室人员较为密集且流动性大。这些特点一方面说明高校实验室剧毒化学品管理难度极大,同时也充分表明加强高校剧毒化学品管理的重要性和必要性。在购买、运输、储存、领取和使用等剧毒化学品管理的每一个环节上稍有不慎,极易发生重大安全事故,给高校师生员工及其家庭乃至全社会带来无法估量的损失,造成极其恶劣的社会影响。因此,必须让高校所有部门和全体师生员工高度重视剧毒化学品的管理,通过制定严格的规章制度,采取强有力的管理措施,确保剧毒化学品的安全使用。

5.2.3　加强剧毒化学品安全管理

根据 2014 年 3 月 1 日起施行的《江苏省教育科研和医疗单位剧毒化学品治安安全管理规定》,在高校中应设立专门的剧毒品管理机构并安排专人(必须是在职人员)负责剧毒化学品的管理工作,严格按照相关法律、法规和管理制度监管剧毒化学品的购买、运输、储存、领用和使用等环节。高校应在专门的地点设立剧毒化学品仓库,集中存放剧毒化学品。剧毒化学品的申购和领用都必须经过严格的审批手续,各类证明和批文应妥善存档,不得涂改或销毁,随时备查。

1. 剧毒化学品的购买与运输

剧毒化学品的购买应由专人负责,严格实行统一购买制度。任何单位和个人不得私自购买、出借、转让和接受剧毒化学品。采购剧毒化学品时,必须从具有剧毒品经营许可证的单位购买,严格控制品种和数量,严禁计划外超量储备。剧毒化学品的运输,必须委托依法取得运输资质的单位承运。

2. 剧毒化学品的储存

剧毒化学品应单独存放在专用仓库的保险柜中,由专人负责管理,严格按照"五双"(双把锁、双本账、双人保管、双人领取、双人使用)制度进行管理。剧毒化学品专用仓库应当符合国家标准、行业标准的要求,按照国家有关规定设置相应的技术防范设施,并经常进行维护、保养,保证安全设施和设备的正常使用。剧毒化学品专用仓库应该配备 24 h专职治安保卫人员。剧毒化学品的储存场所必须设置明显的安全警示标识,应当设置通信、报警装置,并保证处于适用状态。剧毒化学品的储存单位应当建立剧毒化学品出入库核查、登记制度,如实记录储存剧毒化学品的数量、流向。储存的剧毒化学品必须保证账、物相符(包括品种、规格和数量)。

3. 剧毒化学品的领用

剧毒化学品须由两名在职人员凭已获批准的剧毒化学品使用申请表同时领取,严禁在校学生领取剧毒化学品。剧毒化学品的领用量为一次实验的使用量,且须在当日进行实验前领取并做好如实登记。领取后的剧毒化学品应放入具有明显标志的专用容器内,领取后须尽快返回实验室,严禁随身携带、夹带剧毒化学品出入其他单位和部门。实验室使用剧毒品时,必须一次全部消耗或反应完毕,做实验记录并备案。剧毒化学品严禁存放在实验室。如果在实验结束后还有剧毒化学品剩余,剩余的部分要立即退回剧毒化学品仓库进行存储。

4. 剧毒化学品的使用

剧毒化学品的使用场所安全设施必须符合安全规范,并设置明显的安全警示标识。使用剧毒化学品的人员必须参加过专业的学习与培训,掌握相关法律法规和剧毒化学品安全防护知识,具备使用剧毒化学品的相应知识和应急技能,取得岗位培训合格证。使用剧毒化学品的实验室应根据所使用的剧毒化学品的种类、危险特性以及使用量和使用方式,建立和健全使用剧毒化学品的安全管理规章制度和安全操作规程,以保证剧毒化学品的安全使用。实验室必须把所使用剧毒化学品的安全技术说明书(SDS)放置在明显的位置,供实验室人员随时查阅和应急之用。涉及使用剧毒化学品的实验必须做好翔实的实验记录,实验记录一年内可由本实验室保存,一年后须上交存档。各剧毒品使用单位或个人须定期向主管部门提交剧毒化学品的使用台账。

在剧毒化学品的领用、使用以及进行实验过程中,必须有两人在场且其中至少一名为在职教师,相关人员必须佩戴合适的个体防护装备,采取有效的防护措施。实验人员必须根据剧毒化学品的特性和按照仪器设备的操作规程进行实验,实验完毕后应搞好个人消毒工作方可离开实验室。

5. 剧毒化学品废弃物处置

剧毒化学品的原包装容器不得任意毁弃,或出售给他人,必须退回剧毒化学品仓库,并按照环保有关规定统一交有资质的危险品处理单位进行处置,严禁随意丢弃和擅自处理。剧毒化学品使用后所产生的废液、废渣,应先按规定进行无害化处理,处理后作为普通废液进行处置。如确实无法自行处理,应严格进行分类回收,贴好标识后统一交有资质处理单位处置,严禁随意倾倒和擅自处置。

6. 事故的应急救援

剧毒化学品储存、使用单位应当制定本单位事故应急救援预案,配备必要的应急救援器材、设备,并定期组织应急救援演练。如发现剧毒化学品丢失、被盗(抢)、误用、流散等突发情况,应立即启动应急预案,保护好现场,并立即逐级上报。

5.3　化学品的储存和管理

5.3.1　化学品的储存库房

普通的化学品储存库房没有特殊要求,只需满足通风、便于取放等基本要求即可。但危险化学品仓库则需要符合下列条件:

1. 建筑结构

(1) 危险化学品仓库的墙体应采用不燃烧材料的实体墙。

(2) 危险化学品仓库应设置高窗,窗上应安装防护铁栏,窗户应采取避光和防雨措施。

（3）危险化学品仓库门应根据危险化学品性质相应采用具有防火、防雷、防静电、防腐、不产生火花等功能的单一或复合材料制成，门应向疏散方向开启。

（4）存在爆炸危险的危险化学品仓库应设置泄压设施。泄压方向宜向上，侧面泄压应避开人员集中场所、主要通道。泄压设施应采用轻质屋面板、轻质墙体和易于泄压的门窗等。

（5）危险化学品仓库应为单层且独立设置，不应设有地下室。

（6）危险化学品仓库的防火间距应符合国家标准《建筑设计防火规范》（GB50016）的规定。

2. 电气安全

（1）危险化学品仓库内照明、事故照明设施、电气设备和输配电线路应采用防爆型。

（2）危险化学品仓库内照明设施和电气设备的配电箱及电气开关应设置在仓库外，并应可靠接地，安装过压、过载、触电、漏电保护设施，采取防雨、防潮保护措施。

（3）储存有爆炸危险的危险化学品仓库内电气设备应符合国家标准《爆炸和火灾危险环境电力装置设计规范》（GB 50058）的要求。

3. 安全措施

（1）危险化学品仓库应设置防爆型通风机。

（2）危险化学品仓库及其出入口应安装视频监控设备。

（3）危险化学品仓库设置的灭火器数量和类型应符合国家标准《建筑灭火器配置设计规范》（GB 50140）的要求。

（4）储存易燃气体、易燃液体的危险化学品仓库应设置可燃气体报警装置。

（5）危险化学品仓库应设置防雷和防静电设施。

（6）装卸、搬运危险化学品时，应做到轻装、轻卸，严禁摔、碰、撞、击、拖拉、倾倒和滚动。

（7）装卸搬运有燃烧爆炸危险性化学品的机械和工具应选用防爆型。

（8）危险化学品仓库地面应防潮、平整、坚实、易于清扫，不发生火花。储存腐蚀性危险化学品仓库的地面、踢脚应防腐。

5.3.2 化学品的储存规范

化学品储存的基本原则是根据化学品的特性分区、分类、分库储存，各类化学品不得与禁忌化学品混合储存。危险化学品的储存按照国家标准《常用化学危险品贮存通则》（GB15603）执行。

1. 危险化学品储存的基本要求

（1）储存危险化学品必须遵照国家法律、法规和其他有关的规定。

（2）危险化学品必须储存在经公安部门批准设置的专门的危险化学品仓库中。

（3）危险化学品露天堆放，应符合防火、防爆的安全要求，爆炸物品、一级易燃物品、遇湿燃烧物品、剧毒物品不得露天堆放。

（4）储存危险化学品的仓库必须配备有专业知识的技术人员，其库房及场所应设专人管理，管理人员必须配备可靠的个人安全防护用品。

（5）储存的化学危险品应有明显的标志。同一区域储存两种或两种以上不同级别的危险品时，应按最高等级危险物品的性能标志。

（6）各类危险品不得与禁忌物料混合储存，禁忌物料配置参见国家标准《常用化学危险品贮存通则》（GB15603）的附录 A（本书附录）。禁忌物料是指化学性质相抵触或灭火方法不同的化学物料。

（7）储存化学危险品的建筑物、区域内严禁吸烟和使用明火。

2. 危险化学品的储存方式

危险化学品的储存方式分隔离储存、隔开储存和分离储存三种。隔离储存（Segregated storage）指在同一房间或同一区域内，不同的物料之间分开一定的距离，非禁忌物料间用通道保持空间的储存方式。隔开储存（Cut-off storage）指在同一建筑或同一区域内，用隔板或墙，将其与禁忌物料分离开的储存方式。分离储存（Detached storage）指在不同的建筑物或远离所有建筑的外部区域内的储存方式。

3. 危险化学品储存的分类要求

（1）遇火、遇热、遇潮能引起燃烧、爆炸或发生化学反应，产生有毒气体的化学危险品不得储存在露天或在潮湿、积水的建筑物中。

（2）受日光照射能发生化学反应引起燃烧、爆炸、分解、化合或能产生有毒气体的化学危险品应储存在一级建筑物中。其包装应采取避光措施。

（3）爆炸物品必须单独隔离限量储存，不准和其他类物品同时存放。爆炸物品的仓库不准建在城镇，还应与周围建筑、交通干道、输电线路保持一定安全距离。

（4）压缩气体和液化气体必须与爆炸物品、氧化剂、易燃物品、自燃物品、腐蚀性物品隔离储存。易燃气体不得与助燃气体、剧毒气体同储；氧气不得与油脂混合贮存，盛装液化气体的容器属压力容器的，必须有压力表、安全阀、紧急切断装置，并定期检查，不得超装。

（5）易燃液体、遇湿易燃物品、易燃固体不得与氧化剂混合储存，具有还原性氧化剂应单独存放。

（6）有毒物品应储存在阴凉、通风、干燥的场所，不要露天存放，不要接近酸类物质。

（7）腐蚀性物品，包装必须严密，不允许泄漏，严禁与液化气体和其他物品共存。

5.4　危险化学品的管理

在《危险化学品安全管理条例》中，详细阐述了危险化学品的生产、储存、使用、经营和运输的安全规范。任何单位和个人不得生产、经营、使用国家禁止生产、经营、使用的危险化学品。高校在危险化学品管理的各环节中，应严格对照执行。

5.4.1　危险化学品的采购与运输

1. 危险化学品的采购

在采购危险化学品前，需取得危险化学品安全使用许可证。申请剧毒化学品购买许可证时，需要向所在地县级人民政府公安机关提交下列材料：① 营业执照或者法人证书

(登记证书)的复印件;② 拟购买的剧毒化学品品种、数量的说明;③ 购买剧毒化学品用途的说明;④ 经办人的身份证明。

采购危险化学品时应遵照下列要求:

(1) 不得向未取得危险化学品经营许可证的企业采购危险化学品。

(2) 不得向未取得《危险化学品安全生产许可证》的危险化学品生产企业采购危险化学品。

(3) 剧毒化学品生产企业、经营企业不得向个人或者无购买凭证、准购证的单位销售剧毒化学品。

(4) 剧毒化学品、易制毒化学品的购买凭证、准购证不得伪造、变造、买卖、出借或者以其他方式转让,不得使用作废的剧毒化学品、易制毒化学品购买凭证、准购证。剧毒化学品、易制毒化学品购买凭证和准购证的式样和具体申领办法由国务院公安部门制定。

(5) 危险化学品使用单位和销售单位均不得委托不具备危险化学品运输资质的单位承运。

(6) 危险化学品使用单位采购危险化学品时,应向危险化学品的生产或经营单位索取与所采购危险化学品完全一致的化学品安全技术说明书(SDS)和化学品安全标签。

2. 危险化学品的运输

化学品在运输中发生事故比较常见,全面了解化学品的安全运输,掌握有关化学品的安全运输规定,对降低运输事故具有重要意义。危险化学品的运输安全要求如下:

(1) 国家对危险化学品的运输实行资质认定制度,未经资质认定,任何单位和个人不得运输危险化学品。

(2) 托运危险物品必须出示有关证明,在指定的铁路、交通、航运等部门办理手续。托运物品必须与托运单上所列的品名相符,托运未列入国家品名表内的危险物品,应附交上级主管部门审查同意的技术鉴定书。

(3) 危险物品的装卸人员,应按装运危险物品的性质,佩戴相应的防护用品,装卸时必须轻装、轻卸,严禁摔拖、重压和摩擦,不得损毁包装容器,并注意标志,堆放稳妥。

(4) 危险物品装卸前,应对车(船)搬运工具进行必要的通风和清扫,不得留有残渣,对装有剧毒物品的车(船),卸车后必须洗刷干净。

(5) 装运爆炸、剧毒、放射性、易燃液体、可燃气体等物品,必须使用符合安全要求的运输工具,禁止用电瓶车、翻斗车、铲车、自行车等运输爆炸物品。运输强氧化剂、爆炸品及用铁桶包装的一级易燃液体时,没有采取可靠的安全措施,不得用铁底板车及汽车挂车;禁止用叉车、铲车、翻斗车搬运易燃、易爆液化气体等危险物品;温度较高地区装运液化气体和易燃液体等危险物品,要有防晒设施;放射性物品应用专用运输搬运车和抬架搬运,装卸机械应按规定负荷降低 25%;遇水燃烧物品及有毒物品,禁止用小型机帆船、小木船和水泥船承运。

(6) 运输爆炸、剧毒和放射性物品,应指派专人押运,押运人员不得少于 2 人。

(7) 运输危险物品的车辆,必须保持安全车速,保持车距,严禁超车、超速和强行会车。运输危险物品的行车路线,必须事先经当地公安交通管理部门批准,按指定的路线和时间运输,不可在繁华街道行驶和停留。

（8）运输易燃、易爆物品的机动车，其排气管应装阻火器，并悬挂"危险品"标志。

（9）运输散装固体危险物品，应根据性质，采取防火、防爆、防水、防粉尘飞扬和遮阳等措施。

（10）禁止利用内河以及其他封闭水域运输剧毒化学品。通过公路运输剧毒化学品的，托运人应当向目的地的县级人民政府公安部门申请办理剧毒化学品公路运输通行证。办理剧毒化学品公路运输通行证时，托运人应当向公安部门提交有关危险化学品的品名、数量、运输始发地和目的地、运输路线、运输单位、驾驶人员、押运人员、经营单位和购买单位资质情况的材料。

（11）运输危险化学品需要添加抑制剂或者稳定剂的，托运人交付托运时应当添加抑制剂或者稳定剂，并告知承运人。

（12）危险化学品运输企业，应当对其驾驶员、船员、装卸管理人员、押运人员进行有关安全知识培训。驾驶员、装卸管理人员、押运人员必须掌握危险化学品运输的安全知识，并经所在地设区的市级人民政府交通部门考核合格，船员经海事管理机构考核合格，取得上岗资格证，方可上岗作业。

5.4.2　危险化学品的保管与领用

对易燃、易爆、剧毒、放射性及其他危险化学品，必须指定工作认真负责并具备一定保管知识的专人（一般为两人）负责管理，使用单位不设二级仓库。危险化学品仓库保管员工作时应采取必要的劳动保护与安全措施，对存放地点和危险物品要经常检查，及时排除不安全隐患，防止因变质分解造成自燃、爆炸事故的发生。

危险化学品领用时，使用单位应由专人负责，持危险化学品使用申请报告和使用单位负责人签字的领料单到危险化学品仓库办理领用手续，并做好详细记录。

5.4.3　强化危险化学品管理的意义

随着生产力的不断进步，全世界化学工业飞速发展，化学品的生产量和品种以惊人的速度增加。化学品的存在极大地改善和丰富了人们的生活，为人类的生活带来了很多方便，成为人类生活中不可缺少的一部分。然而，目前市场上流通的化学品中有相当一部分为危险化学品，管理和使用不善将给人类社会带来极大的危害和威胁。

危险化学品往往具有易燃易爆、有毒有害、腐蚀等特性，而化工生产过程又多在高温高压（或低温真空）状态下进行。因此，不管是生产、储存，还是运输和使用过程中，都存在着很多危险性因素。随着化学品和化工生产事故的频繁发生，人们的安全意识逐渐增强，人类对化学品的认识和对策措施也不断得到提高。从 20 世纪 60 年代开始，各工业国和一些国际组织纷纷制定有关法规、标准和公约，旨在加强化学品的安全管理，从而有效地预防和控制化学品的危害。

从宏观层面看，化学工业是我国的主要支柱产业之一，做好危险化学品的安全管理，促进化学工业持续、稳定、健康发展，保护广大人民的人身安全与健康，对国家和人民来说有着十分重要的意义。而在高校微环境中，强化危险化学品的安全管理，不仅可以保障教学科研工作的正常开展，还可以保证高校的师生员工的生命安全和健康。

第6章　化学实验室安全

6.1　化学实验室的基本结构及安全设计

高校化学实验室不仅要具备实用性,还要具备防水、防火、防腐蚀的功能,此外还需具备良好的通风条件、消毒条件以及各种净化设施。化学实验室的整体工作环境不同于普通的实验室和办公环境,它有着更高技术层面的要求,不同研究领域实验室的需求差别也较大。借鉴境外高校实验室建设和管理的成功经验,结合国内高校的实际,高校化学实验室在规划、新建、改建或扩建时,一般应重点考虑以下六个方面:

6.1.1　结构与设计

化学实验室应为一、二级耐火建筑,禁止将木质结构或砖木结构的建筑作为化学实验室。化学实验室的开间一般在 3.2～3.6 m,进深一般为 8 m 左右。从事爆炸危险性操作的实验室,应选用钢筋混凝土框架结构,并按照防爆设计要求来建设。化学实验室建设设计前要充分了解实验室的功能、规模,考虑实验用房的平面尺寸、所处的楼层、楼层净空高度、房间横梁与地板的高度、天花板与地板的高度、通风产品及通风管道在房间的布局位置、尺寸、墙体窗户位置等因素,综合考虑排风管道、给排水管道、电线管路、燃气管路、空调管路、弱电管线等的走向和尺寸等,做到美观、安全、环保。实验室楼面荷载符合要求和规范。放置大型仪器的实验室的净层高在 3.9～4.2 m(一般设在底层),普通实验室的净层高在 3.8 m 左右。大实验室的门应采用双开门,门宽度大于 1.2 m,门应向疏散方向开启,以应对突发事件时人员的逃生。门上应有玻璃观察窗,便于进行安全观察。实验室的窗户窗台以不低于 1 m 为宜,窗户应大开窗,以便于通风、采光和观察。

化学实验室、药品室、仪器室、办公室、实验辅房(药品储藏室、气瓶室)等必须分开,教师办公室、实验员办公室、学生自习室和休息室不得设在化学实验室内。

6.1.2　通风与采光

化学实验室在实验过程中,经常会产生各种有毒有害的气体,这些有害气体如不及时排出实验室,会造成室内空气的污染,影响实验室工作人员的健康和安全,影响仪器设备的精度和使用寿命,因此良好的通风系统是实验室不可或缺的重要组成部分。按其动力,通风分为自然通风和机械排风;按其范围,通风又分为全面排风和局部排风。化学实验室除采用良好的自然通风和采光外,常采用机械排风。

全面通风:为了使实验室内产生的有害气体尽可能不扩散到相邻房间或其他区域,可以在有毒气体集中产生的区域或实验室全面排风,进行全面的空气交换。当有毒有害气体排出整个实验室或区域时,同时有一定量的新鲜空气补充进来,将有害气体的浓度控制在最低范围,直至为零。常用的全面排风设施有顶排风、排风扇等。通常情况下,实验室通风换气的次数每小时不少于 6 次;发生事故后通风换气的次数每小时不少于 12 次;洁净实验室的新鲜空气量每人每小时不少于 30 m^3。

局部通风:将有害气体产生后立即就近排出,这种方式能以较小的风量排走大量的有害气体,效果好,速度快,耗能低,是目前实验室普遍采用的排风方式。实验室常用的局部排风设施有各种排风罩、通风橱、药品柜、气瓶柜、手套箱等,目前用得最多的是各种通风柜和手套箱。

对洁净度、温湿度、压力梯度有特定要求的各类功能实验室,应采用独立的新风、回风、排风系统。通风柜的排风系统应独立设置,不宜共用风道,更不能借用消防风道。通风柜的安装位置应便于通风管道的连接。为了防止污染环境或损害风机,无论是局部排风还是全面排风,有害物质都应经过净化、除尘或回收处理后方能向大气排放。

通风柜是实验室中最常用的局部排风设备,是实验室内环境的主要安全设施。其功能强、种类多,使用范围广,排风效果好。目前常用的通风柜有台式和落地式等款型,实验室根据需要配备。通风橱只有在正确使用的前提下才能提供有效保护,因此正确操作很重要。

通风柜有较强的可变性通风量,它设有轻气、中气、重气通风口及导流板。轻气通风口设在通风柜的顶部,中气通风口设在导流板的中部,重气通风口设在导流板的下部与工作台面之间,利用移动玻璃门的进气气流的推动作用,将有害气体强行排入导流板内,在导流板内进行提速排放。通风柜的补气进气口设在前挡板上,当移动门完全封闭时,可起到补气的功能。导流槽设置在背板和导流板的夹层之间,将通风橱内的有毒气体排入导流槽后,进行风速提速作用。

通风柜顶部、底部和导流板后方的狭缝用于排出污染气体,这些位置的狭缝通道需要一直保持无障碍,便于污染气体的排放。工作时尽量关上通风柜移动玻璃视窗,防止柜内受污染的空气流出通风橱而污染实验室空气。通风柜的面风速一般在 0.5~1 m/s,风速太低不起效果,风速太高会造成气流紊乱,影响正常通风效果。不要让通风柜内的化学反应处于长时间无人照看的状态,所有危害材料必须用标签清楚地、精确地标识。不要在通风柜内同时放置能产生电火花的仪器和可燃化学品,永久性的电器如插座等必须安装在玻璃移门外侧。

通风柜不是储藏柜,有物品堆放会减少空气流通和降低通风橱的抽气效率。通风柜内工作区域应保持清洁,不可将危险化学品长时间存放在通风柜内,危险化学品只能储存在批准的安全柜内。在工作过程中,切不可将头伸进通风柜内。如果有爆炸或爆炸可能性的实验,需要在柜门内设置适当的遮挡物。实验过程中,实验人员必须始终穿戴合适的个体防护装备。

目前考虑到实验室安全和节能效应,实验室通常采用变风量通风系统(Variable Air Volume System,VAV),通风柜在有人操作的情况下,玻璃移门在任何开度,平均面风速能维持在 0.5 m/s。在无人情况下,面风速能维持在 0.3 m/s,使得经济性和安全性并行。与之相配套的变风量补风系统的补风量应足以保证实验室的压力梯度,其基本要求为:通风柜内的压力<实验室房间压力<实验楼公共走廊压力<室外压力。实验室环境还可根

据实验室条件进行相应的压力及温湿度控制,以满足实验人员所需最低温湿度和压力的要求,提高工作效率。

6.1.3 安全通道和安全出口

建筑面积在 30 m² 以上的实验室应设有两个安全出口,实验室通往出口通道的门应朝疏散方向开启。在实验室中,实验家具之间通道的安全距离应达到 1.5~1.8 m。

6.1.4 配电和电气设备

实验室的配电容量应留有足够的余地,电器设备应选择防爆型。每个实验室应配备总电源控制箱,控制各种电源插座和电源控制开关,并安装触电保护器。实验台及墙壁上的 220 V 和 380 V 的电源插座根据需求数量安装在适当的位置。照明用电和设备用电应分开,烘箱、高温炉、冰箱等设备应有专用插座、开关和熔断器。实验室内和室外的过道走廊上应安装应急灯,以备夜间或突发事件停电时使用。在具有易燃易爆性的实验室中,应选用防爆型用电设备,如防爆灯、防爆冰箱、防爆空调等。

6.1.5 监控和报警系统

实验室必须配备完善的火灾监控和防爆、应急报警系统并保证能正常运行。消防设施的设置应符合《建筑设计防火规范》(GB50016)的规定。实验室走道和楼梯,不得堆放易燃易爆物品和杂物,更不准堵塞逃生通道。使用危险气体的实验室应安装气体泄漏报警仪,确保安全。多功能的气体泄漏报警仪根据不同的气体采用不同的探头,可以检测如氢气、氧气、一氧化碳、硫化氢、氨气、氯气、氯化氢、二氧化硫、磷化氢、卤素气体、氰化氢、可燃气等的浓度并具有报警功能。气体检测报警器的安装位置应靠近释放源并符合相关规范要求。详见第 1 章中相关内容。

6.1.6 实验家具与给排水

实验室的各种实验台、实验柜等实验家具的材质应符合国家标准与环保的要求,面材应具备理化性能好、耐腐蚀、易清洗等要求,家具结构应符合人体工效学以及安全操作的要求。实验室的墙体一般应采用表面吸附性小、清洗方便、分隔灵活的建筑材料,实验室地面应采用防滑、耐腐蚀、耐磨损、易冲洗的建筑材料。实验室的水槽、下水管道等应耐酸碱及有机溶剂,并采取防堵塞、防渗漏措施。实验室给水系统应满足实验室的过程用水、日常用水和消防用水。实验室的给排水管道应符合化学实验室的特殊要求,排水管应通入废水收集池。废水收集池中的水经处理达到排放标准后方可排入城市排水管网。

6.2 化学实验室主要安全装备的配备

6.2.1 通用安全装备

实验室安全的首要任务是预防事故发生,但百密难免一疏,实验室中大大小小的安全事故仍时有发生。因此,安全第一、预防为主、综合管理是我们在安全工作方面一贯的指导方针。实验室的安全装备是防患于未然的一道重要屏障,安全装备的正确和熟练使用对挽救生命、保护实验室中各类人员的健康和财产安全至关重要。对师生员工进行定期、有效的培训,可以保证他们能够正确、有效使用实验室安全装备。

实验室应该配备的实验室通用安全装备有灭火装备、紧急喷淋装置、洗眼器、急救箱等。在开始实验室工作之前,要熟悉实验室配备的主要安全装备以及安放的位置,了解使用安全装备的正确时机、正确使用方法和保养注意事项。

1. 灭火装备

灭火装备是实验室必备的,有多种原因可能导致实验室火灾的发生,如化学品引发的火灾、电气设备过热、违章用火、违章用电等都可能引起火灾。本书第 1 章已较为详细进行介绍,这里不再赘述。

2. 洗眼器

眼睛对有毒有害的液体化学品的伤害特别敏感。眼球表面很湿润,化学品能在眼睛内溶解和流动。眼球表面分布有丰富的血管和神经,酸溶液、碱溶液、液态化学品一旦接触到眼球,会对眼部组织造成损伤,必须立即冲洗干净,否则可能会导致眼部无法挽回的伤害。因此在有可能会发生眼部伤害的实验场所提前做好预防工作,配备能迅速冲洗眼部的洗眼器。

洗眼器的类型有铅锤式样、自备型等,如图 6-1。铅锤式洗眼器能够提供足够的用水量,是所有实验室都优先选择的类型。在没有饮用水源的旧实验室使用便携式自备洗眼装置,可以满足紧急情况时的需求。

图 6-1　洗眼器图片及示意图

洗眼器安装的位置应该显眼,标识张贴在较高的醒目位置,将地面、墙或设施用醒目、对比度大的颜色进行标记,或用灯光照亮该区域。洗眼器应安装在急需人员 10 s 内可以到达的地方。通往洗眼器的通道必须没有障碍,无绊倒危害,与电器设施保持安全距离。洗眼器的供水量需要为两只眼睛同时提供轻柔的、可控制的饮用水至少 15 min。自备型洗眼器需要定期检查水位、更换新鲜水以防止蒸发或微生物生长。洗眼器用水的温度有一定的要求,冷水洗眼可使受伤的眼睛停止分泌泪水,温度高于 23 ℃会加剧化学反应,事实证明水温超过 28 ℃对眼睛有害,因此推荐使用 5~19 ℃水温的饮用水比较合适。

在洗眼器上安装报警系统是一大进步,当一个人在单独工作时尤其重要。由于使用简单,洗眼器的使用培训通常被忽视,培训应该包括如何使用(重点强调冲洗 15 min)、什么时候清洗(任何化学品或特定溅出物进入眼睛都得清洗)、洗眼器的位置、怎样获取医疗帮助。清洗时需要有人帮助把眼睛张开来彻底冲洗等。

3. 紧急喷淋装备

人体皮肤对腐蚀类化学品等很敏感,许多有毒化学品可以通过皮肤吸收造成人体伤害。无论何时,只要化学品与皮肤接触,就该立刻用大量的水清洗。如果是浓硫酸碰到皮肤,应立即用干布擦去后用水冲洗。有时不需要对全身冲洗,直接用手持式软水管就可以解决问题,这种软水管在受害人失去意识或衣服没有脱去前对皮肤进行冲洗非常有效。紧急喷淋可以提供大量的水冲洗全身,适合于身体较大面积被化学品侵害。在下列情况下应该配备:使用或储存有大量潜在危害物质的场所、高压材料使用和储存处以及实验室等场所。

选择安装地点的最低限度是 10 s 内受伤人员能够到达紧急喷淋装置。紧急喷淋水流覆盖直径为 60 cm 的范围,水流速度应适当,水温在合适的范围内,以免伤害使用人。紧急喷淋必须安装在远离确定有危害的区域,避免使用人被危险化学品溅到身上。通往紧急喷淋的通道上不能有障碍、绊倒危害,紧急喷淋装置不能被锁在某房间内,电器设施和电路必须与紧急喷淋保持安全距离。紧急喷淋每年至少需要开启运行一次,对管线进行清理、检修和维护。

紧急喷淋装置使用培训内容包括喷淋装置的位置、使用方法、冲洗时间(15 min)、冲洗后寻求医疗帮助等。紧急喷淋产生的污水应排入废水收集池。

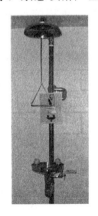

图 6‑2　紧急喷淋装置

4. 急救箱

急救箱是实验室一旦发生事故后能够第一时间给受害人提供有效帮助的安全装备。急救箱具有轻便、易携带、配置全等优点,在紧急情况发生时能发挥重要的作用。

急救箱的配置一般包括下列物品:酒精棉、手套、口罩、消毒纱布、绷带、三角巾、安全扣针、胶布、创可贴、保鲜纸、医用剪刀、钳子、手电筒、棉花棒、冰袋、碘酊、3%双氧水、饱和硼酸溶液、1％醋酸溶液、5％碳酸氢钠溶液、70％酒精、玉树油、烫伤油膏、万花油、药用蓖麻油、硼酸膏、凡士林等。急救箱中的物品应经常更新，保证其有效。

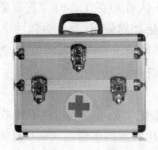

图 6-3　急救箱

6.2.2　个体防护装备

个体防护装备（Personal Protective Equipment，PPE）是在工作中从业人员为防御物理、化学、生物等外界因素伤害所穿戴、配备和使用的各种防护用品的总称，也称为个人防护用品、劳动防护用品、劳动保护用品等。个体防护装备在实验室安全管理中具有举足轻重的地位和作用。需要为参加实验活动的所有人员配备个体防护装备，以达到保护实验人员人身安全的目的。

个体防护装备种类很多。按照适用的职业分类，可以分为：军人防护装备、警员防护装备、劳动防护装备、卫生防护装备、科考探险装备、抢险救援救助装备、日常工作生活防护装备等。实验室个体防护装备主要涉及劳动防护装备和卫生防护装备。按照所涉及的防护部位分类，实验室个体防护装备又可分为头部防护装备、呼吸防护装备、眼面部防护装备、听力防护装备、手部防护装备、足部防护装备、躯体防护装备等七大类，每一大类内又可以分成若干种类，分别具有不同的防护性能。在高校实验室中配备个体防护装备，主要是保护实验人员免受伤害，避免实验室相关的伤害或感染。实验室所用的任何个体防护装备应符合国家有关技术标准的要求；个体防护装备的选择、使用、维护应有明确的书面规定、程序和使用指导；使用前应仔细检查，不使用标志不清、破损或泄漏的个体防护装备；在危害评估的基础上，按不同级别防护要求选择合适的个体防护装备。

1. 头部防护装备

头部防护装备是用来保护人体头部，使其免受冲击、刺穿、挤压、绞碾、擦伤和脏污等伤害的各种防护装备，包括工作帽、安全帽、安全头盔等。

2. 呼吸防护装备

呼吸防护装备是防御空气缺氧和空气污染物进入人体呼吸道，从而保护呼吸系统免受伤害的防护装备。正确选择和使用呼吸防护装备是防止实验室恶性事故的重要保障。

根据其工作原理可分为过滤式和隔离式两大类。过滤式呼吸防护装备是根据过滤吸收的原理，利用过滤材料滤除空气中的有毒、有害物质，将受污染的空气转变成清洁空气供人员呼吸的防护装备。如防尘口罩、防毒口罩、过滤式防毒面具等。隔离式呼吸防护装备是根据隔绝的原理，使人员呼吸器官、眼睛和面部与外界受污染空气隔绝，依靠自身携带的气源或靠导气管引入受污染环境以外的洁净空气为气源供气,保障人员的正常呼吸的呼吸防护装备,也称为隔绝式防毒面具、生氧式防毒面具等。

根据供气原理和供气方式,可将呼吸防护装备主要分为自吸式、自给式和动力送风式三种。自吸式呼吸防护装备是指依靠佩戴者自主呼吸克服部件阻力的呼吸防护装备,如普通的防尘口罩、防毒口罩和过滤式防毒面具。自给式呼吸防护装备是指依靠压缩气体钢瓶为气源动力,保障人员正常呼吸的防护装备,如贮气式防毒面具、贮氧式防毒面具。

按照防护部位及气源与呼吸器官连接的方式主要分为口罩式、口具式、面具式三类。口罩式呼吸防护装备主要指通过保护呼吸器官口、鼻来避免有毒、有害物质吸入对人体造成伤害的呼吸防护装备,包括平面式、半立体式和立体式等多种,如普通医用口罩、防尘口罩、防毒口罩等。面具式呼吸防护装备在保护呼吸器官的同时也保护眼睛和面部,如各种过滤式和隔绝式防毒面具。口具式呼吸防护装备通常也称口部呼吸器,与前两者不同之处在于佩戴这类呼吸防护装备时,鼻子要用鼻夹夹住,必须用口呼吸,外界受污染空气经过滤后直接进入口部。

3. 眼面部防护装备

眼面部防护装备是防御电磁辐射、紫外线及有害光线、烟雾、化学物质、金属火花和飞屑、尘粒,抗机械和运动冲击等伤害眼睛、面部和颈部的防护装备,包括太阳镜、安全眼镜、护目镜和面罩等。在所有易发生潜在眼睛损伤(如紫外线、激光、化学溶液或生物污染物溅射等)和面部损伤的实验室工作时,必须佩戴眼面部防护装备。

在化学类、生物类实验室工作时,不得佩戴隐形眼镜,以防止角膜烧伤等事故的发生。实验室里不能以隐形眼镜、普通眼镜来代替护目镜或安全眼镜。

4. 听力防护装备

听力防护装备是保护听觉、使人耳免受噪声过度刺激的防护装备,包括耳塞、耳罩等护耳器。暴露于高强度的噪音可导致听力下降甚至丧失。当在实验室中的噪音达到75 dB 或在 8 小时内噪音大于平均水平时,实验人员应该佩戴听力防护装备用来保护人的听觉,减免或免除噪声的危害。

在实验室里,禁止戴着耳机听音乐或外语,以防止实验室发生意外时无法听到。

5. 手部防护装备

实验室工作人员在工作时可能受到各种有害因素的影响,如实验操作过程中可能接触有毒有害物质、各种化学试剂、传染源、被上述物质污染的实验物品或仪器设备、高温或超低温物品、带电设备。手部成为造成大部分实验暴露危险的重要因素,手部防护装备可以在实验人员和危险物之间形成初级保护屏障,是保护手部位和前臂免受伤害的防护装备,主要是各种防护手套和袖套等。在实验室工作时应戴好手部防护装备以防止化学品、微生物、放射性物质的伤害和烧伤、冻伤、烫伤、擦伤、电击和实验动物抓伤、咬伤等伤害的发生。在实验室工作时,必须根据实际情况选择和使用合适的手套保护工作人员免受伤害。如果手套被污染,应尽早脱下,妥善处理后丢弃。手套应按照所从事操作的性质,并符合舒适、灵活、握牢、耐磨、耐扎和耐撕的要求,能对所涉及的危险提供足够的防护。实验室工作人员需要接受手套选择、使用前和使用后的佩戴及摘除等方面的培训。手套的规范使用应注意以下几个要点:① 手套的选择:实验室一般使用乳胶、橡胶、聚氯乙烯、聚腈类手套,可以用来防护强酸、强碱、有机溶剂和生物危害物质的伤害。手套的尺寸要适中。对于接触强酸、强碱、高温物体、超低温物体、人体组织、尸体解剖等特殊实验材料时,必须选用材质合适的手套。② 手套的检查:在使用手套前应仔细检查手套是否褪色、破损(穿孔)或有裂缝。③ 手套的使用:在不同实验室佩戴的手套种类和厚度都不一样。生物实验室根据实验室生物安全不同的级别需佩戴一副或者两副手套,如果外层手套被污染,应立即将外层手套脱下丢弃并按照规范处理,换戴上新手套继续实验。其他实验室在使用中如果手套被撕破、损坏或被污染应立即更换并按规范处置。一次性手套不得重复使用。不得戴着手套离开实验室。④ 避免手套"交叉污染":戴着手套的手避免触摸鼻子、面部、门把手、橱门、开关、电话、键盘、鼠标、仪器和眼镜等个体防护装备。避免触摸不必要的物体表面。手套破损更换新手套时应先对手部进行清洗,去污染后再戴上新的手套。⑤ 戴和脱手套注意要点:在戴手套前,应选择合适的类型和尺寸的手套;在实验室工作中要根据实验室工作内容,尽可能保持戴手套状态。戴手套的手要远离面部。脱手套过程中,用一只手捏起另一近手腕部的手套外缘,将手套从手上脱下并将手套外表面翻转入内;用戴着手套的手拿住该手套;用脱去手套的手指插入另一手套腕部处内面;脱下该手套使其内面向外并形成一个由两个手套组成的袋状;丢弃的手套根据实验内容采取合适的方式规范处置。

6. 足部防护装备

足部防护装备是保护穿用者的小腿及脚部免受物理、化学和生物等外界因素伤害的防护装备,主要是各种防护鞋、靴。当实验室中存在物理、化学和生物试剂等危险因素的情况下,穿合适的鞋、鞋套或靴套,以保护实验室工作人员的足部免受伤害。禁止在实验室(尤其是化学、生物和机电类实验室)穿凉鞋、拖鞋、高跟鞋、露趾鞋和机织物鞋面的鞋。鞋应该舒适、防滑,推荐使用皮制或合成材料的不渗液体的鞋类。鞋套和靴套使用后不得到处走动带来交叉污染,应及时脱掉并规范处置。

7. 躯体防护装备

躯体防护装备是保护穿用者躯干部位免受物理、化学和生物等有害因素伤害的防护装备,主要有工作服和各种功能的防护服等。防护服包括实验服、隔离衣、连体衣、围裙以及正压防护服。在实验室中的工作人员应该一直或者持续穿着防护服,清洁的防护服应该放置在专用存放处,污染的实验服应该放置在有标志的防泄漏的容器中,每隔一定的时间应更换防护服以确保清洁,当知道防护服已被危险物质污染后应立即更换,离开实验室区域之前应该脱去防护服。防护服最好能完全扣住。防护服的清洗和消毒必须与其他衣物完全分开,避免其他衣物受到污染。禁止在实验室中穿短袖衬衫、短裤或者裙装。

6.2.3 个体防护装备的配备原则

个体防护装备的配备应遵循以下三个原则:

(1)针对性。根据不同的工作环境、不同的职业危害因素以及有害物质及拟防护的具体部位配备合适的个体防护装备。

(2)适用性。个体防护装备具有很强的个体适用性,要根据个体的体型差异、对危害因素的敏感度、工作现场危害因素等配备适合的个体防护装备。

（3）高标准。在配备、使用和管理个体防护装备时，必须执行高标准，以最大限度地保护实验室人员的安全与健康。

6.2.4　个体防护装备的配备步骤

个体防护装备的配备应遵循以下四个步骤：

（1）识别危险因素：确认实验室内以及某项实验活动中所存在危险因素的种类，认真、仔细加以分析和识别。

（2）评估危害程度：对实验室现场的危害信息进行分析评估，有针对性地选择适合的个体防护装备。

（3）选择合适的个体防护装备：根据危险因素识别和危害程度评估结果，为每个参与实验室活动的人员（包括外来的访客）选择配备具有相应功能的、适用的个体防护装备。

（4）使用方法的培训：使用个体防护装备的所有人员必须经过使用方法的培训和定期的再培训。培训内容包括个体防护装备的选择、如何正确穿戴、使用、保养、保存以及个体防护装备的优缺点等。

个体防护装备在高校实验室 EHS 管理中具有十分重要的地位和作用，它是保障实验室师生员工生命安全和健康的重要装备，为使个体防护装备发挥其应有的效用，在采购、验收、保管、发放、使用、保养、更新和报废等环节要加强管理，确保其能发挥最大的功效。

6.3　实验室安全标识

实验室常用的安全标识主要分为四类：警告标识、禁止标识、指令标识、提示标识。

6.3.1　实验室中常用警告标识

实验室中常用的警告标识见表 6-1。

表 6-1　实验室常用警告标识

图　示	意　义	建议场所
	生物危害 当心感染	门、离心机、安全柜等
	当心毒物	试剂柜、有毒物品操作处
	小心腐蚀	试剂室、配液室、洗涤室

（续表）

图　示	意　义	建议场所
	当心激光	有激光设备或激光仪器的场所，或激光源区域
	当心气瓶	气瓶放置处
	当心化学灼伤	存放和使用具有腐蚀性化学物质处
	当心玻璃危险	存放、使用和处理玻璃器皿处
	当心锐器	锐器存放、使用处
	当心高温	热源处
	当心冻伤	液氮罐、超低温冰柜、冷库
	当心电离辐射 当心放射线	辐射源处 放射源处

6.3.2　实验室中常用禁止标识

禁止标志是禁止不安全行为的图形标志。化学实验室常用的禁止标志有禁止吸烟、禁止明火、禁止饮用等，表6-2列出了实验室常用禁止标识。

表 6-2 实验室常用禁止标识

图 示	意 义	建议场所
	禁止入内	可引起职业病危害的作业场所入口处或泄险区周边,如可能产生生物危害的设备故障时,维护、检修存在生物危害的设备、设施时,根据现场实际情况设置
	禁止吸烟	实验室区域
	禁止明火	易燃易爆物品存放处
	禁止用嘴吸液	实验室操作区
	禁止吸烟、饮水和吃东西	实验区域
	禁止饮用	用于标志不可饮用的水源、水龙头等处
	禁止存放食物和饮料	用于实验室内冰箱、橱柜、抽屉等处
	禁止宠物入内	工作区域
	非工作人员禁止入内	工作区域
	儿童禁止入内	实验室区域

6.3.3 实验室中常用指令标识

指令标志是强制人们必须做出某种动作或采用防范措施的图形标志。指令标志的基本形式是圆形边框。实验室常用的指令标志有必须穿防护服、必须戴防护手套等,表6-3列出了实验室中常用指令标识。

表6-3 实验室常用指令标识

图 示	意 义	建议场所
	必须穿实验工作服	实验室操作区域
	必须戴防护手套	易对手部造成伤害或感染的作业场所,如:具有腐蚀、污染、灼烫及冰冻危险的地点,低温冰柜、实验操作区域
	必须戴护目镜 必须进行眼部防护	有液体喷溅的场所
	必须戴防毒面具 必须进行呼吸器官防护	具有对人体有毒有害的气体、气溶胶等作业场所
	戴面罩	需要面部防护的操作区域
	必须穿防护服	生物安全实验室核心区入口处
	本水池仅供洗手用	专用水池旁边
	必须加锁	冰柜、冰箱、样品柜,有毒有害、易燃易爆物品存放处

6.3.4　实验室中常用提示标识

提示标志是向人们提供某种信息(如标明安全设施或场所等)的图形标志。提示标志的基本形式是正方形边框。实验室常用的提示标志有紧急出口、疏散通道方向、灭火器、火警电话等,表 6 - 4 列出了实验室中常用的提示标识。

表 6 - 4　实验室常用提示标识

图　　示	意　　义	建议场所
	紧急洗眼	洗眼器旁
	紧急出口	紧急出口处
	左行	通道墙壁
	左行方向组合标志	通道墙壁
	右行	通道墙壁
	右行方向组合标志	通道墙壁
	直行	通道墙壁
	直行方向指示组合标志	通道墙壁
	通道方向	通道墙壁

（续表）

图　示	意　义	建议场所
	灭火器	消防器存放处
	火警电话	

6.4　实验室安全与健康的"四不伤害"原则

在化学实验室里，储存着各种化学药品，进行着各种化学试验。在试验过程中要接触一些易燃、易爆、有毒、有害、有腐蚀性药品，且经常使用水、气、火、电等，潜藏着诸如爆炸、着火、中毒、灼伤、割伤、触电等危险性事故，这些事故的发生常会给我们带来严重的人身伤害和财产损失。如果我们掌握相关的实验室安全知识以及事故发生时的应急处理知识，就能够正确、安全地使用化学药品及实验器械，从而可以尽可能减少和避免实验室安全事故的发生，即使在发生紧急事故时，也能够不慌不乱，把伤害和损失降到最低程度。

化学实验常常伴随着危险，无论多么简单的实验，切不能粗心大意。在做实验时，如果能够端正态度，认真细致地做好每一道必需的工作，就会避免许多事故的发生。为保证人身安全，请切实遵守"不伤害自己、不伤害他人、不被他人伤害、保护他人不受伤害"的四不伤害原则。

1. 不伤害自己

安全是实验室正常运行的基础，也是家庭幸福和美好生活的源泉。不伤害自己，就是要提高自我保护意识，不能由于一时疏忽、失误而使自己受到伤害。它取决于自己的安全意识、安全知识、对工作任务的熟悉程度、岗位技能、工作态度、工作方法、精神状态、作业行为等多方面因素。要想做到不伤害自己，在工作前应思考下列问题：我是否了解这项工作任务？我的责任是什么？我是否具备完成这项工作的技能？这项工作有什么不安全因素，有可能出现什么差错？万一出现故障我该怎么办？我该如何防止失误？

在实验室工作时，应做到以下几方面：

（1）保持正确的工作态度及良好的身体心理状态，保护自己的责任主要靠自己。

（2）掌握自己操作的设备或活动中的危险因素及控制方法，遵守安全规则，使用必要的防护装备，不违章作业。

（3）任何活动或设备都可能是危险的，确认无伤害威胁后再实施，三思而后行。

（4）杜绝侥幸、自大、省事、想当然心理，莫以患小而为之。

（5）积极参加安全教育训练，提高识别和处理危险的能力。

（6）虚心接受他人对自己不安全行为的纠正。

2. 不伤害他人

他人生命与你的一样宝贵,不应该被忽视,保护同事、同学是你应尽的义务。我不伤害他人,就是我的行为或后果,不能给他人造成伤害。在多人作业同时,由于自己不遵守操作规程,对作业现场周围观察不够以及自己操作失误等原因,自己的行为可能对现场周围的人员造成伤害。要想做到我不伤害他人,我们应做到以下几个方面:

(1) 你的活动随时会影响他人安全,尊重他人生命,不制造安全隐患。

(2) 对不熟悉的活动、设备、环境多听、多看、多问,进行必要的沟通协商后再做。

(3) 操作设备尤其是启动、维修、清洁、保养时,要确保他人在免受影响的区域。

(4) 你所知道可能造成的危险应及时告知受影响人员,加以消除或予以标识。

(5) 对所接受到的安全规定/标识/指令,认真理解后执行。

(6) 管理者对危害行为的默许纵容是对他人最严重的威胁,做好安全表率是其职责。

3. 不被他人伤害

人的生命是脆弱的,变化的环境蕴含多种可能失控的风险,你的生命安全不应该由他人来随意伤害。我不被他人伤害,即每个人都要加强自我防范意识,工作中要避免他人的错误操作或其他隐患对自己造成伤害。要想做到不被他人伤害,应做到以下几个方面:

(1) 提高自我防护意识,保持警惕,及时发现并报告危险。

(2) 你的安全知识及经验与同事共享,帮助他人提高事故预防技能。

(3) 不忽视已标识的潜在危险并远离之,除非得到充足防护及安全许可。

(4) 纠正他人可能危害自己的不安全行为,不伤害生命比不伤害情面更重要。

(5) 冷静处理所遭遇的突发事件,正确应用所学安全技能。

(6) 拒绝他人的违章指挥,即使是你的主管所发出的,不被伤害是你的权利。

4. 保护他人不受伤害

任何组织中的每个成员都是团队中的一员,要担负起关心爱护他人的责任和义务,不仅自己要注意安全,也要保护团队的其他人员不受伤害,这是每个成员对集体中其他成员的承诺。要想做到我保护他人不受伤害,应做到以下几个方面:

(1) 任何人发现任何事故隐患都要主动告知或提示他人。

(2) 提示他人遵守各项规章制度和安全操作规范。

(3) 提出安全建议,互相交流,向他人传递有用的信息。

(4) 视安全为集体的荣誉,为团队贡献安全知识,与他人分享经验。

(5) 关注他人身体、精神状况等异常变化。

(6) 一旦发生事故,在保护自己的同时,要主动帮助身边的人摆脱困境。

6.5　化学实验室操作安全

6.5.1　化学试剂的使用安全

在进行化学实验时,必然会用到各种化学试剂,其中有不少为危险化学品。因此,在使用化学试剂之前,首先应认真阅读该化学试剂的安全使用说明书(SDS),必须对其是否易燃易爆、是否有腐蚀性、是否有毒、是否有放射性、是否有强氧化性等性能有一个全面的了解，才能在使用时有针对性地采取一些安全防范措施，以避免由于使用不当造成的对实验人员及实验设备的危害。下面对各类化学试剂的安全使用作简要介绍。

1. 易燃易爆化学试剂

一般将闪点在 25 ℃以下的化学试剂列入易燃化学试剂，它们多是极易挥发的液体，遇明火即可燃烧。闪点越低，越易燃烧。常见闪点在−4 ℃以下的有戊烷、乙烷、乙醚、汽油、二硫化碳、丙酮、苯、乙酸乙酯、乙酸甲酯等（详见本书第 1 章表 1−1）。这类化学试剂应存放在阴凉通风处，当在冰箱中存放时，一定要使用防爆冰箱。在大量使用这类化学试剂时，要保证实验室的通风良好，所用电器一定要采用防爆电器，现场绝对不能有明火。

易燃试剂在激烈燃烧时也可引发爆炸，一些固体化学试剂如：硝化纤维、苦味酸、三硝基甲苯、三硝基苯、叠氮或重氮化合物等，它们本身就易燃，遇热或明火分解发生爆炸。在使用这些化学试剂时，绝不能直接加热，同时也要注意周围不要有明火。

金属钾、钠、锂、钙、氢化铝、电石等一类固体化学试剂，遇水即可发生激烈反应，并放出大量热，也可产生爆炸。在使用这些化学试剂时，一定要避免它们与水直接接触。

此外，黄磷等试剂与空气接触即能发生强烈氧化作用；硫化磷、赤磷镁粉、锌粉、铝粉等与氧化剂接触或在空气中受热、受冲击或摩擦能引起急剧燃烧，甚至爆炸。在使用这些化学试剂时，一定要注意周围环境温度不要太高，不要让它们与强氧化剂接触。

使用易燃易爆化学试剂的实验人员，必须规范穿戴个体防护装备。

2. 有毒化学试剂

有毒化学试剂是指能对人类或动物造成死亡、暂时失能或永久伤害的任何化学品。有毒化学试剂一般分为毒害化学试剂和剧毒化学试剂两类：毒害化学试剂一般包括无机毒害类（如汞、铅、钡、氟的化合物等）和有机毒害类（如乙二酸、四氯乙烯、甲苯二异氰酸酯、苯胺等）；剧毒化学试剂指生物试验中致死量（LD_{50}）在 50 mg/kg 以下的有毒化学试剂。剧毒化学试剂一般也包括无机剧毒类（如氰化物、砷化物、硒化物，汞、铍、铊、磷的化合物等）和有机剧毒类（如硫酸二甲酯、四乙基铅、醋酸苯等）。

使用有毒化学试剂的注意事项：

（1）有毒化学试剂应放置在通风处，远离明火、远离热源。

（2）有毒化学试剂不得和其他种类的物品（包括非危险品）共同放置，特别是与酸类及氧化剂共放，尤其不能与食品放在一起。

（3）进行有毒化学试剂实验时，化学试剂应轻拿轻放，严禁碰撞、翻滚，以免摔破漏出。

（4）操作时，应穿戴防护服、口罩、手套。皮肤有伤口时，禁止操作这类物质。

（5）实验后应洗澡和更换衣物。

（6）对一些常用的剧毒化学试剂一定要了解这些化学试剂中毒时的急救处理方法，剧毒化学试剂一定要有专人保管，严格控制使用量。

3. 腐蚀性化学试剂

腐蚀性化学试剂指能腐蚀人体、金属和其他物质的化学试剂。腐蚀性化学试剂有酸性化学试剂（如硫酸、硝酸、盐酸、磷酸、甲酸、冰醋酸等）和碱性化学试剂（如氢氧化钠、硫化钠、乙醇钠、水合肼等）。腐蚀性化学试剂的品种比较复杂,应根据其不同性质分别存放。低温下易结冰的冰醋酸和易聚合变质的甲醛应放在冬暖夏凉处。遇水易分解的腐蚀品如五氧化二磷、三氯化铝等应放在较干燥的地方。实验时,要避免腐蚀性化学试剂碰到皮肤、黏膜、眼、呼吸器官,一旦误触腐蚀性化学试剂,接触到的部位立即用清水冲洗 5～10 min,视情况决定是否就医。在使用这类试剂前,一定要事先阅读 SDS,了解相应的急救处理方法。

4. 强氧化性化学试剂

强氧化性化学试剂是指对其他物质能起氧化作用而自身被还原的物质,大多是过氧化物或含氧酸及其盐,如过氧化酸、硝酸铵、硝酸钾、高氯酸及其盐、重铬酸及其盐、高锰酸及其盐、过氧化苯甲酸、五氧化二磷等。强氧化性化学试剂在适当条件下可放出氧发生爆炸,并且与镁、铝、锌粉、硫等易燃物形成爆炸性混合物。这类物质应存放在阴凉、通风、干燥处,须与酸类、易燃物、还原剂等隔离存放,保持环境温度不要高于 30 ℃。使用时,保持通风良好,且一般不与有机物或还原性物质共同使用(加热),避免它们与皮肤等器官接触,如有不慎误触,应立即用水冲洗。

5. 放射性化学试剂

普通化学实验室中一般很少有放射性物质,在使用这类化学试剂时,一定要按放射性物质的使用方法,采取严格的保护措施,同时防止放射性物质的污染与扩散。

6.5.2　玻璃仪器的操作安全

由于玻璃原料来源方便,并可按需制作成各种不同功能的产品,使玻璃仪器成为化学实验中最常用的仪器。玻璃仪器具有很高的化学稳定性和热稳定性,也有很好的透明度、良好的绝缘性能和一定的机械强度。实验室中常用的玻璃仪器分为普通玻璃仪器和磨口玻璃仪器。

普通玻璃仪器使用时要注意以下几点:

(1) 在剪切或加工玻璃管及玻璃棒时,必须要戴防割伤手套。玻璃管及玻璃棒的断面要用锉刀锉光滑或用喷灯熔一下,使其断面圆滑,避免造成割伤事故。

(2) 玻璃管与橡胶管连接或将温度计插入橡胶塞时,应用水、甘油或润滑脂等润滑,避免折断玻璃管或温度计从而使人受伤。

(3) 在洗涤烧杯、烧瓶时,不要局部勉强用力或冲击,避免割破手等事故发生。

(4) 在使用前,要确认玻璃仪器无变形、无裂纹。在组装实验装置时,要注意夹具不要夹得过紧,否则会使玻璃容器破损。

(5) 在加热和冷却时,要避免骤热、骤冷、局部加热。一般情况下,不允许给密闭的玻璃容器加热。

(6) 由于厚壁的玻璃瓶和量筒的导热性差,不可用于配制溶液,以免配制溶液时产生的溶解热使仪器损坏。

(7) 薄壁的玻璃容器在往台面上放置时或进行搅拌操作时易碎,应特别注意。壁薄和平底的玻璃容器在加压或抽真空时易碎,不能使用。

(8) 玻璃仪器在加热后很难从外观上判断其热的程度,要格外注意避免烫伤。

(9) 即使非常小心，玻璃仪器有时也会出现意外破损，在实验时应采取适当防范措施，降低危险。

(10) 玻璃碎片要丢弃在指定的收集容器内。

磨口玻璃仪器是指具有标准磨口或磨塞的玻璃仪器。由于口塞尺寸的标准化、系统化，磨砂密合。凡属于同类规格的接口，均可任意互换，各部件能组装成各种配套仪器。使用标准接口玻璃仪器既可以免去配塞子的麻烦手续，又能避免反应物或产物被塞子污染的危险。磨口玻璃仪器在化学实验中使用非常广泛，但在实验过程中如操作不规范，保养不妥善，就会造成磨口玻璃塞打不开，用力扭动易造成仪器破损，且容易割伤人手。因此需要正确使用保养磨口仪器。实验室中，使用保养磨口仪器一般应注意以下几点：

(1) 磨口仪器使用时一般无需涂润滑剂，以免污染反应物或生成物，如反应中有强碱性物介入，则应涂润滑剂，防止磨口粘连。对于标准磨口仪器如酸式滴定管，在使用时若活塞转动不灵或漏水，应在磨口处涂上凡士林或活塞油(不宜太多)，并单向旋转至磨口处透明，开关灵活为止。

(2) 磨口仪器一般不能盛放碱性试剂及热溶液，避免磨口连接处因碱腐蚀或高温而粘连。对于细口试剂瓶和滴瓶在盛放碱性试剂时要换用橡皮塞，切忌带磨口塞直接盛放以造成磨口处连结。

(3) 磨口仪器用后应立即拆洗，并在磨口对接处衬垫一张小纸条，以防粘连。

(4) 磨口须保持洁净，避免灰尘、油灰物污染磨口，影响磨口的密封性，损坏磨口仪器。

(5) 刷洗磨口仪器不能用去污粉擦洗，以免损坏磨口，应用脱脂棉球蘸取少量的乙醇等有机溶剂擦洗或用洗液浸泡后，冲水洗净。

(6) 在磨口仪器拆装时，要注意轻缓适度、整齐一致，避免磨口对接处因受斜力引起仪器破损。

(7) 在烘干磨口仪器时，必须取下磨口塞以免受热不均匀而引起仪器的破裂。实验室中，如发现磨口塞(活塞)打不开，应根据不同情况采用相应方法。由于长时间放置引起的粘连可将仪器在水浴中加热，然后用木棒轻轻敲击磨口塞；由于碱性物质导致的粘连，可在磨口处滴加稀盐酸或放入水中缓缓煮沸，然后用木器轻轻敲打或扭动塞子；由于油灰物造成的粘结，可先浸泡几小时去灰尘，再用吹风机或水浴加热，待油状物熔化后，用木棒缓缓敲击或扭动磨口塞。

6.5.3 实验室设备的操作安全

为保证实验教学工作的顺利开展，提高设备的使用效率，保障实验仪器设备的安全和师生的人身安全，必须加强实验室仪器设备的管理。在使用实验室仪器设备时，一般要遵循以下操作安全规则：

1. 基本要求

(1) 实验室内严禁大声喧哗、打闹嬉戏。

(2) 水等液体应远离实验设备。

(3) 不要动他人正在运行的仪器设备。

2. 仪器搬运与放置

（1）仪器在搬运前应切断电源以确保安全，搬运过程中不得磕碰，注意轻拿轻放。

（2）应避免其他物体遮挡仪器的散热口，保证其通风。

（3）应避免仪器叠放在一起，以免划伤仪器表面。

（4）应避免仪器放置在桌子或周转车的边缘，以免不慎将仪器摔坏。

3. 仪器使用前

（1）在仪器使用前，应仔细阅读仪器的使用说明书。

（2）了解仪器的使用条件，如仪器的电源电压、额定输出功率等参数。

（3）了解仪器的调节方法和参数范围。

（4）了解仪器的连接与拆装方法。

（5）未经主管人员批准不得擅自拆卸和改装仪器设备。

4. 仪器使用

（1）首次使用仪器时，须由指导教师确认连接正确后再开机运行，避免由于连接错误损坏仪器。仪器连接线应无破损，并避免相互搭接在一起或与被测物体搭接造成短路。线路连接应尽量避免连线跨越实验室内的通道。

（2）使用仪器时，参数的调节范围应按照相关说明书进行。

（3）仪器运行中发生报警或异常等情况时应及时切断仪器电源。

（4）仪器使用过程中，应避免水或其他液体泼溅到仪器上。

5. 仪器使用后

（1）在实验完成后或需离开实验室时，应及时关闭仪器的电源，以免造成仪器设备损坏。如确需仪器设备在无人状态下运行时，应征得设备管理人员同意，并在运行设备的周围放置明显的标识，如"设备运行中，勿动"等字样。

（2）仪器使用后，应将仪器回复到仪器原有的位置，并清理实验区域。

6. 仪器损坏

（1）仪器设备损坏，实验人员应及时通知实验室设备管理人员及时登记处理。

（2）当仪器设备损坏时，设备管理人员应在设备上贴明显的标识，如"设备已损坏，勿动"或"设备维修中，勿动"等字样。实验人员不得使用带有该类标识的仪器。

第7章　化学实验废弃物的安全处置

近年来,我国高等教育事业得到快速发展,高校实验室的教学科研任务日趋繁重,对各类实验室的需求也越来越多,不同学科实验室的种类和数量不断增加,而在教学和科研活动中需要用到化学品的实验室更是面广量大。实验室多为相对独立的单位,特别是随着许多高校多校区办学的实际情况,实验室分布的区域相对分散,单个污染小,易于被忽视。实验室从某种程度上讲是一类典型的小型污染源,建设得越多,带来的污染越大。随着实验室化学品使用量的急剧增加,实验所产生的废气、废液和固体废弃物也随之增加,实验室废弃物如果随意大量地无序排放,会造成日趋严重的环境污染问题。为规范高校实验室危险废弃物的管理,教育部和国家环保总局曾经联合下发了"关于加强高等学校实验室排污管理的通知",要求各高校根据自身的实际情况,采取有力措施,加强实验室危险废物管理,防止污染环境。

7.1　国家危险废物名录

国家环境保护部、国家发展和改革委员会根据《中华人民共和国固体废物污染环境防治法》的有关规定,特制定了《国家危险废物名录》,并自 2008 年 8 月 1 日起施行。

根据《国家危险废物名录》第二条规定,具有下列情形之一的固体废物和液态废物,列入本名录:(一) 具有腐蚀性、毒性、易燃性、反应性或者感染性等一种或者几种危险特性的;(二) 不排除具有危险特性,可能对环境或者人体健康造成有害影响,需要按照危险废物进行管理的。

根据《国家危险废物名录》的规定,医疗废物属于危险废物。未列入《国家危险废物名录》和《医疗废物分类目录》的固体废物和液态废物,由国务院环境保护行政主管部门组织专家,根据国家危险废物鉴别标准和鉴别方法认定具有危险特性的,属于危险废物,适时增补进本名录。危险废物和非危险废物混合物的性质判定,按照国家危险废物鉴别标准执行。

家庭日常生活中产生的废药品及其包装物、废杀虫剂和消毒剂及其包装物、废油漆和溶剂及其包装物、废矿物油及其包装物、废胶片及废像纸、废荧光灯管、废温度计、废血压计、废镍镉电池和氧化汞电池以及电子类危险废物等,可以不按照危险废物进行管理。危险废弃物从生活垃圾中分类收集后,其运输、贮存、利用或者处置,按照危险废物进行管理。

《国家危险废物名录》中有关术语的含义分别为:(一)"废物类别"是按照《控制危险废物越境转移及其处置巴塞尔公约》划定的类别进行的归类。(二)"行业来源"是某种危险废物的产生源。(三)"废物代码"是危险废物的唯一代码,为 8 位数字。其中,第 1~3位为危险废物产生行业代码,第 4~6 位为废物顺序代码,第 7~8 位为废物类别代码。(四)"危险特性"是指腐蚀性(Corrosivity, C)、毒性(Toxicity, T)、易燃性(Ignitability,

I)、反应性(Reactivity，R)和感染性(Infectivity，In)。

7.2　危险化学品废弃物危害

7.2.1　危险化学品废弃物的直接危害

危险化学品废物的直接危害特性主要包括可燃性、腐蚀性、反应性、传染性、放射性及浸出毒性、急性毒性等。

(1) 可燃性。燃点较低的废物，或者经摩擦或自发反应而易于发热从而进行剧烈、持续燃烧的废物具有可燃性。国家规定燃点低于 60 ℃的废物即具有可燃性。

(2) 腐蚀性。含水废物的浸出液或不含水废物加入水后的浸出液，能使接触物质发生质变，就可以说该废物具有腐蚀性。按照相关规定，浸出液 pH≤2 或 pH≥12.5 的废物；或者温度≥55 ℃时，浸出液对规定牌号钢材的腐蚀速率大于 0.64 cm/a 的废物为具有腐蚀性的。

(3) 反应性。在无引发条件的情况下，由于本身不稳定而易发生剧烈变化，如与水能反应形成爆炸性混合物，或产生有毒的气体、蒸气、烟雾或臭氧；在受热的条件下能爆炸；常温常压下即可发生爆炸等，此类废物则可认为具有反应性。

(4) 传染性。各种化学品废物进入环境后，发生各种变化，不少物质变成环境激素，统称为"势因性内分泌干扰物质"，通过食物链又回到人体，扰乱人体内分泌功能，发生传染性疾病。

(5) 放射性。核废物、污水处理废物、医疗废物等存在放射性物质成分，从放射化学的观点看，其总放射性、半衰期、比活度、核素构成、毒性等危险物质，对人类及自然界食物链造成威胁。

危险化学品废弃物的毒性表现为以下三类：

(1) 浸出毒性。用规定方法对废弃物进行浸取，在浸取液中若有一种或一种以上有害成分，其浓度超过规定标准，就可认定具有毒性。

(2) 急性毒性。指一次投给实验动物加大剂量的毒性物质，在短时间内所出现的毒性。通常用半致死量表示。按照摄入毒物的方式不同，急性毒性又可分为口服毒性、吸入毒性和皮肤吸收毒性。

(3) 其他毒性。包括生物富集性、刺激性、遗传变异性、水生生物毒性及传染性等。

7.2.2　危险化学品废弃物对环境的危害

危险化学品废物中的有害物质不仅能造成直接的危害，还会在土壤、水体、大气等自然环境中迁移、滞留、转化，污染土壤、水体、大气等人类赖以生存的生态环境，从而最终影响到生态和健康。

(1) 危险化学品废物对土壤的污染。危险化学品废物是伴随生产和生活过程中发生的，如处置不当，任意露天堆放，不仅会占用一定的土地，导致可利用土地资源减少，而且大量的有毒废渣在自然界的风化作用下到处流失，很容易接触到土壤。而这些有毒物质一旦进入土壤,会被土壤吸附,对土壤造成污染。其中的有毒物质会杀死土壤中的微生物和原生动物,破坏土壤中的微生态,反过来又会降低土壤对污染物的降解能力;其中的酸、碱和盐类等物质会改变土壤的性质和结构,导致土质酸化、碱化、硬化,影响植物根系的发育和生长,破坏生态环境。同时有许多有毒的有机物和重金属会在植物体内积蓄,当土壤中种有牧草和食用作物时,由于生物积累作用,会最终在人体内积聚,对肝脏和神经系统造成严重损害,诱发癌症和胎儿畸形。

(2) 危险化学品废弃物对水域的污染。危险化学品废弃物可以通过多种途径污染水体,如可以随着地表径流进入河流湖泊,或随风漂移落入水体,特别是当危险化学品废弃物露天存放时,有害物质在雨水的作用下,很容易流入江河湖海,造成水体的严重污染与破坏。其中的有毒有害物质进入水体后,首先会导致水质的恶化,对人类的饮用水安全造成威胁,危害人体健康;其次会影响水生生物正常生长,甚至杀死水中生物,破坏水体生态平衡。危险化学品废弃物中往往含有大量的重金属和人工合成的有机物,这些物质大都稳定性极高,很难降解,水体一旦遭受污染就很难恢复;对于含有传染性病原菌的危险化学品废弃物,如医疗废弃物,一旦进入水体,就会迅速引起传染性疾病的快速蔓延,后果不堪设想。许多有机型的危险化学品废弃物,长期堆放后也会和城市垃圾一样产生渗滤液。渗滤液危害众所周知,它可以进入土壤使地下水受污染,或直接流入河流、湖泊和海洋,造成水资源的水质型短缺。

(3) 危险化学品废弃物对大气的污染。危险化学品废弃物在堆放过程中,在温度、水分的作用下,某些有机物发生分解,产生有害气体。有些危险化学品废弃物本身含有大量的易挥发的有机物,在堆放过程中会逐渐散发出来;还有一些危险化学品废弃物具有强烈的反应性和可燃性,在和其他物质反应过程中或自燃时会放出大量 CO_2、SO_x、NO_x 等气体,污染环境,而火势一旦蔓延,则难以救护。以微粒状态存在的危险化学品废弃物,在大风吹动下,将随风飘扬,扩散至远处,既污染环境,影响人体健康,又会污染建筑物、花草树木,影响市容和卫生,扩大危害面积和范围;此外,危险化学品废弃物在运输与处理过程中,产生的有害气体和粉尘,不但会造成大气质量的恶化,一旦进入人体和其他生物群落,还会危害到人类健康和生态平衡。

7.2.3 危险化学品废弃物转化的危害性

危险化学品废弃物对健康和环境的危害除了有害物质的成分、稳定性关系外,还与这些物质在自然条件下的物理、化学和生物转化规律有关。

(1) 物理转化。自然条件下危险化学品的物理转化主要是指其成分相的变化,而相变化中最主要的形式就是污染物由其他形态转化为气态,进入大气环境。气态物质产生的主要机理是挥发、生物降解和化学反应,其中挥发是最为主要的,属于物理过程。挥发的数量和速度与污染物的相对分子质量、性质、温度、气压、比表面积、吸附强度等因素有关,通常低分子有机物在温度较高、通风良好的情况下易挥发,因而挥发是危险化学品废弃物污染大气的主要途径之一。

(2) 化学转化。危险化学品废弃物的各种成分在环境中会发生各种化学反应而转化成新的物质。这种化学转化有两种结果:一是理想情况下,反应后的生成物稳定、无害,这样的反应可作为危险化学品废弃物处理的借鉴;二是反应后的生成物仍然是有害的,比如不完全燃烧的产物,不仅种类繁多,而且大多是有害的,甚至某些中间产物的毒性还大大超过了原始污染物(如无机汞在环境中会转化为毒性更大的有机汞等),这也是危险化学品废弃物受到越来越多关注的原因之一。在自然环境中,除了反应性物质外,大多数危险化学品废弃物的稳定性都很强,化学转化过程非常缓慢,因此,要通过化学转化在短时间内实现危险化学品废弃物的稳定化、无害化,必须用人为干扰的强制手段。

（3）生物转化。除化学反应外,危险化学品废弃物裸露在自然环境中,在迁移的同时,还会和土壤、大气及水环境中的各种微生物及动植物接触,这就给危险化学品废弃物的生物转化创造了条件。危险化学品废弃物中的铬、铅、汞等重金属单质和无机化合物能被生物转化成一些剧毒化合物,例如在厌氧的作用下,会产生甲基汞、二甲砷、二甲硒等剧毒化合物。危险有机物同样有这些特点,但是降解速率一般很慢。可生物降解的化合物在降解过程中,往往会经历一个或多个过程:氨化和酯的水解、脱羧基作用、脱卤作用、酸碱中和、羰基化作用、氧化作用、还原作用、断链作用。这些作用多数使原化合物失去毒性,但也可能产生新的有毒化合物,有些产物可能会比原化合物毒性更强。

（4）化学和生物转化的协同作用。除了上面提到的化学和生物转化,某些危险化学品废弃物的转化是化学与生物转化共同作用的结果。

7.3　国家危险废物贮存污染控制标准

根据国家《危险废物贮存污染控制标准》(GB18597—2001),对有关的概念进行了明确。

危险废物:指列入国家危险废物名录或者根据国家规定的危险废物鉴别标准和鉴别方法认定的具有危险特性的废物。

危险废物贮存:指危险废物再利用、无害化处理和最终处置前的存放行为。

贮存设施:指按照规定设计、建造或改建的用于专门存放危险废物的设施。

集中贮存:指危险废物集中处理、处置设施中所附设的贮存设施和区域性的集中贮存设施。

容器:指按标准要求盛载危险废物的器具。

7.3.1　危险废物贮存污染控制一般要求

对于危险废物贮存污染控制一般要求,该标准明确规定:

（1）所有危险废物产生者和危险废物经营者应建造专用的危险废物贮存设施,也可利用原有构筑物改建成废物贮存设施。

（2）在常温常压下易爆、易燃及排出有毒气体的危险废物必须进行预处理,使之稳定后贮存,否则,按易燃、易爆危险品贮存。

（3）在常温常压下不水解、不挥发的固体危险废物可在贮存设施内分别堆放。

（4）除(3)规定外,必须将危险废物装入容器内。

（5）禁止将不相容(相互反应)的危险废物在同一容器内混装。

（6）无法装入常用容器的危险废物可用防漏胶袋等盛装。

　　(7) 装载液体、半固体危险废物的容器内须留足够空间，容器顶部与液体表面之间保留 100 mm 以上的空间。

　　(8) 医院产生的临床废物，必须当日消毒，消毒后装入容器。常温下贮存器不得超过 1 天，于 5 ℃以下冷藏的，不得超过 7 天。

　　(9) 盛装危险废物的容器上必须粘贴符合本标准附录 A 所示的标签。

　　(10) 危险废物贮存设施在施工前应做环境影响评价。

7.3.2　危险废物贮存容器要求

对于危险废物贮存容器，该标准有如下规定：

　　(1) 应当使用符合标准的容器盛装危险废物。

　　(2) 装载危险废物的容器及其材质要满足相应的强度要求。

　　(3) 装载危险废物的容器必须完好无损。

　　(4) 盛装危险废物的容器材质和衬里要与危险废物相容(不相互反应)。

　　(5) 液体危险废物可注入开孔直径不超过 70 mm 并有放气孔的桶中。

7.3.3　危险废物贮存相关要求

《危险废物贮存污染控制标准》(GB18597—2001)对于危险废物集中贮存设施的选址，危险废物贮存设施(仓库式)的设计原则、危险废物的堆放、危险废物贮存设施的运行与管理，危险废物贮存设施的安全防护与监测，危险废物贮存设施的关闭等方面有明确的规定。

7.3.4　危险废物标签

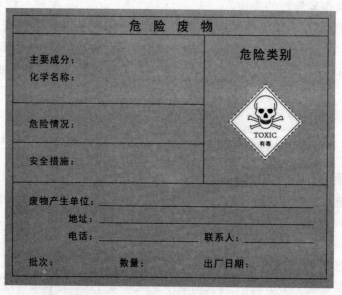

图 7-1　危险废物标签：M 1:1，字体为黑体字，底色为醒目的桔黄色

7.3.5　危险废物标志种类

表 7-1　危险废物标志种类（GB 18597—2001）

危险分类	符号	危险分类	符号
Explosive 爆炸性	 黑色字橙色底	Toxic 有毒	
Flammable 易燃	 黑色字红色底	Harmful 有害	
Oxidizing 助燃	 黑色字黄色底	Corrisive 腐蚀性	
Irrirant 刺激性		Asbestos 石棉	

表 7-2　不同危险废物种类与一般容器的化学相容性

	容器或衬垫的材料							
	高密度聚乙烯	聚丙烯	聚氯乙烯	聚四氟乙烯	软碳钢	不锈钢		
						$OCr_{18}Ni_9$ (GB)	$M_{03}Ti$ (GB)	$9Cr_{18}M_0V$ (GB)
酸(非氧化)如硼酸、盐酸	R	R	A	R	N	*	*	*
酸(氧化)如硝酸	R	N	N	R	N	R	R	*
碱	R	R	A	R	N	R	*	R

（续表）

	容器或衬垫的材料							
	高密度聚乙烯	聚丙烯	聚氯乙烯	聚四氟乙烯	软碳钢	不锈钢		
						$OCr_{18}Ni_9$(GB)	$M_{03}Ti$(GB)	$9Cr_{18}M_0V$(GB)
铬或非铬氧化剂	R	A*	A*	R	N	A	A	*
废氰化物	R	R	R	A*-N	N	N	N	N
卤化或非卤化溶剂	*	N	N	*	A*	A	A	A
金属盐酸液	R	A*	A*	R	A*	A*	A*	A*
金属淤泥	R	R	R	R	R	*	R	*
混合有机化合物	R	N	N	A	R	R	R	R
油腻废物	R	R	R	A	A*	R	R	R
有机淤泥	R	N	N	A	R	*	R	*
废漆油（原於溶剂）	R	R	R	R	R	R	R	R
酚及其衍生物	R	A*	A*	R	N	A*	A*	A*
聚合前驱物及产生的废物	R	N	N	*	R	*	*	*
皮革废物（铬鞣溶剂）	R	R	R	R	N	*	R	*
废催化剂	R	*	*	A*	A*	A*	A*	A*

A:可接受；N:不建议使用；R:建议使用。 * :因变异性质,请参阅个别化学品的安全资料。

表 7-3　部分不相容的危险废物

不相容危险废物		混合时会产生的危险
甲	乙	
氰化物	酸类、非氧化	产生氰化氢、吸入少量可能会致命
次氯酸盐	酸类、非氧化	产生氯气,吸入可能会致命
铜、铬及多种重金属	酸类、氧化,如硝酸	产生二氧化氮、亚硝酸盐,引致刺激眼目及烧伤皮肤
强酸	强碱	可能引起爆炸性的反应及产生热能
铵盐	强碱	产生氨气,吸入会刺激眼目及呼吸道
氧化剂	还原剂	可能引起强烈及爆炸性的反应及产生热能

表 7-4　一些危险废物的危险分类

废物种类	危险分类
废酸类	刺激性/腐蚀性（视其强度而定）
废碱类	刺激性/腐蚀性（视其强度而定）
废溶剂如乙醇、甲苯	易燃

（续表）

废物种类	危险分类
卤化溶剂	有毒
油—水混合物	有害
氰化物溶液	有毒
酸及重金属混合物	有害/刺激性
重金属	有害
含六价铬的溶液	刺激性
石棉	石棉

危险废物标签上还应该根据不同情况标上危险用语，在同时出现的危险情况时要在标签上注明参考危险用语以及提示性安全用语等。

7.4　实验室危险化学品废弃物管理

随着化学品的大量使用而产生的有害废弃物，对人类健康和地球环境造成的危害日趋严重，引起了人们的强烈反应。在高校实验室管理中，如何有效地控制有害废弃物的产生，加强对有害废弃物的严格管理，对所产生的有害实验废弃物进行妥善的无害化处置，是各高校面临的严峻问题。许多发达国家的高校对实验室有害废弃物从产生→收集→运输→储存→处理→利用和最终无害化处理的方面做得比较规范，而国内高校在这方面起步不久，还有大量的工作要做。

有害废弃物是指由于它们的化学反应性、毒性、易燃易爆性、腐蚀性和其他特性能引起或可能引起对人类健康或环境危害的废物。化学品有害废物是指化工生产或实验过程产生的有害废物，包括：① 进行合成、分解等化学反应时，产生的不合格产品（包括中间产品）、副产品、失效催化剂、废添加剂、未反应的原料及原料中夹带的杂质等直接从反应装置排出或在产品精制、分离、洗涤时，由相应装置排出的有害废物。② 空气污染控制设施排出的粉尘和废水处理设施产生的污泥。③ 设备检修和事故泄漏产生的有害废物以及报废的旧设备、化学容器和工业垃圾等。

危险化学品废弃物是在人们的物质生产、储存、运输、经营、使用过程中以及生活、工作中直接或间接产生各种具有或可能会产生危险化学品成分的废弃物质。危险化学品废弃物不但具有可燃性、腐蚀性、反应性、传染性、放射性以及浸出毒性、急性毒性等直接危害性，还会在土壤、水体、大气等自然环境中迁移、滞留、转化，进而污染土壤、水体、大气等人类赖以生存的生态环境，甚至可能在外界环境的作用下，发生物理、化学转化产生新的危险特性。因此，危险化学品废弃物安全处理是危险化学品安全管理和安全技术中不可忽视的重要环节。

对于危险化学品废弃物的安全处置，其总的原则是减量化、资源化和无害化。

（1）减量化。指通过科学的手段来减少危险化学品废弃物的数量和容积，从源头上控制危险化学品废弃物的产生。危险化学品废弃物减量化不仅适用于任何产生危险化学品废弃物的工艺过程,也适用于高校的教学科研工作,如进行微量实验等。

（2）资源化。指采用合适的工艺技术,从危险化学品废弃物中回收可再次利用的物质和资源。资源化要求对已产生的危险化学品废弃物应该首先考虑加以回收利用,减少后续处置的负担,回收利用过程应严格按照国家和地方有关规定的要求,避免产生二次污染;化工工艺实验室产生的危险化学品废弃物,应积极推行工艺系统内的回收利用;工艺系统内无法回收利用的危险化学品废弃物,通过系统外的危险化学品废弃物交换、物质转化、再加工、能量转化等措施实行回收利用。对于一般实验室产生的大量有机废溶剂,应该根据废溶剂的主要成分,采取有效方法加以回收利用,实现资源化。

（3）无害化。指将不能资源化利用的危险化学品废弃物通过一种或多种物理、化学、生物等手段进行最终处置,将危险化学品废弃物中对人体健康或环境有害的物质分解为无害或毒性较小的化学形态,从而达到不损害人体健康、不污染周围自然环境的目的。

7.5　化学实验废弃物的分类收集与无害化处理

7.5.1　化学实验废弃物的分类

根据危险化学品废弃物的直接危害特性,化学实验废弃物可分为可燃性废物、腐蚀性废物、反应性废物和毒性废物等类别,详见本章7.2所述。

化学和化工实验产生的废弃物按照其存在状态可分为固体废弃物、液体废弃物和气体废弃物三类。

固体废弃物分为有害和无害两种。有害固体废弃物指的是存在一定安全隐患的有毒、有害固体废试剂、残渣等;无害固体废弃物指的是无害的固体实验室垃圾及空试剂瓶等。

液体废弃物分为有机和无机液体废弃物两种。有机液体废弃物主要包括有机废溶剂、废试剂;无机液体废弃物主要有无机重金属溶液、无机酸、碱溶液等。

气体废弃物是指在化学实验过程中产生的有机、无机有害气体,特别是对人体有强烈刺激作用的有害气体。

7.5.2　化学实验废弃物的分类收集

化学和化工实验产生的废弃物以及过期不再使用的危险化学品不能随意丢弃或排放,也不得随意掩埋化学固态、液态废弃物,必须严格按照规范程序将各类废弃物进行分类收集、存放和规范、妥善处理。收集容器的选用原则就是应该与危险废物的性质相匹配,危险废物有各自的性质,如有的废液酸碱腐蚀性大,此时的收集容器应强调防腐功能;有的固体危险废物是各种带水的残渣,此时也应强调防腐、防渗漏功能;对于有的废弃物应用密闭容器保存。在各容器上用标签标明废弃物名称、数量,各种容器都应防渗防漏。

1. 固体废弃物

（1）无害固体废弃物:实验室垃圾不得丢弃于实验楼走廊内,必须用垃圾袋或垃圾桶存放于各个实验室内。当达到一定量时,由值日人员丢弃到指定的地方,由学校统一组织处理。废空玻璃试剂瓶不得乱扔乱放,必须存放于各个实验室内,由实验员或学生送到废弃物收集站集中存放,不得与生活垃圾混放。

(2) 有害固体废弃物:这类化学固体废物主要是化学实验中产生的产物及吸附危险化学物质的其他固体等。产生这些固体废物后应及时装入容器,贴好标签,并做详细的记录,送废弃物收集站存放。积存到一定量时及时联系相关单位进行统一处理。

(3) 过期或由于其他原因不再使用的废弃试剂应原瓶存放,保持原有标签。积存到一定量时应及时联系相关单位进行统一处理。对于废弃剧毒试剂,还应醒目地标注其为废弃剧毒试剂,单独按公安部门剧毒品处理规范专门处理。

2. 液态废弃物

化学废液可按含卤有机废液、一般有机废液和一般无机废液三类进行收集处置。

(1) 收集一般化学废液时,应详细记录不同时间倒入废液收集桶内化学废液的主要化学成分。废液收集容器上必须清楚地贴上标签,标签上至少要标明废物名称、倒入的时间、数量、倾倒人的姓名和联系方式。倒入废液前应仔细查看该收集桶的记录,以确认倒入后不会与桶中已有的化学物质发生异常的反应(如产生有毒挥发性气体、剧烈放热等)。如有可能发生异常反应,则应单独暂存于其他容器中,并贴上标签,做好记录。

(2) 一般化学废液收集桶中的废液不应超过容器最大容量的 80%,桶上粘贴废液记录表。当废液收集到一定量时,联系相关单位,统一处理。

(3) 实验室产生的不同种类的剧毒废液,能进行无害化处理的先进行无害化处理,无法处理的应分别暂存在单独的容器中并做详细的记录,不能将几种剧毒废液混装在一个容器中。积存到一定量时应及时联系相关单位进行统一处理。

(4) 有机液体废弃物:不得将有机废溶剂、废试剂等直接倒入下水道进行排放,须按照"碳氢化合物"、"卤代烃"等进行分类,分别存放于专门的有机废液桶中,联系相关单位进行统一处理。

(5) 无机液体废弃物:不得将含无机重金属的无机废液直接通过下水道进行排放,须存放于专门的废液桶中,送有资质的单位进行统一处理。少量无机废酸液用碱中和达标后,可直接排放。

(6) 一般化学废液的收集应使用专用塑料收集桶收集,桶口应密封良好,不能使用敞口或有破损的容器。收集废液后应随时盖紧盖子,存放于实验室阴凉并远离热源、火源的位置,不能放在易被碰倒的地方。

(7) 实验室产生的不同种类的剧毒废液,首先应进行无害化处理,无法处理的应分别暂存在单独的容器中并做详细的记录,不能将几种剧毒废液混装在一个容器中。

3. 气体废弃物

凡是有气体产生的实验都须在通风橱中进行,对产生大量有害气体的实验必须进行必要的吸收处理或采取防护措施。产生毒气量大的实验必须安装吸收处理装置,如 NO_2、SO_2、Cl_2、H_2S、HF 等,可先将其通过碱液吸收装置后排放;一氧化碳可通过燃烧转化为二氧化碳后排放。另外,可以用活性炭、活性氧化铝、硅胶、分子筛等固体吸附剂来吸附废气中的污染物。

　　钢瓶装的压缩化学气体(如液氯)拟废弃时,应向相关部门申报,请相关单位有资质专业人员进行处置,不得私自处理,不得转卖给废品回收站。

7.5.3　化学实验室废弃物的无害化处理

　　实验室经常产生一些有毒的气体、液体和固体废弃物,需要及时排弃,尤其是一些剧毒物质,如果直接排出就可能污染周围的环境,损害人体健康,还可能会造成严重的安全事故。因此实验室的废弃物要先经过无害化处理,达到排放标准后方可排弃。对于废弃物中有用的成分,应加以回收,变废为宝。

　　废液不得随意倒入下水道,应按照不同类别、不同成分处理后分类收集,交有资质的单位统一进行无害化处理。

　　(1) 将废酸(碱)液与废碱(酸)液中和至 pH=6～8 后排入废水池,如有沉淀物则要过滤,滤渣按照固体废物处理。

　　(2) 含氰废液。氰化物是剧毒物质,含氰废液必须认真处理。少量的含氰废液可加入硫酸亚铁使之转化为毒性较小的亚铁氰化钾。具体方法:在每 200 mL 的废液中加入 25 mL 20% 碳酸钠及 25 mL 5% 的硫酸亚铁溶液,搅匀,然后再转移入废液收集容器。

　　此外,含氰废液也可采用碱性氧化法或碱性氯化法处理。含氰量低时采用氧化法,即在废液中加入氢氧化钠调节 pH 至 10 以上,再加入高锰酸钾(以 0.3% 计)使氰根氧化分解。含氰量高时,则采用氯化法,以次氯酸钠为氧化剂使氰根离子氧化为氰酸盐,为一级氧化;然后调节 pH 为 6.5～7.1,继续加次氯酸钠,使氰酸盐氧化为无毒的二氧化碳和氮气直接排放,为二级反应。因为废水中往往存在其他还原性物质 H_2S、Fe^{2+}、有机物类等物质,因此次氯酸钠的实际用量应高于理论值 5%～10%。

　　(3) 含汞盐废液:① 含汞盐废液应先调节至微碱性(pH=8～10)后,加适当过量的硫化钠生成硫化汞沉淀,并加硫酸亚铁生成硫化亚铁沉淀,从而吸附硫化汞共沉淀下来。静置后分离,再离心,过滤。清液含汞量可降到 0.02 mg/L 以下。残渣集中分类存放,统一处理。② 金属汞易挥发,并通过呼吸道进入人体,逐渐积累会引起慢性中毒。所以做金属汞实验应特别小心,不得将汞洒落在桌上或地上。一旦洒落,必须尽可能收集起来,并用硫磺粉(升华硫)覆盖在洒落的汞上,用鞋底研磨使汞与硫粉充分接触转化为不挥发的硫化汞。

　　(4) 含铬废液:废的铬酸洗液可用高锰酸钾氧化法使其再生,重复使用。稀的含铬废液则可用铁屑还原残留的六价铬,再用废碱液或石灰中和使其生成低毒的氢氧化铬沉淀而集中分类处理。

　　(5) 含砷废液:含砷废液中可加入氧化钙,调节 pH 为 8,则生成砷酸钙和亚砷酸钙沉淀,而若有铁离子存在则可起共沉淀作用。

　　(6) 含重金属离子的废液:含重金属(如 Ca、Zn、Fe、Mn、Ni、Sb、Al、Co、Sn、Bi 等),最有效和经济的处理方法是加碱或加硫化钠将重金属离子转化为难溶性的氢氧化物或硫化物沉淀,过滤分离,滤渣按照固体废物处理。

　　(7) 含钡废液:在含钡废液中加入硫酸钠溶液,过滤分离,滤渣按照固体废物处理。

　　(8) 含氟废液:可在其中加入石灰生成氟化钙沉淀,以废渣处理。

（9）有机废液：在教学和科研过程中，应培养学生良好的实验习惯和实验操作能力，强化环境保护意识，有回收价值的溶剂应蒸馏回收再使用。无回收价值的废液应分类收集后统一做无害化处理。当废液中含过氧化物时，先用硫酸亚铁等除去过氧化物，以免发生爆炸危险。

固体废弃物绝不能和生活垃圾混在一起，应该分类收集，有回收价值的应该统一加以回收利用。少量无回收价值的固体废弃物也应该分类收集，再根据其性质进行处理。无毒的废渣可以直接掩埋。

（1）钠、钾碎屑及碱金属、碱土金属、氢化物放入四氢呋喃中，在搅拌的情况下慢慢滴加乙醇或异丙醇至不再放出氢气为止，慢慢加水至澄清后按废水处理。

（2）硼氢化钠（钾）用甲醇溶解后用水充分稀释，再加酸并放置，此时有剧毒的硼烷产生，所以要在通风橱中进行，废弃液用水稀释后按废水处理。

（3）酰氯、酸酐、三氯化磷、五氯化磷、氯化亚砜在搅拌下加入大量的水反应或稀释（对于五氯化磷还需碱中和）后按废水处理。

（4）沾有铁、钴、镍、铜催化剂的废纸、废塑料干后易燃，不能随意丢入垃圾桶，应在未干时深埋。

（5）重金属及其难溶的盐应该尽量回收，不能回收的集中收集后交有资质的单位统一进行无害化处理。

（6）碎玻璃、针头等锋利的废弃物应采用单独的容器收集处理。

所有分类收集的实验废弃物，应严格按照国家的要求，送有资质的环保企业进行无害化处理。

第8章 化学实验室一般事故的应急救援

实验室安全对每个师生员工都至关重要。由于化学实验室涉及的化学药品种类繁多,各类仪器设备面广量大,因而与其他学科实验室相比,更容易发生安全事故。一旦发生意外事故,实验室工作者必须在第一时间进行紧急处置,以避免事故的蔓延,从而减少对师生人身伤害和学校财产损失。每个高校、每个学院都应制定切实可行的应急救援预案,各个实验室应根据教学科研实际情况制定详细的应急预案。在实验室工作的每个人员都应掌握一定的急救知识和救援方法。

8.1 实验室常见安全事故的类型和成因

实验室安全事故是指因种种不安定因素在实验室引发的,与人们的愿望相违背,使实验操作发生阻碍、失控、暂时或永久停止,并造成人员伤害或财产损失的意外事故。

按照造成事故的原因以及人身伤害优先考虑的原则,实验室安全事故的分类可分为火灾事故、爆炸事故、辐射事故、生物安全事故、化学品毒害事故、机电伤人事故、环境污染事故、设备损坏事故、设备或技术被盗事故、漏水事故、气体泄漏事故等。

8.1.1 火灾事故

火灾事故的发生具有普遍性,几乎所有的实验室都可能发生。高校实验室火灾事故发生率仅次于学生宿舍火灾,居第二位。实验室火灾事故的类型主要有:

1. 电气火灾

即由于电气设备使用不当引起的火灾。造成这类事故的主要原因是操作人员用电不慎或操作不当,致使电气设备引发火灾事故;供电线路老化,超负荷运行,导致线路发热,引发火灾;接头接触不良、保险丝选用不当、发热用电器使用时被可燃物覆盖或可燃物靠近发热体所引发的火灾;忘记关电源,或在实验过程中,人离开实验室的时间较长,致使设备或电器通电时间过长,温度升高引发火灾;高电压实验室电器设备发生火花或电弧、静电放电产生火花等引发火灾。电气类火灾,如烘箱温度控制器失灵导致烘箱内被烘物品起火引发火灾。

2. 化学药品引发的火灾

即由于化学药品的使用或者保存不当引起的火灾。如危险化学品中的自燃品、遇水燃烧品、遇空气燃烧品、易燃气体、易燃液体、易燃固体、强氧化剂等保存或操作不当均可能引发火灾。

3. 其他火灾

对火源管理不善,违章用火,乱扔烟头,接触易燃物质,引起火灾。

8.1.2　爆炸事故

爆炸是指一个物质从一种状态转化为另一种状态,并在瞬间以机械功的形式放出大量能量的过程。爆炸现象一般具有以下特征:① 爆炸过程进行得很快;② 爆炸点附近的瞬间压力急剧升高;③ 发出响声;④ 周围介质发生震动或物质遭到破坏。

按照物质发生爆炸的原因和性质不同,可将爆炸分为化学爆炸、物理爆炸、核爆炸三类。实验室常见的爆炸事故主要为前两类。

1. 化学爆炸

化学爆炸是由于物质发生高速放热的化学反应,产生大量气体并急剧膨胀做功而形成的爆炸现象。化学爆炸前后,物质的性质和成分均发生根本的变化。化学爆炸必须同时具备以下三种条件:① 存在易燃易爆气体或蒸气,且达到爆炸极限;② 存在助燃物;③ 存在点火源。对易燃易爆物品处理不当,导致燃烧爆炸。如三硝基甲苯、叠氮化物等受到高热摩擦、撞击、震动等外来因素的作用或其他性能相抵触的物质接触,就会发生剧烈的化学反应,产生大量的气体和高热,引起爆炸;强氧化剂与性质有抵触的物质混存能引起燃烧和爆炸;因粗心大意看错标签、加错药品导致反应失控而爆炸等。

2. 物理爆炸

由于物质的物理变化(如温度、压力、体积等变化)引起的爆炸称为物理爆炸。这种爆炸是物质因状态或压力发生突变等物理变化而形成的。例如:容器内液体过热、气化而引起的爆炸,锅炉爆炸,压缩气体、液化气体超压引起的爆炸等都属于物理爆炸。物理爆炸前后,物质的化学成分及性质均无变化。

爆炸事故多发生在具有易燃易爆物品和压力容器的实验室。酿成事故的主要原因有:① 违反操作规程,引燃易燃物品,进而导致爆炸;② 易燃气体在空气中泄漏到一定浓度时遇明火发生爆炸;③ 压力气瓶遇高温或强烈碰撞引起爆炸,高压反应锅等压力容器操作不当引发爆炸等;④ 粉尘爆炸。

8.1.3　辐射事故

辐射是指以电磁波和粒子向外传递的能量。看不见,摸不着。辐射包括电离辐射和非电离辐射。对于电离辐射来讲,辐射事故是指放射源丢失、被盗、失控,或者放射性同位素和射线装置失控导致人员受到意外的异常照射。对于非电离辐射来讲,危害人体机理主要是热效应、非热效应和累积效应;损伤程度与电磁波的波长和功率有关。辐射造成人体的伤害主要有:① 短时间大剂量的照射会导致人体组织、器官的损伤或病变;② 长时间低剂量的照射有可能产生遗传效应。

8.1.4　生物安全事故

实验室生物安全包括操作人员自身的安全,实验室内其他人员的安全,对环境的安全和对实验动物的安全几个方面,其中对环境的安全影响最广泛。生物安全事故是指在对动物、植物、微生物等生物体的研究中,由于病原体或者毒素的丢失、泛用、转移而引发的对人类健康和自然环境所可能造成的不安全事故。如微生物实验室管理上的疏漏和意外事故不仅可以导致实验室工作人员的感染,也可造成环境污染和大面积人群感染;各类转基因生物体向环境释放后对生物多样性、生态环境和人体健康可能产生的潜在危害;生化实验室产生的废物甚至比化学实验室的更危险,生物废弃物含有传染性的病菌、病毒、化学污染物及放射性有害物质,对人类健康和环境污染都可能构成极大的危害。因此生物安全事故具有高度侵袭性、传染性、转移性、致病性和破坏性,对人、动物构成严重威胁。

8.1.5　机电伤人和烫/冻伤事故

这类事故多发生在高速旋转或冲击运动的机械实验室,或者是带电作业的电气实验室和一些高温、低温实验室。分为机械伤人事故、电击事故和烫/冻伤事故。

机械伤人事故基本类型有:卷绕和绞缠;卷入和碾压;挤压、剪切和冲撞;飞出物打击;物体坠落打击;切割、戳扎、擦伤和碰撞;跌倒、坠落和磕碰等。

电击伤人事故。电击是电流通过人体内部,破坏人的心脏、神经系统、肺部的正常工作造成的伤害。电击事故主要包括以下几种:① 触电:人体触及带电的导线、漏电设备的外壳或其他带电体所导致的电击,称为触电,包括直接接触触电、间接接触触电、跨步电压触电、剩余电荷触电、感应电压触电、静电触电等;② 雷电触电:雷电放电具有电流大、电压高、陡度高、放电时间短、温度高的特点,释放的能量可形成极大的破坏力;③ 电气线路或设备事故:电气线路或设备的故障可能发展成为事故,并可能危及人身安全。

烫/冻伤事故。指实验室高温部件、高温气体、高温液体使用不慎造成的烫伤事故或者液氮等超低温液体和干冰等造成的冻伤事故。

造成机电伤人事故的主要原因是:① 操作不当或缺少防护,造成挤压、甩脱和碰撞伤人;② 违反操作规程或因设备设施老化而存在故障和缺陷,造成漏电触电和电弧火花伤人;③ 使用不当造成高温气体、液体或者超低温液体、固体对人的伤害。

8.1.6　危险化学品人身伤害事故

很多实验室往往需要使用各种各样的化学试剂,有些化学试剂是有毒有害的,有些甚至是剧毒的。实验人员在使用化学试剂时如不了解化学试剂的性质,错误操作导致事故发生;化学药品配制、使用不当引起爆炸或者液体飞溅而伤害人体。有些化学药品易燃易爆,或具有腐蚀性,或有毒害性,或者是致癌物质,事故轻者损伤皮肤,重者烧毁皮肤,损伤眼睛和呼吸道,甚至损伤人的内脏和神经等。

某些实验室需要经常使用和接触一些剧毒药品,如果摄入微量剧毒品,将引起人的机体功能发生障碍,可致残甚至危及生命。腐蚀品灼伤事故,如实验室常使用的酸、碱类试剂,对人体有腐蚀作用,使人体细胞受到破坏造成化学灼伤。眼睛灼伤也很常见,大多数有毒有害化学物品接触眼睛,一般都会对眼睛造成伤害,引起眼睛发痒、流泪、发炎疼痛,有灼伤感,甚至引起视力模糊或失明。

纳米材料目前在很多实验室广泛使用,纳米材料的毒性和安全性各国正在研究和评估中,它可能会对环境和人体健康带来不利影响,在实验操作中应该加强防范,在不清楚其毒性前按照有毒物质对待处理。

酿成这类事故的主要原因是:违反操作规程,将食物带进有毒物的实验室,造成误食中毒;设备设施老化,存在故障或缺陷,造成有毒物质泄漏或有毒气体排放不出,酿成中毒;管理不善,造成有毒物质散落流失。这类事故多发生在具有化学试剂和剧毒物质的实验室和具有毒气排放的实验室。

8.1.7　环境污染事故

有毒有害的化学、生物废液、实验废弃物如果不能有效回收和恰当处置,就可能会污染环境。环境污染事故是指因违规操作或者意外因素的影响或不可抗拒的自然灾害等原因使水体、土壤和空气受到有毒有害物质污染,人体健康受到危害,社会经济与人民财产受到损失,造成不良社会影响的突发性事件。包括水体污染事故、大气污染事故、固体废物污染事故、农药与有毒化学品污染事故、放射线污染事故等。这类事故的主要表现是:① 实验产生的废液、废弃物不能有效回收和恰当处置则可能污染大气、土壤、地下水等;② 随意倾倒废液或乱扔废弃物不仅会污染环境,而且会伤及无辜。

8.1.8　设备损坏事故

此类事故是指在实验室内发生了仪器设备的损坏。仪器设备损坏主要有客观原因和人为原因两大类。客观原因主要是突然停电(线路故障、雷击等)、自然灾害等造成设备损坏;人为原因主要是由于实验人员操作不当,违反操作规程,缺少防护措施或者保护装置,造成设备的损坏,有时还伴有人员伤害。发生设备损坏事故将影响教学和科研工作的顺利进行,给学校造成损失。

8.1.9　设备和技术被盗事故

此类事故是由于实验室人员流动性大,设备和技术管理难度大,实验室管理不到位,实验室人员安全意识淡薄,让犯罪分子有机可乘。特别是像计算机等体积小又有广泛使用功能的设备被盗情况,在高校时有发生,事故不仅造成实验室的财产损失,影响实验室的正常工作,甚至可能造成核心技术和资料的外泄。

8.1.10　跑水事故

漏水事故大多数是因为水龙头年久失修、水管老化爆裂、实验结束后忘记关闭冷凝水、冷凝水软管固定不牢中途脱落、下水道被杂物堵死等,造成实验室地面积水,严重的可能会造成同层楼面多个房间受淹,或者从楼上漏到楼下甚至影响几层楼面。地面积水有可能会损坏电器设备,会引发漏电、触电事故;漏到遇水燃烧品会引发火灾;漏到楼下的计算机、大型精密仪器上会使这些仪器设备受到损坏。

8.1.11　气体泄漏事故

在使用可燃性气体如氢气、天然气、液化石油气时,实验过程中应该一直开启排风扇或通风设备,必要时要开门窗通风,这样即使有气体泄漏也不会大量积累而引发严重事故。工作中如果闻到明显的“煤气臭味”,这通常是管道中的燃气(天然气或者液化石油气)发生了泄漏,应及时报告老师,关闭气体阀门,打开实验室门窗通风,仔细查看是否有煤气灯橡皮管破损、脱落或者煤气开关关闭不到位。如果在较密闭的环境中有可燃性气体泄漏,则不能马上开(或关)电器开关,也不能打开排风扇或通风橱开关,以避免产生电火花,应该立即打开门窗通风透气,让气体散逸出去,因为达到一定浓度的混合气体遇到火花会发生爆炸。

专业实验室和科研实验室中常常使用气体钢瓶,装有多种有毒气体如氯气、氨气、二氧化氮、硫化氢、一氧化碳等,当阀门损坏或者管道连接不牢时可能发生泄漏。因此使用危险气体的实验室应安装气体泄漏报警仪,确保安全。多功能的气体泄漏报警仪根据不同的气体采用不同的探头,可以检测如氢气、氧气、一氧化碳、硫化氢、氨气、氯气、氯化氢、二氧化硫、磷化氢、卤素气体、氰化氢、可燃气等的浓度并具报警功能。气体检测报警器的安装位置应靠近释放源并符合相关规范要求。

8.2　化学品中毒事故的应急处理

8.2.1　化学品毒性分级

毒性(toxicity)又称生物有害性,一般是指外源化学物质与生命机体接触或进入生物活体体内的易感部位后,能引起直接或间接损害作用的相对能力,或简称为损伤生物体的能力。化学品的毒性常用"半致死量"来表示。LC_{50} 是在动物急性毒性试验中,使受试动物半数死亡的毒物浓度。LD_{50} 就是某毒性物质使受试生物死亡一半所需的绝对剂量。某些侵入人体的少量物质引起局部刺激或整个机体功能障碍的任何疾病称为中毒。根据《职业性接触毒物危害程度分级》GBZ 230—2010,毒物的半致死剂量(或半致死浓度)、急性与慢性中毒的状况与后果、致癌性、工作场所最高允许浓度等指标全面权衡,将我国常见的 56 种毒物的危害程度分为四级即轻度危害(Ⅳ级)、中度危害(Ⅲ级)、高度危害(Ⅱ级)、极度危害(Ⅰ级)。毒物危害程度分级依据见表 8-1。

表 8-1　毒物危害程度分级

项　目		分　级			
		Ⅰ(极度危害)	Ⅱ(高度危害)	Ⅲ(中度危害)	Ⅳ(轻度危害)
急性毒性	吸入 LC_{50}(mg/m³)	<200	200~	2 000~	>20 000
	经皮 LD_{50}(mg/kg)	<100	100~	500~	>2 500
	经口 LD_{50}(mg/kg)	<25	25~	500~	>5 000
急性中毒发病情况		生产中易发生中毒,后果严重	生产中可发生中毒,预后良好	偶可发生中毒	迄今未见急性中毒,但有急性影响
慢性中毒患病情况		患病率高(≥20%)	患病率较高(<5%)或症状发生率高(≥20%)	偶有中毒病例发生或症状发生率较高(≥10%)	无慢性中毒而有慢性影响

（续表）

项　目	分　级			
	Ⅰ（极度危害）	Ⅱ（高度危害）	Ⅲ（中度危害）	Ⅳ（轻度危害）
慢性中毒后果	脱离接触后继续进展或不能治愈	脱离接触后可基本治愈	脱离接触后可恢复，不致严重后果	脱离接触后自行恢复，无不良后果
致癌性	人体致癌物	可疑人体致癌物	实验动物致癌物	无致癌性
最高容许浓度 mg/m³	<0.1	0.1～	1.0～	>10

8.2.2　常见毒物的危害程度级别

我国对职业性接触毒物危害程度分级制定了国家标准（GB5044），并将 56 种常见毒性化学品的危害程度分为四级。常见毒物的危害程度级别见表 8-2。

表 8-2　毒物危害程度级别

级　别	毒物名称
Ⅰ（极度危害）	汞及其化合物、苯、砷及其无机化合物（非致癌的除外）、氯乙烯、铬酸盐与重铬酸盐、黄磷、铍及其化合物、对硫磷、羟基镍、八氟异丁烯、氯甲醚、锰及其无机化合物、氰化物
Ⅱ（高度危害）	三硝基甲苯、铅及其化合物、二硫化碳、氯、丙烯腈、四氯化碳、硫化氢、甲醛、苯胺、氟化氢、五氯酚及其钠盐、铬及其化合物、敌百虫、钒及其化合物、溴甲烷、硫酸二甲酯、金属镍、甲苯二异氰酸酯、环氧氯丙烷、砷化氢、敌敌畏、光气、氯丁二烯、一氧化碳、硝基苯
Ⅲ（中度危害）	苯乙烯、甲醇、硝酸、硫酸、盐酸甲苯、三甲苯、三氯乙烯、二甲基甲酰胺、六氟丙烯、苯酚、氮氧化物
Ⅳ（轻度危害）	溶剂汽油、丙酮、氢氧化钠、四氟乙烯、氨

8.2.3　化学品造成人体中毒的途径

化学品侵入人体的途径有以下四种：① 经呼吸道、肺吸入中毒。呼吸道、肺吸入是化学泄漏事故引起中毒最危险、最常见、最主要的途径。② 通过皮肤渗透、吸收中毒。化学毒物可通过表皮、毛孔、汗腺等管道渗透进入人体，这类事故比较常见。③ 经消化道中毒。有毒物质直接污染水源或食物，经过消化道进入人体后引起中毒。④ 锐器意外刺破皮肤造成毒性物质进入体内。

有毒化学品引起人体中毒跟剂量有关，剂量与相对毒性、浓度和接触时间三个因素有关。

1. 经呼吸道、肺吸入

这是最主要、最常见的途径。在化学实验过程中，如果发生有毒气体泄漏，或者实验环境通风不良，有毒化学药品可能以气体、蒸气等形态被吸入呼吸道。毒物能否随吸入的空气进入肺泡，并被肺泡吸收，与毒物的粒子大小及水溶性有很大的关系：当毒物呈气体、蒸气、烟等形态时,由于粒子很小,一般在 3 um 以下,故易于到达肺泡。而那些大于 5 um 以上的雾和粉尘,在进入呼吸道时,绝大部分被鼻腔和上呼吸道所阻留,且通过呼吸道时,易被上呼吸道的黏液所溶解而不易到达肺泡。当毒物到达肺泡后,水溶性大的毒物,经肺泡吸收的速度就快些;同样,粒子小的毒物,因较易溶解,经肺泡吸收也较快。毒物被肺泡吸收后,不经肝脏的解毒作用而直接进入血循环,分布到全身,产生毒作用,所以有更大的危险性。

2. 经皮肤进入

皮肤吸收毒物主要通过两条途径,即通过表皮屏障及通过毛囊进入,在个别情况下,也可通过汗腺导管进入。由于表皮角质层下的表皮细胞膜富有磷脂,故对非脂溶性物质具有屏障作用,表皮与真皮连接处的基膜也有类似作用。脂溶性物质虽能透过此屏障,但除非同时具有一定的水溶性,否则也不易被血液所吸收。毒物经皮肤进入机体的第二条途径是绕过表皮屏障,通过毛囊直接透过皮脂腺细胞和毛囊壁进入真皮乳头毛细管而被血液吸收。有些毒物,能同时经表皮和毛囊进入皮肤。经皮肤侵入的毒物,吸收后也不经肝脏的解毒作用,而直接随血液循环分布全身。

此外,锐器意外刺破皮肤造成毒性物质进入体内。这种情况多是由于操作不当,实验时不注意个体防护装备的正确使用而导致。因此在实验时一定要佩戴合适的个体防护装备,集中精力,规范操作。

3. 经消化道进入

在化学实验室发生化学品经消化道进入人体的情况,多是由不良卫生习惯造成误食,如违反规定在实验室进食或饮水,则可能导致误食;或毒物由呼吸道侵入人体,一部分黏附在鼻咽部,混于其分泌物中,无意被吞入。有毒化学品进入消化道后,大多随粪便排出,其中一部分在小肠内被吸收,经肝脏解毒转化后被排出,只有一小部分进入血液循环系统。

8.2.4 化学品中毒应急处理办法

大多数化学药品都具有一定的毒性。一旦发生中毒事故,应按照如下方法处理:

1. 误食

(1) 化学药品溅入口中尚未咽下者,应立即吐出,用大量清水漱口,冲洗口腔;如已吞下,应先用手指或筷子等压住舌根部催吐,然后根据毒物的性质给予合适的解毒剂。或者将 $5\sim10$ mL 5%的稀硫酸铜溶液加入一杯温水中,内服后用手指伸入咽喉部,促使呕吐,吐出毒物后立即送医院。

(2) 腐蚀性毒物中毒:对于强酸,先饮用大量水,然后服用氢氧化铝膏、鸡蛋清;对于强碱,应先饮用大量水,然后再服用稀的食醋、酸果汁、鸡蛋清。不论酸或碱中毒,都应再给予鲜牛奶灌注,不要服用呕吐剂。

(3) 刺激剂及神经性毒物中毒:先服用鲜牛奶或鸡蛋清使之立即冲淡和缓和,再用约 30 g 硫酸镁溶于一杯水中口服催吐,也可用手指伸入咽喉部催吐,然后立即送医院救治。

(4) 用毛巾或毯子盖在患者身上进行保温,避免从外部升温取暖。

2．吸入

（1）对吸入气体中毒者，立即将患者转移到空气新鲜通畅的地方，解开衣扣，放松身体。

（2）吸入氯气、氯化氢时，可立即吸入少量酒精和乙醚的混合蒸气以解毒。吸入少量氯气或溴蒸气者，可用碳酸氢钠溶液漱口。

（3）吸入硫化氢或一氧化碳而感到头晕不适时，应立即移到室外呼吸新鲜空气。

（4）呼吸能力减弱时，马上进行人工呼吸。但应注意：硫化氢、氯气、溴中毒不可进行人工呼吸，一氧化碳中毒不可使用兴奋剂。

3．解毒的一般原则

对于进入消化道的试剂首先要催吐，用手指或匙柄刺激舌根或喉部，吐出试剂。为延缓吸收速度，降低浓度，保护胃黏膜，应饮服如下物质：鲜牛奶、生鸡蛋清、面粉、淀粉、土豆泥悬浮液以及水。也可在没有上述东西时用 500 mL 蒸馏水加 50 g 活性炭，用前再加入 400 mL 蒸馏水充分湿润，分次少量吞服。

8.3　化学实验室一般事故的应急救援

8.3.1　常见有毒化学品的中毒症状和急救方法

了解毒物的性质、侵入人体的途径、中毒症状和急救方法，可以减少化学毒物引起的伤害。一旦发生中毒事故时，能争分夺秒地采取正确的自救措施，力求在毒物被身体吸收之前实施抢救，使毒物对人体的伤害降低到最小。表 8-3 是常见毒物进入人体的途径及中毒症状和救治方法。

表 8-3　常见毒物侵入人体的途径、中毒症状和救治方法

毒物名称	侵入途径	中毒症状	救治方法
氰化物或氢氰酸	呼吸道、皮肤	轻者刺激黏膜、喉头痉挛、瞳孔放大，重者呼吸不规则、逐渐昏迷、血压下降、口腔出血。	立即移出毒区，脱去衣服。可吸入含 5％ 二氧化碳的氧气，立即送医院。
氢氟酸或氟化物	呼吸道、皮肤	接触氟化氢气体可出现皮肤发痒、疼痛、湿疹和各种皮炎。主要作用于骨骼，深入皮下组织及血管时可引起化脓溃疡。吸入氟化氢气体后，气管粘膜受刺激可引起支气管炎症。	皮肤被灼伤时，先用水冲洗，再用 5％ 小苏打溶液洗，最后用甘油-氧化镁（2∶1）糊剂涂敷，或用冰冷的硫酸镁液洗，也可涂可的松油膏。
硝酸、盐酸、硫酸及氮氧化物	呼吸道、皮肤	三酸对皮肤和黏膜有刺激和腐蚀作用，能引起牙齿酸蚀病，一定数量的酸落到皮肤上即产生烧伤，且有强烈的疼痛。当吸入氧化氮时，强烈发作后可有 2～12 h 的暂时好转，继而继续恶化，虚弱者咳嗽更加严重。	吸入新鲜空气。皮肤灼伤时立即用大量水冲洗，或用稀苏打水冲洗。如有水泡出血，可涂红汞或紫药水。眼、鼻、咽喉受蒸气刺激时，也可用温水或 2％ 苏打水冲洗和含漱。

毒物名称	侵入途径	中毒症状	救治方法
砷及砷化物	呼吸道、消化道、皮肤、黏膜	急性中毒有胃肠型和神经型两种症状。大剂量中毒时,30～60 min 及感觉口内有金属味,口、咽和食道内有灼烧感、恶心呕吐、剧烈腹痛。呕吐物初呈米汤样,后带血。全身衰弱、剧烈头痛、口渴与腹泻,大便初期为米汤样,后带血。皮肤苍白、面绀,血压降低,脉弱而快,体温下降,最后死于心力衰竭。吸入大量砷化物蒸气时,产生头痛、痉挛、意识丧失、昏迷、呼吸和血管运动中枢麻痹等神经症状。	吸入砷化物蒸气的中毒者必须立即离开现场,使其吸入含 5％二氧化碳的氧气或新鲜空气。鼻咽部损害用 1％可卡因涂局部,含碘片或用 1％～2％苏打水含漱或灌洗。皮肤受损害时涂氧化锌或硼酸软膏,有浅表溃疡者应定期换药,防止化脓。专用解毒药(100 份密度为 1.43 的酸酸铁溶液,加入 300 份冷水,再用 20 份烧过的氧化镁和 300 份冷水制成的溶液稀释)用汤匙每 5 min 灌一次,直至停止呕吐。
汞及汞盐	呼吸道、消化道、皮肤	急性:严重口腔炎、口有金属味、恶心呕吐、腹痛、腹泻、大便血水样,患者常有虚脱、惊厥。尿中有蛋白和血细胞,严重时尿少或无尿,最后因尿毒症死亡。慢性:损害消化系统和神经系统。口有金属味,齿龈及口唇处有硫化汞的黑淋巴腺及唾腺肿大等症状。神经症状由嗜睡、头疼、记忆力减退、手指和舌头出现轻微震颤等。	急性中毒早期是用饱和碳酸氢钠溶液洗胃,或立即给饮浓茶、牛奶、吃生鸡蛋清和蓖麻油。立即送医院救治。
铅及铅化合物	呼吸道、消化道	急性:口腔内有甜金属味、口腔炎、食道和腹腔疼痛、呕吐、流眼泪、便秘等;慢性:贫血、肢体麻痹瘫痪及各种精神症状。	急性中毒时用硫酸钠或硫酸镁灌肠。送医院治疗。
三氯甲烷(氯仿)	呼吸道	长期接触可发生消化障碍、精神不安和失眠等症状。	重症中毒患者使呼吸新鲜空气,向颜面喷冷水,按摩四肢,进行人工呼吸。包裹身体保暖并送医院救治。
苯及其同系物	呼吸道、皮肤	急性:沉醉状、惊悸、面色苍白、继而赤红、头晕、头痛、呕吐 慢性:以造血器官与神经系统的损害为最显著。	给急性中毒患者进行人工呼吸,同时输氧。送医院救治。
四氯化碳	呼吸道、皮肤	皮肤接触:因脱脂而干燥皲裂。	2％碳酸氢钠或 1％硼酸溶液冲洗皮肤。
		吸入:黏膜刺激,中枢神经系统抑制和胃肠道刺激症状。	脱离中毒现场急救,人工呼吸、吸氧。
		慢性:神经衰弱症,损害肝、肾。	
铬酸、重铬酸钾及铬(Ⅵ)化合物	消化道、皮肤	对黏膜有剧烈刺激,产生炎症和溃疡,可能致癌。	用 5％硫代硫酸钠溶液清洗受污染皮肤。

（续表）

毒物名称	侵入途径	中毒症状	救治方法
石油烃类（饱和和不饱和烃）	呼吸道、皮肤	汽油对皮肤有脂溶性和刺激性,使皮肤干燥、龟裂,个别人起红斑、水泡。	温水清洗。
		吸入高浓度汽油蒸气,出现头痛、头晕、心悸、神志不清等。	移至新鲜空气处,重症可给予吸氧。
		石油烃能引起呼吸、造血、神经系统慢性中毒症状。	医生治疗。
		某些润滑油和石油残渣长期刺激皮肤可能引起皮癌。	

8.3.2　烧、烫伤事故应急措施

一旦被火焰、开水、蒸汽、高温油浴、红热的玻璃、铁器等烧伤或烫伤,应立即采取以下措施:

(1) 保护受伤部位,迅速脱离热源。

(2) 立即将伤处用大量清洁的水冲淋或浸浴,以迅速降低局部温度避免深度烧伤。

(3) 伤处衣裤袜需剪开取下,切忌剥脱,以免造成二次损伤。

(4) 对轻微烧、烫伤,可在伤处涂抹烧伤膏、植物油、万花油、鱼肝油、烫伤油膏或红花油后包扎。烧、烫伤程度严重者,需立即送医院治疗。

(5) 烧、烫伤处有水泡,尽量不要弄破,为防止创面继续污染,可用干净的三角巾、纱布、衣服等物品简单包扎。手(足)受伤处,应对手指(脚趾)分开包扎,防止粘连。

8.3.3　割伤或刺伤

先取出伤口处的玻璃碎屑等异物,用净水洗净伤口,挤出一点血,涂上红汞药水后,再用消毒纱布包扎;也可在洗净的伤口上贴上"创可贴",立即止血,且易愈合。若伤口不大,也可用过氧化氢或硼酸水洗后,涂碘酊或红汞(注意两者不可同时并用)。若严重割伤大量出血时,应先止血,让伤者平卧,抬高出血部位,压住附近动脉,或用绷带盖住伤口直接施压;若绷带被血浸透,不要换掉,再盖上一块施压,立即送医院治疗。

如不小心被带有化学药品的注射器针头或沾有化学品的碎玻璃刺伤,应立即将伤口处挤出部分血,以尽可能将化学品清除干净,以免造成人体中毒。用净水洗净伤口,涂上碘酊后,可在洗净的伤口上贴上"创可贴"。如化学品毒性大的应立即送医院治疗。

在烧熔和玻璃加工操作时最容易被烫伤,在切割玻管或向木塞、橡皮塞中插入温度计、玻管等物品时最容易发生割伤。在将玻管、温度计插入塞中时,塞上的孔径与玻管的粗细要吻合。玻管的锋利切口必须用火烧熔变圆滑,管壁上用几滴水或甘油润湿后,用布包住用力轻轻旋入,切不可用猛力强行插入。

8.3.4　化学灼伤急救

化学灼伤是指皮肤直接接触强腐蚀性物质、强氧化剂、强还原剂,如浓酸、浓碱、氢氟

酸、钠、溴等化学品引起的局部外伤。发生化学灼伤后,要将伤员迅速移离现场,脱去污染的衣着,立即用大量流动清水冲洗 20～30 min 以上。必要时应先拭去创面上的化学物质,再用水冲洗,以避免与水产生大量热,造成创面进一步损害。碱性物质污染后,冲洗时间应延长。灼伤创面经水冲洗后,必要时进行合理的中和治疗,再用流动水冲洗。对有些化学物质灼伤,如氰化物、酚类、氯化钡、氢氟酸等在冲洗时应进行适当解毒急救处理。化学灼伤并休克时,冲洗从速、从简,要积极进行抗休克治疗。初步急救处理后送医院进一步治疗。

(1) 硫酸、发烟硫酸、硝酸、发烟硝酸、氢碘酸、氢溴酸、氯磺酸触及皮肤时,如量不大,应立即用大量流动清水冲洗半小时左右;如果沾有大量硫酸,可先用干燥的软布吸掉,再用大量流动清水继续冲洗 15 min 以上,随后用稀碳酸氢钠溶液或稀氨水浸洗,再用水冲洗,最后送医院救治。

需要注意的是,硫酸、盐酸、硝酸烧伤发生率较高,占酸烧伤的 80%。氢氟酸能腐烂指甲、骨头,滴在皮肤上,会形成难以治愈的烧伤。皮肤若被灼伤后,先用大量水冲洗 20 min 以上,再用冰冷的饱和硫酸镁溶液或 70% 的酒精浸洗 30 min 以上;或用大量水冲洗后,用肥皂水或 2%～5% 碳酸氢钠溶液冲洗,用 5% 碳酸氢钠溶液湿敷。局部可用松软膏或紫草油软膏剂硫酸镁糊剂外敷。

(2) 氢氧化钠、氢氧化钾等碱灼伤皮肤时,先用大量水冲洗 15 min 以上,再用 1% 硼酸溶液或 2% 乙酸溶液浸洗,最后用清水洗。

(3) 三氯化磷、三溴化磷、五氯化磷、五溴化磷、溴触及皮肤时,应立即用清水清洗 15 min 以上,再送医院救治。磷烧伤也可用湿毛巾包裹,用 1% 硝酸银或 1% 硫酸钠冲洗 15 min 后进行包扎。禁用油质敷料,以防磷吸收引起中毒。

(4) 盐酸、磷酸、偏磷酸、焦磷酸、乙酸、乙酸酐、浓氨水、次磷酸、氟硅酸、亚磷酸、煤焦酚触及皮肤时,立即用清水冲洗。

(5) 无水三氯化铝、无水三溴化铝触及皮肤时,可先干拭,然后用大量清水冲洗 15 min。

(6) 甲醛触及皮肤时,可先用水冲洗后,再用酒精擦洗,最后涂以甘油。

(7) 碘触及皮肤时,可用淀粉物质(如米饭等)涂擦,以减轻疼痛,也能褪色。

(8) 溴灼伤是很危险的。被溴灼伤后的伤口一般不易愈合,必须严加防范。凡用溴时都必须预先配置好适量的 2% 硫代硫酸钠溶液备用。一旦有溴沾到皮肤上,立即用硫代硫酸钠溶液冲洗,再用大量水冲洗干净,包上消毒纱布后就医。也可用水冲洗后,用 1 体积 25% 氨水、1 体积松节油和 10 体积 95% 的酒精混合液涂敷。

注意事项:在受上述灼伤后,若创面起水泡,均不宜把水泡挑破。

(9) 被碱金属钠灼伤:可见的钠块用镊子移走,再用乙醇擦洗,然后用清水冲洗,最后涂上烫伤膏。

(10) 碱金属氰化物、氢氰酸:先用高锰酸钾溶液冲洗,再用硫化铵溶液冲洗。

(11) 铬酸:先用大量水冲洗,再用硫化铵稀溶液漂洗。

(12) 黄磷:立即用 1% 硫酸铜溶液洗净残余的磷,再用 0.01% 高锰酸钾溶液湿敷,外涂保护剂,用绷带包扎。

（13）苯酚：先用大量水冲洗，然后用(4＋1)70％乙醇-氯化镁(1 mol/L)混合溶液洗。

（14）硝酸银：先用水冲洗，再用 5％碳酸氢钠溶液漂洗，涂油膏及磺胺粉。

（15）硫酸二甲酯：不能涂油，不能包扎，应暴露伤处让其挥发。

8.3.5　眼睛灼伤急救

（1）眼睛灼伤或进异物。大多数有毒有害化学物品接触眼睛，一般都会对眼睛造成伤害，引起眼睛发痒、流泪、发炎疼痛，有灼伤感，甚至引起视力模糊或失明。一旦眼内溅入任何化学药品，则应立即用大量净水缓缓彻底冲洗。洗眼时要保持眼皮张开，可由他人帮助翻开眼睑，持续冲洗 15 min，边洗边眨眼睛。如被碱灼伤，则用 2％的硼酸溶液淋洗；若被酸灼伤，则用 3％的碳酸氢钠溶液淋洗。切忌用稀酸中和眼内的碱性物质，也不可用稀碱中和眼内的酸性物质。溅入碱金属、溴、磷、浓酸、浓碱或其他刺激性物质的眼睛灼伤，急救后必须送医院检查治疗。

（2）玻璃碎屑、金属碎屑进入眼睛内比较危险。一旦眼内进入玻璃碎屑或金属碎屑，应保持平静，绝不可用手揉擦，也不要试图让别人取出碎屑，尽量不要转动眼球，可任其流泪，有时碎屑会随泪水流出。严重者，可用纱布轻轻包住眼睛后，将伤者紧急送往医院处理。

（3）若木屑、尘粒等异物进入眼内，可由他人翻开眼睑，用消毒棉签轻轻取出异物，或任其流泪待异物排出后，再滴几滴鱼肝油。

第9章 生物安全

生物安全实验室(biosafety laboratory),也称生物安全防护实验室(biosafety containment for laboratories),是通过防护屏障和管理措施,能够避免或控制被操作的有害生物因子危害,达到生物安全要求的生物实验室和动物实验室。实验室生物安全(laboratory biosafety)是科研人员和社会大众普遍关注的问题,而针对一线研究人员的系统管理始终是我国生物安全管理的一个薄弱环节。

9.1 实验室生物安全基本概念

根据《实验室生物安全通用要求》(GB19489—2008)和《实验室生物安全基础知识》,现将一些基本概念介绍如下:

(1) 生物因子(biological agents):一切微生物和生物活性物质。

(2) 病原体(pathogens):可使人、动物或植物致病的生物因子。

(3) 危险废弃物(hazardous waste):有潜在生物危害、可燃、易燃、腐蚀、有毒、放射和起破坏作用,对人、环境有害的一切废弃物。

(4) 危害(risk):伤害发生的概率及其严重性的综合。也有称风险、危险度等。

(5) 气溶胶(aerosols):悬浮于气体介质中的粒径 0.001~100 μm 的固态或液态微小粒子形成的相对稳定的分散体系。

(6) 一级防护屏障(primary barriers):实验室的生物安全柜和个体防护装备等构成的防护屏障,用于减少或消除危害性生物因子的暴露。

(7) 二级防护屏障(secondary barriers):实验室防护屏障除保护实验室人员外,还能够保护周围环境中的人群或动物免受生物因子意外扩散所造成的感染。

(8) 高效空气过滤器(high efficiency particulate air (HEPA) filter):通常以滤除 $\geqslant 0.3$ μm 微粒为目的,滤除效率符合相关要求的过滤器。

(9) 生物安全柜(biological safety cabinet)(BSC):负压过滤排风柜。防止操作者和环境暴露于实验过程中产生的生物气溶胶。

(10) 个体防护装备(personal protective equipment)(PPE):防止人员受到化学和生物因子伤害的器材和用品。包括实验服、隔离衣、连体衣等防护服,以及鞋、鞋套、围裙、手套、面罩或防毒面具、护目镜或安全眼镜、帽等。

(11) 实验室分区(laboratory area):按照生物因子污染概率的大小,实验室可以进行合理分区:主实验室(main room)通常是生物安全柜或动物隔离器等所在的实验室,是污染风险最高的房间;污染区(contamination zone)是指生物安全实验室中被致病因子污染风险最高的区域;清洁区(non-contamination zone)是指生物安全实验室中正常情况下没有致病因子污染风险的区域;半污染区(semi-contamination zone)是指生物安全实验室中具有被致病因子轻微污染风险的区域,是清洁区与污染区之间的过渡;缓冲间(anteroom)是指设置在清洁区、半污染区和污染区相邻两区之间的缓冲密闭室,具有通风系统,其两个门具有互锁功能。

(12) 消毒(disinfection)与灭菌(sterilization):消毒是杀死病原微生物的物理或化学过程,但不一定杀死其孢子,微生物存活几率是 10^{-3}。灭菌指破坏或去除所有微生物及其孢子的过程,微生物存活几率是 10^{-6}。

9.2　微生物的危害等级与生物安全水平

9.2.1　微生物的危害等级

国际上流行将生物因子根据其危害程度分成四级,《实验室生物安全通用要求》(GB19489—2008)中的微生物危害等级分类标准参考了 WHO 的原则,根据生物因子对个体和群体的危害程度将其分成Ⅰ、Ⅱ、Ⅲ和Ⅳ级共 4 个等级,其中Ⅰ级危害程度最小,Ⅳ级危害程度最大。与《病原微生物实验室生物安全管理条例》中的第四类～第一类病原微生物大致相当。

危害等级Ⅰ(低个体危害,低群体危害):不会导致健康工作者和动物致病的细菌、真菌、病毒和寄生虫等生物因子。

危害等级Ⅱ(中等个体危害,有限群体危害):能够引起人或动物发病,但一般情况下对健康工作者、人群、动物和环境不会引起严重危害的生物因子。实验室感染不导致严重疾病,有成熟的预防措施和治疗手段,且传播风险有限。

危害等级Ⅲ(高个体危害,低群体危害):能够引起人或动物严重疾病或造成严重经济损失,但通常不能因偶然接触而在个体之间传播;或者是能够使用抗生素、抗寄生虫药物进行治疗的生物因子。

危害等级Ⅳ(高个体危害,高群体危害):能引起人或动物非常严重的疾病,一般不能治愈,容易直接或间接;或因偶然接触在人与人、动物与人、人与动物、或动物与动物间传播的生物因子。

对于已经具备有效预防或治疗措施的生物因子,一般不归入危害等级Ⅳ。

9.2.2　生物安全水平

根据所操作微生物的不同危害等级,需要配备相应的实验室设施、安全装备,以及采用配套的实验操作和技术手段来保障操作人员和环境的安全。这些不同水平的实验室设施、安全设备以及实验操作和技术就构成了不同等级的生物安全水平(biosafety level)。生物安全水平分成四个级别,一级防护水平最低,四级防护水平最高。用 BSL-1,BSL-2,BSL-3 和 BSL-4 表示实验室的相应生物安全防护水平;用 ABSL-1, ABSL-2, ABSL-3 和 ABSL-4 表示动物实验室的相应生物安全防护水平。

1. 一级生物安全水平(Biosafety Level 1，BSL-1)

BSL-1是生物安全防护的基本水平，主要依赖于无特殊一级或二级防护屏障存在的标准微生物学操作。适用于基础教学与研究，也常用于那些特征熟悉、对健康成人通常不致病的生物因子。代表生物如枯草杆菌(Bacillus subtilis)、耐格里原虫(Naegleria gruberi)等。

2. 二级生物安全水平(Biosafety Level 2，BSL-2)

BSL-2的操作，实验设备和设施的设计及建设，适用于临床、诊断、教学及其他处理多种具有中等危害的当地生物因子(存在于本社区并引起不同程度的人类疾病)。

BSL-2条件下的主要危险是意外地经皮肤或黏膜接触、或摄入感染性物质，对于污染的针头或尖锐的器具应该采取严格的防范措施。乙肝病毒(Hepatitis B virus)、HIV、沙门氏菌属(Salmonelleae)、弓形体类(Toxoplasma spp.)等是这一防护水平的代表性生物因子。操作人血液、体液、组织或原代人细胞系等有可能存在未知感染性生物因子的标本时亦推荐BSL-2操作。

3. 三级生物安全水平(Biosafety Level 3，BSL-3)

BSL-3的操作，实验设备和设施的设计及建设，适用于临床、诊断、教学、科研或生产设施中进行涉及具有潜在呼吸道传染性的内源或外源性生物因子的工作。这些生物可能引起严重的致死性感染。结核分枝杆菌(Mycobacterium tuberculosis)、圣路易斯脑炎病毒(St. Louis encephalitis)等是应用BSL-3的代表。

BSL-3条件下的主要危险源于经皮肤破损处自身接种、经口吸入以及吸入感染性气溶胶。其防范重点在于通过二级或二级以上防护屏障来保护实验操作人员、实验室附近人员及环境免受感染性气溶胶污染。

4. 四级生物安全水平(Biosafety Level 4，BSL-4)

BSL-4的操作，设备和实验设施的设计及建设，适用于进行非常危险的外源性生物因子或未知的高度危险的致病因子的操作。这些生物因子对个体具有高度危害性，并且可以通过空气途径进行传播或传播途径不明，同时尚无有效的预防或治疗措施。

凡涉及感染性材料、分离物、经自然或实验途径感染的动物的操作，均对实验人员、社区和环境造成很大的感染危险。实验室人员与传染性气溶胶的完全隔离主要是通过应用Ⅲ级生物安全柜或Ⅱ级生物安全柜加正压服来实现。BSL-4级实验室一般是独立的建筑或处于完全隔离的区域，并具有复杂的特殊通风装置和废弃物处理系统，以防止活性生物因子向环境扩散。

9.3　生物安全实验室

由于不同生物安全水平实验室所从事工作的主要差异是所操作的生物因子的危害程度不同，其要求的防护水平也因此不同，但其工作内容具有相似性。随着生物安全防护水平级别的提高，其差异只是防护要求和能力的提高，因此在设施、设备、操作和管理等方面的要求具有累加性，亦即高生物安全防护水平实验室必须首先达到低生物安全防护水平实验室的要求，并在此基础上进行修改和补充提高，用于操作更危险的生物因子。

按照规定,开展 BSL-3、BSL-4 级别实验研究必须进行申报,得到国家批准和认可后才能够开展相应的工作。BSL-1 和 BSL-2 实验室的要求对普通的生物安全实验室具有通用性,也是高级别生物安全实验室的基础,故在此将其有关要求一起介绍如下。

9.3.1　一级和二级生物安全水平实验室

1. 实验室的设计和建设基本要求

(1) 无需特殊选址,普通建筑物即可,但必须要为实验室安全运行、清洁和维护提供充足的空间来摆放随时要使用的实验用品;在实验室工作区外还应当提供可长期使用的储存空间和设施,供存放实验物品和私人用品。

(2) 实验室墙壁、天花板和地板应当光滑、易清洁、不渗液并耐化学品和消毒剂的作用。地板需要防滑。需要有防止啮齿动物和节肢动物进入的设计,如窗户可开启,应设置纱窗。

(3) 实验室器具应当坚固耐用,在实验台、生物安全柜和其他设备之间,以及其下部位置要留有足够空间,便于清洁和打扫。实验台面应是防水的,可耐受酸、碱、有机溶剂及消毒剂的腐蚀,并适度耐热。

(4) 必须为实验室提供可靠和高质量的水。要保证实验室水源和饮用水源的供应管道之间没有交叉连接;每个实验室都应有洗手池,并最好安装在出口处。

(5) 二级生物安全水平时,应配备高压灭菌器或其他清除污染的工具。相关设备应按照规定进行检验和试验,保证其安全性能符合标准要求。

(6) 实验室应该配备有消防、紧急喷淋、洗眼器和急救箱(包)等安全设施;新建实验室应当考虑设置机械通风系统,以保持空气向内单向流动。

(7) 实验室的门应带锁并能自动关闭,应有可视窗,并达到适当的防火等级。实验室照明要适度而恰当,要有可靠和充足的电力供应和应急照明,以保证人员能够安全离开实验室;实验室出口必须有在黑暗中可明确辨认的标识。

2. 基本生物安全设备

处理有生物安全危害的物质时,使用安全设施并结合规范的操作将有助于降低危险。

(1) 移液辅助器:避免用口吸的方式移液。有不同的多种产品可供使用。

(2) 生物安全柜,在以下情况使用:

① 处理感染性物质(如果使用密封的安全离心杯,可以在生物安全柜内装样、取样后,再去开放实验室离心);

② 空气传播感染的危险增大时;

③ 进行极有可能产生气溶胶的操作时(包括离心、研磨、混匀、剧烈摇动、超声破碎、打开内部压力和环境压力不同的盛放有感染性物质的容器、动物鼻腔接种以及从动物卵胚采集感染性组织)。

(3) 使用一次性塑料接种环;或在生物安全柜内使用电加热接种环,可减少气溶胶的生成。

(4) 螺旋试管及瓶子。

(5) 用于清除感染性材料污染的高压灭菌器或其他适当工具。

（6）一次性巴斯德塑料吸液管，尽量避免使用玻璃制品。

3. 实验室基本安全管理要求

（1）准入规定

① 在处理危害等级Ⅱ或更高危害级别的微生物时，应该在实验室门上张贴国际通用的生物危险警告标志。并在标志符号下面同时标明实验室名称、病原体名称、生物危害等级、预防措施及负责人姓名、紧急联络方式等有关信息；

② 只有经过批准的人员方可进入实验室工作区域；

③ 实验室的门应保持关闭；

④ 儿童不应该被批准或允许进入实验室工作区域；

⑤ 进入动物房应当经过特别批准；

⑥ 与实验室工作无关的动物不得带入实验室。

（2）个体防护

① 在实验室工作时，任何时候都必须穿着连体衣、隔离服或工作服；不得在实验室内穿露脚趾的鞋子。实验室内用过的防护服不得和日常服装放在同一柜子内；

② 在进行可能直接或意外接触到血液、体液以及其他具有潜在感染性的材料或感染性动物的操作时，应戴乳胶手套。手套用完后，应先消毒再摘除，随后必须洗手；

③ 在处理完感染性实验材料或动物后，以及在离开实验室工作区域前，都必须洗手；

④ 为了防止眼睛或面部受到泼溅物、碰撞物或人工紫外线照射的伤害，必须戴安全眼镜、面罩或其他防护装备；

⑤ 严禁穿实验防护服离开实验室到公共场所；

⑥ 禁止在实验室工作区域进食、饮水、吸烟、化妆或处理隐形眼镜；禁止在该区域储存食品和饮料。

（3）实验室工作区

① 实验室应保持干净、整洁，严禁摆放与实验室无关的物品；

② 发生具有潜在危害性的材料溢出及每天工作结束之后，都必须清除工作台面的污染；

③ 所有受到污染的材料、样品和培养物在废弃或清洁再利用之前，必须清除污染；

④ 在进行包装和运输时必须遵循国家（国际）的相关规定；

⑤ 如果窗户可以打开，需要安装防止节肢动物进入的纱窗。

（4）生物安全管理

① 实验室主任负责制定本实验室的生物安全管理计划及生物安全手册，并提供常规的实验室安全培训；

② 要将生物安全实验室的特殊危害告知实验室人员，同时要求他们阅读本实验室生物安全手册，并遵循标准的操作规范和规程；

③ 如果有必要，应为所有实验人员提供适宜的医学评估、监测和治疗，并妥善保存相应的医学资料。

（5）废弃物处理

废弃物是指将要丢弃的所有物品。实验室内废弃物最终的处理方式与其清除污染的情况是最紧密相关的。对于日常用品而言,很少有污染材料需要真正清除出实验室或销毁。大多数的玻璃器皿、仪器及实验服都可以重复和再使用。

废弃物处理的首要原则是所有污染材料必须在实验室内清除污染,通常最有效的方法是采用高压灭菌或焚烧。用以处理潜在感染性材料或动物组织的实验物品,在被丢弃前主要应该考虑如下几方面:

① 是否已采取规定程序对这些物品进行了有效的除污或消毒?

② 如果没有,它们是否以规定的方式包裹,以便运送到其他有能力焚烧的地方进行处理?

③ 丢弃已经清除污染的物品时,是否对直接参与的人员、或在设施外可能接触到丢弃物的人员造成任何潜在的生物学或其他方面的危害?

污染性材料和废弃物的处理和丢弃程序:

① 可重复使用的器皿、物品　任何高压灭菌后重复使用的污染材料不能够先清洗,必须在高压灭菌或消毒后才能进行清洗。

② 锐器　皮下注射针头用过后不应再重复使用,包括不能够从注射器上取下、回戴针头护套、截断等,应将其完整地置于盛放锐器的一次性容器中。盛放锐器的一次性容器必须不易刺破,当达到容量的 3/4 时,应将其作为感染性废弃物送去焚烧处理。

③ 废弃的污染材料　所有其他污染材料(包括有潜在危害性)在丢弃前应放置在有防渗漏的容器中高压灭菌。灭菌后放入指定的运输容器中,统一送往焚烧处理。

应在每个工作台上放置盛放废弃物的容器、盘子或广口瓶。如果使用消毒剂,应当使废弃物充分接触消毒剂,并维持适当的持续接触时间。盛放废弃物的容器在重新使用前应该进行高压灭菌并清洗。

9.3.2　动物实验设施(ABSL‐1～ABSL‐2)

动物实验室的生物安全防护设施除应参照 BSL‐1～BSL‐2 实验室的要求外,还应该考虑对动物呼吸、排泄、毛发、抓咬、挣扎、逃逸、动物实验(染毒、医学检查、取样、解剖、检验等)、动物饲养、动物尸体及排泄物处置等过程中产生的潜在危害的防护,尤其是气溶胶的防护。

1. 建筑基本要求

(1) 实验室建筑要确保实验动物不能逃逸,非实验动物(野鼠、昆虫等)不能进入。实验室空间和进出通道等符合所用动物需要。

(2) 动物实验室空气不应该循环。动物源气溶胶应经适当的高效过滤/消毒后排出,不能进入实验室循环。

(3) 如动物需要饮用无菌水,供水系统应可以通过安全消毒来提供。

(4) 动物实验室的温度、湿度、照度、噪声、洁净度等饲养环境应符合国家相关标准要求。

2. ABSL‐1 实验室

一级生物安全水平的动物设施适用于饲养大多数经过检疫的储备实验动物(灵长类除外),以及专门接种了危害等级Ⅰ级的微生物因子的实验动物。要求运用规范的微生物学技术操作。实验室必须制定动物操作和进入饲养场所应遵循的程序和操作方案,并为工作人员提供适宜的医学监测方案。

此外,在设施方面还包括:

(1) 建筑物内动物设施与开放的人员活动区域分开。

(2) 应安装自动闭门器,当有实验动物时应保持锁闭状态。

(3) 如果有地漏,应始终用水或消毒剂液封。

(4) 动物笼具的洗涤应满足清洁要求。

3. ABSL-2 实验室

二级生物安全水平的动物设施适用于专门接种了危害等级Ⅱ级的微生物因子的实验动物,需要进行下列安全防护:

(1) 必须符合一级生物安全水平动物设施的所有要求;在门及其他适当的地方张贴生物危害警告标识。

(2) 设施必须易于清洁和管理;使用结束后,工作表面要用有效的消毒剂来清除污染。

(3) 动物实验室的门必须向内开,可以自动关闭,有可视窗;有烟雾报警器;有适宜的温度、通风和照明。

(4) 如果采用机械通风,则气流的方向必须向内。排风则要求排到室外,不准在建筑物内循环。

(5) 如有窗户,必须是抗击碎的。如果窗户可以打开,则必须安装防节肢动物的纱窗;要制定节肢动物和啮齿动物的控制方案。

(6) 可能产生气溶胶的工作必须使用生物安全柜或隔离箱。隔离箱要带有专用的供气和经 HEPA 过滤的排气装置。

(7) 尽可能限制锐利器具的使用。锐器应始终收集在带盖、能防刺破的容器中,并按感染性废物处理。

(8) 清理动物垫料时必须尽量减少气溶胶和灰尘的产生;所有废料和垫料在丢弃前必须清除污染。

(9) 动物设施的现场或附近备有高压灭菌器;进行高压灭菌、焚烧的物品应装在密闭容器中安全运输。

(10) 动物笼具在使用后必须清除污染,动物尸体必须焚烧。

(11) 在设施内必须穿着防护服和其他装备,离去时脱下;必须有洗手设施,人员离开动物设施前必须洗手。

(12) 所有人员需要接受适当培训,禁止在设施内进食、饮水、吸烟和化妆。

(13) 如发生伤害,无论程度轻重,必须进行适当治疗,并报告和记录。

9.4 实验室生物安全操作规程

实验室伤害以及与工作有关的感染主要是由于人为失误、不良的实验操作技术以及仪器使用不当造成的。本章参考《实验室生物安全知识》,概要介绍减少或避免这类常见问题的技术和方法。

9.4.1　实验室中样品的安全操作

实验室样品的收集、运输和处理不当,会给相关人员带来感染的危险。

1. 样品容器

样品容器可以是玻璃的,但最好使用塑料制品。样品容器应当坚固、正确地用盖子或塞子盖好,应无泄漏,容器外部不能有残留物。装样品的容器应当正确粘贴标签以便于识别,样品的要求或说明书不要卷在容器外面,而是要分开放置,最好放在防水的袋子里。

2. 样品在设施内的传递

为了避免意外泄漏或溢出,应当使用盒子等二级容器,并将其固定在架子上,便于装有样品的容器保持直立。二级容器可以是金属或塑料制品,应该可以耐高温、高压或耐受化学消毒剂的作用。密封口最好有一个垫圈,要定期清除污染。

3. 样品接收

需要接收大量样品的实验室应当安排专门的空间或房间来处理相关事宜。

4. 打开包装

接收和打开样品人员应当了解样品对身体健康的潜在危害,并接受过如何采用标准防护方法操作的培训,尤其是处理破损或泄漏的容器时更应如此。样品的内层容器要在生物安全柜内打开,并准备好消毒剂。

9.4.2　防护设备和仪器的使用

1. 生物安全柜的使用

(1) 应参考国家标准和相关文献,对所有可能的使用者都介绍生物安全柜的使用方法和局限性,每个工作人员都应该熟悉操作步骤。特别需要明确的是,当出现溢出、破损或不良操作时,安全柜不再能够保护操作者。

(2) 生物安全柜必须在运行正常时才能使用,使用中不能打开玻璃观察挡板;操作者不应反复移出和伸进手臂以免干扰气流,尽量减少操作者身后的人员流动。

(3) 生物安全柜内应尽量少放置器材或样品,不能影响后部压力排风系统的气流循环;不要使用移液管及其他物品阻挡空气格栅,干扰气体流动,引起物品的潜在污染和工作人员的暴露。

(4) 所有工作必须在工作台面的中后部进行,并能够通过玻璃观察窗看到。在生物安全柜内操作时,不能够进行文字工作。

(5) 生物安全柜内不能使用本生灯,否则燃烧产生的热量会干扰气流并可能损坏过滤器。允许使用微型电加热接种环,最好使用一次性无菌接种环。

(6) 生物安全柜在工作开始前和结束后,安全柜的风机应至少运行 5 分钟;工作完成后以及每天下班前,需要使用适当的消毒剂对生物安全柜的表面进行擦拭。

2. 离心机的使用

(1) 离心机的良好机械性能是保障生物安全的前提条件,应当按照操作手册来操作离心机。离心机的放置高度应当使小个子的工作人员也能够看到离心机腔体内部,以正确放置十字轴和离心桶。

（2）离心管和盛放样品的容器应当采用材料为厚壁玻璃的制品，最好是塑料制品，在使用前均应检查是否破损；用于离心的试管或样品容器必须始终牢固盖紧。操作指南中应给出液面距离心管管口需要留出的空间大小。当使用固定角转子时，必须小心，不能将离心管装得过满以导致溢液。

（3）离心桶应按重量配对，并在装载离心管后正确配平；离心桶的装载、平衡、密封和打开必须在生物安全柜内进行。空离心桶应当用蒸馏水或乙醇（或70％异丙醇）来平衡。

（4）每次使用后，要检查、清除离心桶、转子和离心腔壁的污染，检查离心转子和离心桶是否有腐蚀或细微裂痕；离心桶使用结束后应倒置存放使平衡液流干，保持干燥存放。

3. 移液管和辅助移液器的使用

（1）需要使用移液辅助器，严禁用口吸取；所有移液管应带有棉塞以减少移液器具的污染。

（2）感染性物质不能够使用移液管反复吹吸混匀，不能将液体从移液管内用力吹出。

（3）在打开隔膜封口的瓶子时，应使用可用移液管的工具，而避免使用皮下注射针头和注射器移液。

（4）在工作台面应当放置一块浸有消毒液的布或纸，用以避免感染性物质从移液管中滴出而扩散，使用后要按照感染性废物进行处理。盛放污染移液管的容器在操作过程中要放在生物安全柜内，实验结束后污染移液管应完全浸泡在盛有适当消毒液的防碎容器中足够时间后再处理。

4. 匀浆器、摇床、搅拌器和超声处理器的使用

（1）实验室不能使用家用匀浆器，因为它可能泄漏或释放气溶胶。使用实验室专用搅拌器或消化器更安全。

（2）盖子、杯子或瓶子应当保持正常状态，没有裂缝或变形。盖子应能够封盖严密，衬垫也应该处于正常状态。

（3）在使用匀浆器、摇床和超声处理器时，容器内会产生压力，含感染性物质的气溶胶就有可能从盖子和容器间的间隙逃逸出。且玻璃容易破损，故此建议使用塑料容器，尤其是聚四氟乙烯（polytetrafluoroethylene，PTEF）容器。

（4）在使用匀浆器、摇床和超声处理器处理感染性材料时，可以用一个结实透明的塑料箱覆盖设备，并在用完后进行消毒。操作结束后，应该在生物安全柜内打开容器。

（5）应对使用超声处理器的人员提供听力保护。

5. 组织研磨器的使用

（1）使用玻璃研磨器时应戴手套并用吸收性材料包住。采用塑料（PTFE）研磨器更安全。

（2）操作和打开组织研磨器时应当在生物安全柜内进行。

6. 冰箱和冷柜的使用和维护

（1）冰箱、低温冷柜和干冰柜应当定期除霜和清洁，应清理出所有在储存过程中破损的安瓿和试管等物品。清理时应戴厚橡胶手套并进行面部防护，清理后要对内表面进行消毒。

（2）储存在冰箱内的所有容器应当清楚地标明内装物品的学名、储存日期和储存者的姓名。未标明的或废旧物品应当高压灭菌并丢弃。

（3）非防爆冰箱内不能放置易燃溶液。在冰箱门上应该进行明确标注。

（4）对冻存物品的清单要进行备份。

7．压力容器

高压灭菌器、液氮储罐、高压釜和锅炉等特种设备，需要按照国务院《特种设备安全监察条例》和国家质量监督检验检疫总局《固定式压力容器安全技术监察规程》（TSG R0004—2009）的规定办理注册登记手续，取得特种设备使用登记证；人员须参加指定培训项目，取得特种设备作业人员证；做好日常使用管理和维护保养工作，并接受定期检验和检查。

9.4.3　感染性物质防护技术

1．避免感染性物质扩散

（1）为了避免被接种物洒落，微生物接种环的直径应该在 2～3 mm 并完全封闭，柄长度应小于 6 cm 以减小抖动。

（2）使用封闭式微型电加热消毒接种环，最好是一次性接种环，以避免使用本生灯明火加热所产生的感染性物质爆裂。

（3）废弃的样品和培养物应当放置在防漏的生物废物袋内进行密封再放入废弃物容器中按照感染性废物进行处置。

（4）在每一阶段工作结束后，必须采用适当的消毒方法来清除工作区域的污染。

2．避免感染性物质的食入以及皮肤和眼睛的接触

（1）微生物操作过程中释放的较大粒子和液滴（直径大于 5 μm）会迅速沉降到工作台面和操作者的手上。实验室人员在操作时应戴一次性手套，并避免触摸口、眼及面部。

（2）在所有可能产生潜在感染性物质喷溅的操作过程中，操作人员应当将面部、口和眼部采用遮盖或其他防护措施。

（3）实验室内禁止存放食品、饮食和饮水，禁止化妆，禁止用嘴咬笔和嚼口香糖等。

3．避免感染性物质的接种

（1）通过认真练习和仔细操作，可以避免破损玻璃器皿刺伤所引起的接种感染。尽可能用塑料制品替代玻璃制品。

（2）锐器损伤也是感染性物质意外注入的主要途径，可以采用减少使用注射器和针头，或在必须使用注射器和针头时，通过使用锐器安全装置的方法来减少针刺损伤。

（3）不要给用过的注射器针头重新戴护套。一次性锐器物品应该丢弃在防穿透的带盖容器中进行处置。

4．血清的分离

（1）只有经过严格培训的人员才能从事这项工作。操作时应戴手套以及眼睛和黏膜的个体防护装备。

（2）规范的实验操作技术可以避免或尽量减少喷溅和气溶胶的产生。血液和血清应该小心吸取，不能够倾倒。

（3）移液管使用后应完全浸入适当的消毒液中，经过一定时间浸泡，或灭菌清洗后再利用，或丢弃。

（4）带有血凝块等的废弃样品管，在加盖后应当放入适当的防漏容器中进行高压灭菌，再和感染性废弃物一起进一步处置。

（5）应当准备适当的消毒剂来清洗喷溅和溢出的样品。

5. 装有冻干感染性物质安瓿的打开

应该小心打开装有冻干物的安瓿，因为其内部处于负压，突然冲入的空气可能使一些物质扩散出来。安瓿应该在生物安全柜内打开，建议按照下列步骤操作：

（1）先清除安瓿外表面的污染。

（2）如果管内有棉花或纤维塞，可以在管上靠近塞的中部挫一痕迹。

（3）用一团酒精浸泡过的棉花将安瓿包起来保护双手，然后从标记的划痕处打开。

（4）将顶部小心移去并按污染材料处理。如果塞子仍然在安瓿上，用消毒镊子除去。

（5）缓慢向安瓿中加入液体来重旋冻干物，避免出现泡沫。

6. 装有感染性物质安瓿的储存

装有感染性物质的安瓿不能够浸入液氮中，这样会造成有裂痕或密封不严的安瓿在取出时破损或爆炸。如果需要低温保存，安瓿应当储存在液氮上面的气相中。

感染性物质应当储存在低温冰柜或干冰中。当从冷藏处取出安瓿时，工作人员应当做好眼睛、手等的防护。

7. 对血液和其他体液、组织及排泄物的标准防护方法

设计标准防护方法以降低来自于已知和未知感染性微生物的传播危险。

（1）样品的收集、标记和运输

① 应当由受过培训的人员来采集病人或动物的血样；始终遵循标准防护方法；所有操作均要戴手套。

② 在静脉抽血时，应当使用一次性的安全真空采血管，将血液直接采集到带塞的运输管或培养管中，针头用完后自动废弃。

③ 装有样品的试管应置于适当的容器中运至实验室，并在实验室内部进行转运。检验申请单应当分开放置在防水袋或信封内。

④ 接收样品人员不应打开这些盖子。

（2）打开样品管和取样

① 应当在生物安全柜内打开样品管，并用纸或纱布抓住塞子以防止喷溅。

② 必须戴手套，并建议戴护目镜或面罩对眼睛和黏膜进行保护。

③ 在防护衣外面再穿上塑料围裙。

（3）玻璃器皿和锐器

① 尽可能用塑料制品代替玻璃制品。只能用实验室级别（硼硅酸盐）的玻璃，任何破损或有裂痕的玻璃制品均应丢弃。

② 不能够将皮下注射针头作为移液器使用。

（4）用于显微观察的薄膜和涂片

用于显微观察的血液、唾液和粪便样品在固定和染色时，不必杀死涂片上的所有微生物和病毒。应当用镊子拿取这些东西,妥善储存,丢弃前需要用高压灭菌等方法清除污染。

（5）自动化仪器（超声处理器、旋涡混合器）

① 为了避免液滴和气溶胶的扩散,这些仪器应采用封闭型的。

② 排出物应当收集在密闭的容器内进一步高压灭菌再废弃。

③ 在每一步完成后应根据操作指南对仪器进行消毒。

（6）组织

① 组织样品应用福尔马林固定。

② 应当避免冰冻切片。如果必须要进行冰冻切片,应当用罩子罩住切片机,操作人员要戴安全防护面罩。清除污染时,切片机的温度要升高到 20 ℃后再进行。

（7）清除污染

建议使用次氯酸盐和高级别的消毒剂来清除污染。一般情况使用新配制的含有效氯 1 g/L 的次氯酸盐溶液,处理溢出血液时,使用有效氯达到 5 g/L;戊二醛也可用于表面消毒。

9.5　感染控制和应急程序

每个从事感染性微生物工作的实验室都应当指定针对所操作微生物和动物危害的安全防护措施。实验室负责人应确保实验室有可供用于急救和紧急程序的设备。

9.5.1　实验室感染控制

（1）实验室的设立单位应当指定专门的机构或者人员承担实验室感染工作,定期检查实验室的生物安全防护、病原微生物菌（毒）种和样本保存与使用、安全操作、实验室排放的废水和废气,以及其他废弃物处置等规章制度的落实情况。负责实验室感染控制工作的机构或人员应当具有与该实验室中的病原微生物相关的传染病防治知识,并定期检查、了解实验室工作人员的健康状况。

（2）实验室工作人员出现与本实验室从事的致病性病原微生物相关实验活动有关的感染临床症状或者体征时,实验室负责人应当向负责实验室感染控制工作的机构或人员报告,同时派专人陪同及时就诊;实验室工作人员应当将近期所接触的病原微生物的种类和危害程度如实告知诊治医疗机构。接诊的医疗机构有救治条件的应当及时救治,不得拒绝治疗;不具备救治条件时,应当按照规定及时转诊到具备相应救治条件的医院进行医治。

（3）实验室发生致病性微生物泄漏时,实验室工作人员应当立即采取控制措施,防止病原微生物扩散,同时向负责实验室感染控制工作的机构或人员报告。

（4）负责实验室感染控制工作的机构或人员接到上述报告后,应当立即启动实验室感染应急处置预案。开展流行病学调查;对病人进行隔离治疗,对相关人员进行医学检查;组织进行现场消毒;对染疫或疑似染疫的动物采取隔离、扑杀等措施;采取其他预防和控制措施,并组织人员对该实验室生物安全状况等情况进行调查和处理。

（5）发生病原微生物扩散，有可能造成传染病爆发、流行时，应当依法进行逐级上报。

9.5.2　微生物实验室应急程序

（1）刺伤、切割伤或擦伤

受伤人员应当脱下防护服，清洗双手和受伤部位，使用适当的皮肤消毒剂，必要时进行医学处理。记录受伤原因和相关微生物，并应保留完整的医疗记录。

（2）潜在感染性物质的食入

受害人员应当脱下防护服并进行医学处理。要报告食入材料的特性和事故发生的细节，并保留完整的医疗记录。

（3）潜在危害性气溶胶的释放（在生物安全柜以外）

所有人员必须立即撤离相关区域，任何暴露人员都需要接受医学咨询，应当立即通知实验室负责人和生物安全责任人。在一定时间内严禁人员进入，等较大的粒子发生沉降，气溶胶被排出稀释之后，在生物安全责任人的指导下穿戴上适当的防护服和呼吸保护装备，清除污染。

（4）容器破损及感染性物质的溢出

应当立即用布或纸巾覆盖感染性物质污染、溢洒的破损物品，然后在上面倒上消毒剂。作用一定时间后，将其清理，玻璃碎片用镊子清理，然后再用消毒剂对污染区域再次去污。操作过程中都必须戴手套，清理的所有废物作为感染性废物进行收集后集中处置。

第 10 章　电离辐射安全与防护

辐射是以电磁波或粒子的形式发射能量的过程。自然界中的一切物体,只要温度在绝对温度零度以上,都会以电磁波和粒子的形式时刻不停地向外传送能量。辐射按照能量高低和电离物质能力分为电离辐射和非电离辐射。电离辐射是指能够引起原子电离的辐射;非电离辐射是指不能引起原子电离的辐射。下面主要讨论危害较大的电离辐射的安全与防护。

10.1　电离辐射源

电离辐射源按其来源可分为天然辐射源和人工辐射源两大类。天然辐射源是指自然界中本来存在的辐射源,包括来自大气层外的宇宙辐射、宇宙射线与大气作用产生的宇生放射性核素以及地壳物质中存在的原生放射性核素。生活在地球上的人类时刻都在通过吸入、食入天然放射性核素和外照射接受大然辐射。由于地壳地质结构、表面土壤岩石的特性、海拔高度和地磁纬度的差异,各地区的天然本底辐射水平也不尽相同。联合国原子辐射效应科学委员会(UNSCEAR)报告书指出全世界人均年有效剂量为 2.4 mSv(毫希沃特),其中氡及其子体造成的内照射剂量约占 52%。人工辐射源来自于人类的一些实践活动,主要的人工辐射源包括核爆产生的放射性核素、核反应堆生产的放射性核素、加速器生产的放射性核素以及加速的带电粒子、经过加工的天然放射性、X 射线装置和中子源。

10.1.1　放射性核素

物质是由分子组成的,分子是由原子组成的,而原子是由原子核和核外电子组成的。原子核由质子和中子组成,质子带正电,中子不带电。原子核虽小,却几乎集中了原子的全部质量。

具有相同的中子数和质子数,并且处于同样能级的同一类原子称为一种核素。人们通常把质量数为 A、质子数为 Z 的某种核素记为 $_Z^A X$,其中 X 为元素符号,质量数 A 为质子数 Z 和中子数 N 之和。由于质子数 Z 和元素符号 X 有一一对应关系,常常省略 Z。如 ^{12}C、^{60}Co 等。人类目前已经发现了 118 种元素,3 000 多种核素。其中 Z 相同而 N 不同的各核素互称同位素。如氢有三种同位素:^1H(气)、^2H(氘)和 ^3H(氚)。

放射性核素是指原子核能够自发地发射出粒子的核素。在人类已发现的 3 000 多种核素中,只有 279 种是稳定核素,其他的都是放射性核素。自然界中放射性核素又分为天然放射性核素和人工放射性核素。天然放射性核素是指自然界本身存在的放射性核素,主要有三类:一类是三个天然放射系[铀系(^{238}U)、钍系(^{232}Th)和锕系(^{235}U)]中放射性核素;其次是宇生的放射性核素(如 ^{14}C、^3H 等);第三是自然界中半衰期与地球年龄相当甚至更大的放射性核素(如^{40}K、^{87}Rb、^{152}Sm 等)。人工放射性核素是指通过人工核反应产生的放射性核素(如^{60}Co、^{89}Sr、^{192}Ir、^{241}Am 等)。

1. 衰变

放射性核素自发地发射出粒子而变为另一个核素的过程称为衰变。根据原子核放出的粒子种类可分为 α 衰变、β 衰变和 γ 跃迁等。原子核衰变的示意图见图 10 - 1。

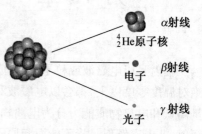

图 10 - 1　原子核衰变的示意图

(1) α 衰变

放射性核素的原子核自发地发射出 α 粒子而变为另一种核素的过程称为 α 衰变。α 粒子是由两个质子和两个中子组成的,带 2 个正电荷。α 粒子其实就是高速运动的氦原子核。一般来讲,只有质量数大于 140 的核素才有可能发生 α 衰变,如^{226}Ra、^{222}Rn、^{210}Po 等。

(2) β 衰变

$β^-$ 衰变、$β^+$ 衰变和电子俘获(electron capture, EC)统称为 β 衰变。

$β^-$ 衰变是指放射性核素的原子核发射出 $β^-$ 粒子而变成质子数加 1、质量数不变的新核素的过程。$β^-$ 粒子就是高速运动的电子。$β^-$ 粒子的能谱是一个连续谱,$β^-$ 粒子的能量一般指最大能量。β 粒子能谱示意图见图 10 - 2。如^{14}C 的衰变方式为 $β^-$ 衰变,$β^-$ 粒子最大能量为 0.155 MeV。

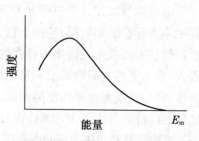

图 10 - 2　β 粒子能谱示意图

$β^+$ 衰变是指放射性核素的原子核发射出 $β^+$ 粒子而变成质子数减 1、质量数不变的新核素的过程。$β^+$ 粒子就是高速运动的正电子。$β^+$ 粒子的能谱也是一个连续谱。

正电子只能存在极短时间,当它被物质阻止而失去动能时,将和物质中的自由电子结合而转化成电磁辐射,发射方向相反的两个光子,光子的能量均为 0.511 MeV,这一过程称为正电子湮没(annihilation)。

电子俘获是放射性核素的原子核俘获它的一个核外电子(主要是内层轨道上的电子)而使

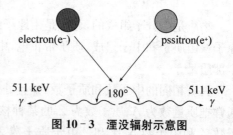

图 10 - 3　湮没辐射示意图

核内一个质子转变成中子同时释放中微子的过程。电子俘获的一个继发过程是发射特征 X 射线和俄歇电子。如^{125}I 为 EC 衰变,每次衰变有 15~20 个俄歇电子释放出来,并发射 27 keV 特征 X 射线。

(3) γ 跃迁

各种类型的核衰变产生的原子核或吸收能量的原子核往往处于激发态,激发态的原子核是不稳定的。原子核从激发态向较低能态或基态跃迁时发射 γ 光子的过程,称为 γ 跃迁。

在 γ 跃迁过程中,放射性核素的质量数和质子数都未发生改变,只是原子核的能量状态发生了改变。

2. 衰变规律

放射性核素的原子数目是按照负指数规律衰减。

$$N=N_0 e^{-\lambda t}$$

式中:N 为 t 时刻放射性核素原子数目;N_0 为初时刻($t=0$)放射性核素原子数目;λ 为衰变常数;t 为衰变时间。

放射性核素在单位时间内衰变的原子数目称为它的放射性活度(activity,A),常用单位为贝可(Becquerel,Bq)和居里(Curie,Ci)。1Bq=1 衰变/s,1Ci=3.7×10^{10}Bq。

$$A=\lambda N=A_0 e^{-\lambda t}$$

式中:A 为 t 时刻放射性核素的活度;A_0 为初时刻($t=0$)放射性核素的活度。

放射性核素的原子数目衰变掉原来的一半所需的时间称为半衰期(half life,$T_{1/2}$)。

$$T_{1/2}=0.693/\lambda$$

10.1.2　X 射线装置

X 射线是高速电子与物质相互作用而产生的。这种过程常发生在 X 射线管和电子加速器。靶材料一般采用高原子序数的难熔金属(如钨、铂、金、钽等)。

X 射线的光谱分为两类:一类 X 射线的光谱是连续的,由轫致辐射(brcmsstrahlung)产生,X 射线的最大能量即为电子在加速电场中获得的全部能量;另一类 X 射线的光谱是线状的,由靶材料性质所决定。

10.1.3　中子源

中子主要有三种来源:一是通过裂变反应产生;二是通过(α,n)中子源产生;三是通过加速器中子源产生。

1. 裂变中子源

反应堆内核燃料发生核裂变除释放能量之外,还会有中子释放出来。^{235}U 发生一次核裂变平均释放 2.4 个中子。^{235}U 的裂变示意图见图 10-4。反应堆常用作中子活化分析。

还有一类是自发裂变中子源,常用的核素是 ^{252}Cf。它是把 ^{239}Pu 放在反应堆中连续照射,进行中子俘获和 β 衰变而形成的。^{252}Cf 的半衰期为 2.64a,α 衰变占 96.6%,自发裂变

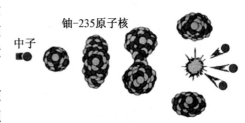

图 10-4　^{235}U 的裂变示意图

占 3.1%,平均每次自发裂变可发射 3.7 个中子,平均中子能量为 2.348 MeV,中子的产额为 2.35×10^{12}n/(s·g)。

2. (α,n)中子源

把 α 衰变放射性核素如 ^{226}Ra、^{241}Am、^{210}Po 等与铍(Be)或硼(B)以粉末状态混合在一起就可以制成同位素中子源。如 ^{241}Am-Be 中子源。

$$^9Be + \alpha \longrightarrow {}^{12}C + n + Q$$

中子的能量在 1 MeV～11.5 MeV,平均 5 MeV,中子的产率为 $(2.2\sim2.7)\times10^6 \, n/(s \cdot Ci)$。中子产生过程中,有 1.27 MeV、4.43 MeV 和 5.70 MeV γ 射线释放出来。

3. 加速器中子源

加速器中子源是利用加速器所加速的带电粒子去轰击某些靶核,可以引起发射中子的核反应。产生的中子是单能的。

常用的是中子发生器。它是利用直流电压加速氘核,打到氚靶,发生核反应,释放 14.1 MeV 单能中子。

$$D + T \longrightarrow {}^4He + n + Q$$

中子发射率为 $10^8\sim10^9 \, n/s$。

10.2　电离辐射的危害

10.2.1　辐射生物学基础

电离辐射作用于生物体引起生物活性分子的电离与激发是辐射生物效应的基础。生物体或细胞主要由生物大分子(如蛋白质、核酸、酶等)和水组成。电离辐射的能量直接沉积在生物大分子上,引起生物大分子的电离与激发,造成损伤,称为直接作用。直接作用可使 DNA 单链或双链断裂和解聚、酶的活性降低与丧失、细胞器和细胞膜的破坏等。电离辐射引发水分子的辐解,其辐解产物 $(H \cdot \, \cdot OH \, e_{\text{水}}^- \, H_2O_2$ 等) 作用于生物大分子,引起的物理和化学效应,称为间接作用。辐射会引起 DNA、RNA、染色体、蛋白质、细胞等结构和功能发生变化,从而导致随机性效应和确定性效应发生。

10.2.2　影响辐射生物学作用的因素

影响辐射生物学作用的因素主要有两类:一类是与辐射有关的物理因素;一类是与生物体有关的生物因素。

1. 物理因素

物理因素主要是指辐射类型、辐射能量、吸收剂量、剂量率、照射方式等。不同类型的辐射引起的生物学效应有所不同。α 射线的电离密度大,γ 射线穿透能力强。一次大剂量照射与相同剂量下分次照射产生的生物学效应是不同的。分次越多,间隔时间越长,生物学效应越小。在相同剂量条件下,剂量率越大,生物效应越显著。局部照射和全身照射带来的生物学效应也是不一样的,照射剂量相同,受照面积越大,产生的生物学效应就越大。

2. 生物因素

生物因素主要指生物体对辐射的敏感性。不同生物种系的 LD_{50}(50% 死亡所需吸收剂量)也不同,种系的演化程度越高,其对辐射的敏感性越高。如人的 LD_{50} 约为 4.0 Gy,而大肠杆菌的 LD_{50} 约为 56 Gy。生物个体不同的发育阶段,辐射敏感性也不相同。幼年的辐射敏感性要比成年高。不同细胞、组织和器官对辐射敏感性也不一样。人体的乳腺、肺、胃、结肠和骨髓对辐射比较敏感,其次为甲状腺、眼晶体、性腺等,最不敏感的为肌肉组织和结缔组织。

10.2.3　辐射生物学效应

电离辐射与人体相互作用会导致某些特有的生物学效应。国际辐射防护委员会(ICRP)出于辐射防护目的,把辐射诱发的生物学效应分为确定性效应(deterministic effects)和随机性效应(stochastic effects)。

1. 确定性效应

当受照剂量超过某一特定效应的阈剂量而发生的辐射效应称作确定性效应,为躯体效应。确定性效应的严重程度随受照剂量增加而增大。确定性效应表现有白细胞下降、呕吐、皮肤放射性烧伤、眼晶体白内障、再生障碍性贫血和不育等,最严重的确定性效应为死亡。

2. 随机性效应

只要受到电离辐射照射,就有可能发生,发生的概率与受照剂量成正比而严重程度与剂量无关的辐射效应称为随机性效应。随机性效应表现在受照个体发生的癌症和生殖细胞受损遗传至下一代。在正常照射情况下,发生随机性效应的概率很低。

10.3　辐射防护

辐射防护的目的在于防止有害的确定性效应发生,并将随机性效应发生的概率限制在可以接受的水平。

10.3.1　辐射防护原则

为实现辐射防护目的,实践中应遵循辐射防护三个基本原则。

1. 实践正当性

对于一项实践,只有在考虑了社会、经济和其他有关因素之后,其对受照个人或社会所带来的利益足以弥补其可能引起的辐射危害时,该项实践才是正当的。对于不具有正当性的实践及该实践中的源,不应批准。

2. 防护与安全的最优化

对于来自一项实践中的任一特定源的照射,应使防护与安全最优化,使得在考虑了经济和社会因素之后,个人受照剂量的大小、受照射人数以及受照射的可能性均保持在可合理达到的尽量低水平,也称为 ALARA(as low as reasonably achievable)原则。

3. 剂量限值

个人剂量限值是对个人受到的正常照射加以限制,以保证来自各项得到批准的辐射实践的照射所致个人总有效剂量和有关器官或组织的总当量剂量不超过国家标准中规定的剂量限值。有效剂量限值是控制随机性效应发生的概率;当量剂量限值是避免确定性效应发生。

年有效剂量是个人在一年内受到外照射引起的有效剂量和同一年内摄入放射性核素

后产生的待积有效剂量之和。年有效剂量可按下式计算：

$$E_T = H_P(d) + \Sigma e_{j,ing} \times I_{j,ing} + \Sigma e_{j,inh} \times I_{j,inh}$$

式中：$H_P(d)$ 为该年内贯穿辐射所致外照射个人剂量当量，单位为毫希沃特（mSv）；$e_{j,ing}$ 为个人单位食入量放射性核素 j 所致的待积有效剂量，单位为毫希沃特每贝克（mSv/Bq）；$I_{j,ing}$ 为该年内个人的放射性核素 j 食入量，单位为贝可（Bq）；$e_{j,inh}$ 为个人单位吸入量放射性核素 j 所致的待积有效剂量，单位为毫希沃特每贝克（mSv/Bq）；$I_{j,inh}$ 为该年内个人的放射性核素 j 吸入量，单位为贝可（Bq）。

照射分为职业照射、医疗照射和公众照射。职业照射是指放射工作人员在工作时受到的照射。医疗照射是指为了诊断、治疗或医学实验的目的而受到的照射，受照人员可能是参加体检的正常人、病人、病人的陪护者及医学实验志愿人员。公众照射是指与人工辐射无关人员受到的照射。职业照射和公众照射有剂量限值，医疗照射无剂量限值，但有指导水平。

（1）职业照射个人剂量限值

对于成年人，连续 5 年的年平均有效剂量限值为 20 mSv，不可作任何追溯性平均；任何一年中的年有效剂量限值为 50 mSv；眼晶体的年当量剂量限值为 150 mSv；四肢（手和足）或皮肤的年当量剂量限值为 500 mSv。

对于年龄为 16～18 岁接受涉及辐射照射就业培训的徒工和年龄为 16～18 岁在学习过程中需要使用放射源的学生，年有效剂量限值为 6 mSv；眼晶体的年当量剂量限值为 50 mSv；四肢（手和足）或皮肤的年当量剂量限值为 150 mSv。

怀孕的女性工作人员应接受与公众成员相同的防护；孕妇和授乳妇女应避免受到内照射。

（2）公众照射个人剂量限值

实践对公众中有关关键人群组的成员，年有效剂量限值为 1 mSv；特殊情况下，如果 5 个连续年的年平均有效剂量不超过 1 mSv，则某一单一年份的有效剂量限值可提高到 5 mSv；眼晶体的年当量剂量限值为 15 mSv；皮肤的年当量剂量限值为 50 mSv。

（3）医疗照射指导水平

对于典型成年受检者，GB18871—2002《电离辐射防护与辐射源安全基本标准》列出了各种常用的 X 射线摄影、X 射线 CT 检查、乳腺 X 射线摄影和 X 射线透视的剂量或剂量率指导水平，以及各种常用的核医学诊断的活度指导水平。

10.3.2 辐射防护方法

辐射源有密封放射源、放射性物质和射线装置。放射工作人员在生产、销售和使用辐射源过程中，很难避免不受到辐射源的照射。照射分为外照射和内照射。外照射是指辐射源在体外对人体的照射；内照射是指进入人体内的放射性核素作为辐射源对人体的照射。为减少辐射源对人体的照射，最大程度减少射线引起的辐射危害，可采取相应的辐射防护措施。

1. 外照射防护措施

（1）时间防护 对于相同条件下的照射，人体受照剂量与照射时间成正比。缩短操作时间,可以减少受照剂量。对于一些事故应急情况下的操作,可以通过模拟操作,提高熟练程度,减少受照时间,从而达到减少受照剂量的目的。

(2) 距离防护　对于点源,人员受到的外照射剂量与距离的平方成反比。对于非点源,近距离的情况比较复杂;对于距离较远的地点,受照剂量随着距离的增加而减少。对于放射源,尽量避免用手直接拿取,采用灵活可靠的长柄钳,可有效减少受照剂量。

(3) 屏蔽防护　在人体与外照射源之间设置适当材料以减小剂量率,从而减少人员受照剂量,称为屏蔽防护。

屏蔽材料的选用应根据辐射类型、辐射能量和源的活度。对于 α 射线来讲,一张纸就可屏蔽它,在体外,α 射线基本上不会对人体造成危害。对于 β 射线,先用低原子序数的材料(如铝或有机玻璃)阻挡,减少轫致辐射,再在其后面用高原子序数的材料(如铁和铅)屏蔽激发的 X 射线。对于 X 射线和 γ 射线,采用原子序数高的材料(如铅)屏蔽效果更好,当然混凝土和水也可用于光子的屏蔽,只是厚度增加即可。对于中子,采用富含氢原子的材料(如水、石蜡或聚乙烯)进行屏蔽,对于快中子,应首先采用较重的材料使快中子慢化。

2. 内照射的防护措施

非密封的放射性物质会通过呼吸系统、消化系统和完整的皮肤及伤口进入人体。因此内照射的防护,应采取各种有效措施,尽可能地隔断放射性物质进入人体内的各种途径。内照射防护的一般措施是包容、隔离、净化、稀释。

(1) 包容　指在操作过程中,将放射性物质密闭起来,如采用通风橱、手套箱等,均属于此类措施。操作强放射性物质时,应在密闭的热室内用机械手操作。对于工作人员,可采用穿戴工作服、工作帽、工作鞋、口罩、手套、气衣等,以阻止放射性物质进入体内。

(2) 隔离　根据放射性核素的毒性、操作量和操作方式等,将开放型放射工作场所进行分级、分区管理。

(3) 净化　就是采取物理或化学方法如吸附、过滤、除尘、吸附共沉淀、离子交换、蒸发、贮存衰变和去污等,降低空气、水中放射性物质浓度,降低物体表面和地面的放射性污染水平。

(4) 稀释　就是在合理控制下利用干净空气或水使空气或水中的放射性浓度降低到控制水平以下。

在污染控制中,包容、隔离、净化是主要手段,稀释是一种消极手段。开放型放射工作场所应有良好的通风,释放到大气中污染空气应高效过滤;产生的放射性废水要经过处理,达标后方可排放;放射性固体废物和液体废物可集中收集,放入暂存库,短寿命的放射性核素可通过物理衰变,达标后按一般废物进行处置;长寿命的放射性核素应交给有资质单位回收处理。

10.3.3　辐射防护管理

1. 放射源分类和编码

根据放射源对人体健康和环境的潜在危害程度,从高到低将放射源分为Ⅰ类、Ⅱ类、Ⅲ类、Ⅳ类、Ⅴ类。Ⅴ类源的下限活度值为该种核素的豁免活度。

密封放射源的具体分类见环境保护总局公告第 62 号《放射源分类办法》。

半衰期大于或等于 60 天的密封放射源实行身份管理，每个放射源具有唯一编码，同一编码不得重复使用。放射源编码由 12 位数字和字母组成，第 1~2 位表示生产单位(或生产国)；第 3~4 位为出厂年份；第 5~6 位为核素代码；第 7~11 位为产品序列号，第 12 位为出厂时放射源类别。如编码为 US03Co000014 放射源表示为 2003 年从美国进口的 1 枚序号为 0001Co-60 Ⅳ类放射源。

2. 非密封源工作场所分级

非密封源工作场所按放射性核素日等效最大操作量的大小分为甲、乙、丙三个等级。工作场所分级见表 10-1。

表 10-1　非密封源工作场所的分级

级　别	日等效最大操作量/Bq
甲	$>4 \times 10^9$
乙	$2 \times 10^7 \sim 4 \times 10^9$
丙	豁免活度值以上~2×10^7

放射性核素的日等效操作量等于放射性核素的实际日操作量(Bq)与该核素毒性组别修正因子的积除以与操作方式有关的修正因子所得的商。放射性核素毒性分组、放射性核素的毒性组别修正因子及操作方式有关的修正因子详见 GB18871—2002《电离辐射防护与辐射源安全基本标准》附录 D。

为保证非密封源工作场所室内空气清洁，地面、台面和管道应易于去污，不同级别工作场所室内表面和装备有一定特殊要求(见表 10-2)。

表 10-2　不同级别工作场所室内表面和装备的要求

场所级别	地面	表面	通风柜	室内通风	管道	清洗及去污设备
甲	地面与墙壁接缝无缝隙	易清洗	需要	机械通风	特殊要求	需要
乙	易清洗且不易渗透	易清洗	需要	有较好通风	一般要求	需要
丙	易清洗	易清洗	不必	一般自然通风	一般要求	只需清洗设备

对于非密封源工作场所内通风柜的通风速率应不小于 1 m/s，排气口高度应高于本建筑物的屋脊，并设有净化过滤装置；洗涤用自来水的开关一般采用脚踏式、肘开式或光感应式。

3. 非密封源工作场所的表面污染控制

非密封放射性物质操作过程中，放射性核素会扩散、抛撒污染工作场所和物品。工作人员应严格按照规定操作，保证工作场所的表面放射性污染控制在一定水平内。工作场所的放射性表面污染控制水平见表 10-3。

表 10-3　工作场所的放射性表面污染控制水平　　　　单位：Bq/cm²

表面类型		α 放射性物质		β 放射性物质
		极毒性	其他	
工作台、设备、墙壁、地面	控制区①	4	40	40
	监督区	0.4	4	4
工作服、手套、工作鞋	控制区	0.4	0.4	4
	监督区			
手、皮肤、内衣、工作袜		0.04	0.04	0.4

注：① 该区内的高污染子区除外。

若发生放射性表面污染，视情况采取相应处理措施：

（1）小量放射性物质洒落时应及时采取下述去污措施：液态放射性物质，可用吸水纸清除。粉末状放射性物质，可用湿抹布等清除；清除时，按照由外到内原则；必要时可根据放射性物质的化学性质和污染表面性质，选用有效的去污剂作进一步去污，直至污染区达到本底水平。

（2）发生严重污染事故时，要保持镇静，依据具体情况采取各种必要的紧急措施，防止污染扩散和减少危害。主要的紧急措施如下：立即通知在场的其他人员；迅速标出污染范围，以免其他人员误入；立即清洗放射性污染；污染的衣服，应脱掉留在污染区；污染区的人员在采取减少危害和防止污染扩散所应采取的必要措施后，应立即离开污染区；事件发生后，应尽快通知防护负责人和主管人员，防护人员应迅速提出全面处理事故的方案并协助主管人员组织实施，处理事故的人员应穿着适当的个体防护装备和携带必要的用具；污染区经去污、检测合格后，在防护人员的同意下方可重新开放。

4. 射线装置分类

根据射线装置对人体健康和环境可能造成危害的程度，从高到低将射线装置分为Ⅰ类、Ⅱ类、Ⅲ类。

射线装置分类详见环境保护总局公告第 26 号《射线装置分类办法》。

5. 辐射工作场所的分区

为便于辐射防护管理和职业照射控制，辐射工作场所分为控制区和监督区。

控制区是指辐射工作场内需要或可能需要采取专门的防护手段和安全措施的区域，以便在正常工作条件下控制正常照射或防止污染扩展，并预防潜在照射或限制其程度。一般辐射工作场所采用实体边界划定控制区；采用实体边界不现实时，也可采用拉警戒绳或划警示线等方式。

监督区是指未被确定为控制区、通常不需要采取专门防护手段和安全措施但要不断检查其职业照射条件的任何区域。

6. 辐射警示标识

放射工作场所、射线装置、源容器和放射性废物桶的显著位置应设置电离辐射的标志和警告标志。电离辐射的标志和警告标志见图 10-5 和图 10-6。

图 10-5　电离辐射的标志

图 10-6　电离辐射警告标志

除此之外,辐射工作场所有时还设置工作指示灯、声光报警装置、警戒绳或警戒线,提醒人们当心电离辐射,避免潜在事故发生。

7. 屏蔽

对于有实体屏蔽的放射源和射线装置如辐射加工装置、探伤房、X 诊断机房和加速器机房等,应选择适当材料进行屏蔽,实体屏蔽的墙、窗、门应有足够的防护效果,屏蔽体外 30 cm 的辐射水平不应超过 2.5 μSv/h。

对于未有实体屏蔽的现场探伤,采用距离屏蔽,辐射水平超过 15 μSv/h 区域设为控制区,辐射水平在 2.5～15 μSv/h 的区域一般设为监督区。

对于自屏蔽的加速器、X 射线装置和含源设备等,屏蔽材料应有足够的防护效果,人体可达到的设备外表面 5 cm 处的辐射水平不应超过 2.5 μSv/h。

对于含源检测仪表,如料位计、密度计、湿度计和核子秤等,含源检测仪表使用场所的防护按表 10-4 进行控制。

表 10-4　不同使用场所对检测仪表外围辐射的剂量控制要求

检测仪表使用场所	不同距离的周围剂量当量率 H 控制值,μSv/h	
	5 cm	100 cm
对人员的活动范围不限制	$H < 2.5$	$H < 0.25$
在距源容器外表面 1 m 的区域内很少有人停留	$2.5 \leqslant H < 25$	$0.25 \leqslant H < 2.5$
在距源容器外表面的 3 m 的区域内不可能有人进入或放射工作场所设置了监督区	$25 \leqslant H < 250$	$2.5 \leqslant H < 25$
只能在特定的放射工作场所使用,并按控制区、监督区[①]分区管理	$250 \leqslant H < 1\,000$	$25 \leqslant H < 100$

注:① 监督区的边界剂量率为 2.5 μSv/h。

8. 安全联锁装置

为保证辐射源安全运行,预防潜在照射发生,有些辐射设施或设备如辐射加工场、探伤室、加速器治疗机房、γ 刀治疗机房、Co-60 治疗机房、后装机机房和 X 射线荧光分析仪,应设置安全联锁装置。

安全联锁装置一般有门机联锁、光电、拉线、紧急停机开关等。安全联锁装置是预防潜在照射的一个环节。为保证安全联锁装置有效运行,安全联锁装置的设计应考虑纵深防御原则、冗余性原则、多样性原则和独立性原则。任何个人不能人为地破坏安全联锁装置。

9. 防护器材

辐射工作单位应为放射工作人员配备适当的个体防护装备和监测设备。

外照射的个体防护装备有铅防护服、铅帽、铅眼镜、铅围脖、铅围裙、铅三角巾、铅屏风、铅玻璃、中子防护服等；内照射的个体防护装备有隔离服、口罩、帽子、工作鞋、手套、气衣、气盔等。

常用的监测设备有个人剂量报警器、X 和 γ 剂量率仪、中子当量率仪、表面污染仪等。

10. 辐射监测

辐射监测是指为了评估和控制辐射或放射性物质的照射，对剂量或污染所完成的测量及对测量结果所作的分析和解释。辐射监测按监测对象分为个人监测、工作场所监测和辐射环境监测。

个人监测是利用工作人员佩带剂量计进行的测量，或对其体内或排泄物中放射性核素的种类和活度进行的测量，或对工作人员皮肤污染水平进行测量，以及对测量结果的解释。

工作场所监测是对辐射工作场所及临近地区的辐射水平进行的辐射监测。根据辐射源不同，监测的对象有 X 射线、γ 射线、中子辐射等外照射水平，工作场所空气中放射性核素浓度，工作场所 α、β 表面污染。

辐射环境监测是指在辐射源所在场所的边界以外环境中进行的辐射监测。为了评判辐射源运行后是否会对环境造成影响，应开展辐射环境本底调查。

辐射工作单位应根据本单位辐射源的实际，制定监测计划，定期开展工作场所辐射水平的自主监测，并委托有资质单位开展辐射防护的外部监测，监测周期一般每年 1～2 次。

11. 放射性废物管理

放射性废物是指含有放射性物质或被放射性物质污染的，其活度或活度浓度大于审管部门规定的清洁解控水平的，预期不会再利用的任何物理形态的废弃物。

清洁解控水平是由国家审管部门规定的、以放射性浓度、放射性比活度或总活度表示的特定值，当辐射源等于或低于这些值，可解除审管控制。

（1）分类

放射性废物按其放射性活度水平分为豁免废物、低水平放射性废物（第Ⅰ级）、中水平放射性废物（第Ⅱ级）或高水平放射性废物（第Ⅲ级）；按其物理性状分为放射性气载废物、放射性液体废物和放射性固体废物三类。

豁免废物是指含有放射性物质，但其放射性浓度、放射性比活度或污染水平不超过国家审管部门规定的清洁解控水平的废物。

（2）管理

辐射工作单位应确保在现实可行的条件下，使所产生的放射性废物的活度与体积达到并保持最小，并在符合国家有关法规与标准的前提下，通过分类收集、处理、整备、运输、贮存和处置等措施，确保：放射性废物对工作人员与公众的健康及环境可能造成的危害降低到可以接受的水平；放射性废物对后代健康的预计影响不大于当前可以接受的水平；放射性废物不给后代增加不适当的负担。

放射性废物应根据废物中放射性核素的种类、含量、半衰期、浓度以及废物的体积和其他物理与化学性质的差别,分类收集和分别处理。

（3）使用少量非密封放射源产生放射性废物的管理

医院、学校和科研机构由于诊断、治疗和科学研究,需要使用少量非密封放射性物质,会产生一些放射性废物。对于这些放射性废物,可采用以下管理。

使用放射性核素其日等效最大操作量等于或大于 2×10^7 Bq 的辐射工作单位,应设置有放射性污水池以存放放射性废水直至符合排放要求时方可排放。放射性污水池应合理选址,池底和池壁应坚固、耐酸碱腐蚀和无渗透性,应有防泄漏措施。

产生放射性废液而可不设置放射性污水池的单位,应将仅含短半衰期核素的废液注入专用容器中通常存放 10 个半衰期后,经审管部门审核准许,可作普通废液处理。对含长半衰期核素的废液,应专门收集存放,交有资质单位回收处理。

放射性废液不得排入普通下水道,除非经审管部门确认满足每月排放的总活度不超过 10 ALI_{min}（ALI_{min} 是相应于职业照射的食入和吸入 ALI 值中较小者）和每一次排放的总活度不超过 1 ALI_{min} 条件时的低放废液,方可直接排入流量大于 10 倍排放量的普通下水道,且每次排放后应用不少于 3 倍排放量的水进行冲洗,并应对每次排放进行记录。

对注射器和碎玻璃器皿等含尖刺及棱角的放射性废物,应先装入硬纸盒或其他包装材料中,然后再装入专用塑料袋内,每袋废物的表面剂量率应不超过 0.1 mSv/h,重量不超过 20 kg。

含有放射性核素的动物尸体应防腐、干化、灰化或直接焚化。灰化后残渣按固体放射性废物处理。含有长半衰期核素的动物尸体,也可先固化,然后按固体放射性废物处理。

废物袋、废物桶及其他存放废物的容器必须安全可靠,在显著位置标有废物类型、核素种类、比活度水平和存放日期等说明。暂存库应有足够防护和通风,出入口应设置电离辐射警示标志。

12. 放射工作人员管理

放射工作人员应当接受辐射安全与防护知识培训,开展职业健康检查和个人剂量监测。

（1）辐射安全与防护知识培训

辐射工作单位应当安排放射工作人员接受辐射安全培训,培训内容主要涉及相关的法律法规和辐射安全与防护相关基本知识,并进行考核;考核不合格的,不得上岗。除医疗机构外,取得辐射安全培训合格证书的放射工作人员,应当每 4 年接受一次再培训;医疗机构的放射工作人员两次培训的时间间隔应不超过 2 年。

（2）职业健康检查

放射工作人员上岗前,应当进行上岗前的职业健康检查,符合放射工作人员健康标准的,方可参加相应的放射工作。放射工作单位应当组织上岗后的放射工作人员定期进行健康检查,两次健康检查间隔不应超过 2 年。放射工作人员脱离放射工作岗位时,放射工作单位应当对其进行离岗前的职业健康检查。对参加应急处理或者受到事故照射的放射工作人员,放射工作单位应当及时组织健康检查或者医疗救治,按照国家有关标准进行医学随访观察。

（3）个人剂量监测

个人剂量监测是辐射防护评价和辐射健康评价的基础。一般是测量个人在一段时间（一年或一个月）或一次性操作过程中所接受的 β、γ、X 射线或中子流外照射的剂量和内污染的放射性核素所造成的待积剂量。外照射剂量一般用佩戴在放射工作人员身上的设备或个人剂量计进行测量，内污染的放射性核素的测量一般采用全身计数器或分析排泄物中放射性物质的量，并估算放射性核素所造成的待积剂量。

所有从事或涉及放射工作的个人，都应接受职业外照射个人剂量监测。外照射个人剂量常规监测周期一般为 1 个月，也可视具体情况延长或缩短，但最长不得超过 3 个月。

对于在控制区内工作并可能有放射性核素显著摄入的工作人员，应进行常规个人内照射监测；如有可能，对所有受到职业照射的人员均应进行个人监测，但如果经验证明，放射性核素年摄入量产生的待积有效剂量不可能超过 1 mSv 时，一般可不进行个人监测，但要进行工作场所监测。

辐射工作单位应为放射工作人员建立个人剂量档案和健康档案，个人剂量档案终身保存。

13. 管理制度

辐射工作单位应设有专门的辐射安全与环境保护管理机构或至少有 1 名具有本科以上学历的技术人员专职负责本单位辐射安全与环境保护管理工作，并根据本单位实际制定相关的管理制度。管理制度包括操作规程、岗位职责、安全保卫制度、辐射防护措施、台账管理制度、人员培训计划、职业健康管理制度和监测方案等。

辐射工作单位应当对本单位的放射性同位素与射线装置的安全和防护状况进行年度评估，并于每年 1 月 31 日前向原发证机关提交上一年度的评估报告。

14. 辐射事故应急

（1）辐射事故分级

根据辐射事故的性质、严重程度、可控性和影响范围等因素，从重到轻将辐射事故分为特别重大辐射事故、重大辐射事故、较大辐射事故和一般辐射事故四个等级。

特别重大辐射事故，指 I 类、II 类放射源丢失、被盗、失控造成大范围严重辐射污染后果，或者放射性同位素和射线装置失控导致 3 人以上（含 3 人）急性死亡。

重大辐射事故，指 I 类、II 类放射源丢失、被盗、失控，或者放射性同位素和射线装置失控导致 2 人以下（含 2 人）急性死亡或者 10 人以上（含 10 人）急性重度放射病、局部器官残疾。

较大辐射事故，指 III 类放射源丢失、被盗、失控，或者放射性同位素和射线装置失控导致 9 人以下（含 9 人）急性重度放射病、局部器官残疾。

一般辐射事故，指 IV 类、V 类放射源丢失、被盗、失控，或者放射性同位素和射线装置失控导致人员受到超过年剂量限值的照射。

（2）辐射事故应急方案

辐射工作单位应当根据本单位实际情况制订切实可行的辐射事故应急方案。辐射事故应急方案一般包括以下内容：应急机构和职责分工；应急人员的组织、培训以及应急和救助的装备、资金、物资准备;应急响应措施;辐射事故报告、调查和处理。辐射工作单位应定期组织演练,以确保放射事故应急制度更具备可操作性。

(3) 辐射事故应急

发生辐射事故后,辐射工作单位是辐射事故处理主体,应当立即启动辐射应急方案,采取应急措施,直到事故处理结束;并在 2h 之内向当地环保部门、公安部门、安监主管部门和卫生主管部门报告。环保部门、公安部门、安监主管部门和卫生主管部门接到报告后,应当立即派人赶赴现场,进行现场调查,采取有效措施,控制并消除事故影响,同时将辐射事故信息报本级人民政府和上级主管部门。

事故应急时,应急人员受照剂量一般应不超过 50 mSv。

发生放射性核素内污染,应立即口服或注射促排药物和阻吸物药物,加速放射性核素的排泄,减少其在体内的滞留。碘化钾、普鲁士蓝、褐藻酸钠和氢氧化铝被确认为放射性碘、铯、锶的促排和阻吸收药物;811#(三聚二甲基亚氨基二乙酸四氮异喹啉)药物对钍有较好的促排效果;口服或静脉注射 0.87% $NaHCO_3$ 溶液可增加尿铀的排出量。对一些没有特效促排药物的金属放射性核素,目前常常采用广谱螯合剂二乙烯三胺五乙酸(DTPA)钙盐和锌盐作为促排剂。

超剂量照射的人员,事故单位应当迅速安排受照人员接受医学检查或者在指定的医疗机构进行救治。

10.4　高等学校的辐射防护与安全管理

高等学校由于人才培养学科和研究领域不同,辐射源也各不相同。目前我国高等学校辐射源基本涵盖了Ⅰ类、Ⅱ类、Ⅲ类、Ⅳ类、Ⅴ类密封放射源,Ⅰ类、Ⅱ类、Ⅲ类射线装置,以及非密封放射性物质。非密封源的放射工作场所有乙级和丙级。

根据国家法律、法规和相关标准规范的要求,高等学校的辐射防护与安全管理应开展以下工作:

(1) 成立辐射防护与安全管理领导小组或任命专人负责本单位的辐射防护与安全管理工作。

(2) 建立辐射防护管理制度和辐射事故应急预案,定期开展辐射事故应急演练;发生辐射事故时,辐射工作单位应立即启动辐射事故应急预案迅速开展事故应急,并及时报告当地的环保、公安和卫生部门。

(3) 申请辐射安全许可证,并根据相关规定及时变更、重新申请和延续辐射安全许可证。

(4) 加强放射工作人员管理,开展辐射安全培训、职业健康检查和个人剂量监测,建立放射工作人员职业健康档案和个人剂量档案。个人剂量档案终身保存。对于进入辐射工作场所学习的学生,应进行辐射安全培训,并佩带直读式个人剂量计。

(5) 为辐射工作场所配备足够的辐射防护监测设备,为个人提供合适的个体防护装备。对于开放型放射工作场所,应根据使用的放射性核素,配备合适的去污剂和促排药物。

（6）定期开展辐射安全检查和自主监测，将结果记录存档，并每年委托有资质单位开展辐射防护检测 1～2 次。

（7）建立密封放射源和射线装置台账，对于可移动的密封放射源和放射性物质，应设立放射源暂存库，双人双锁管理，建立放射源出入库使用台账；对于不再使用的密封放射源，应返回原生产单位或原出口方，或送交有相应资质的放射性废物集中贮存单位贮存。

（8）非密封源放射工作场所产生的放射性废物应分类收集，集中暂存在放射性废物暂存库；短寿命的放射性核素废物放置 10 个半衰期，经审管部门审核准许，可作普通废物处理；其他放射性废物按有关要求进行处理。

（9）辐射工作单位应当对本单位的放射性同位素与射线装置的安全和防护状况进行年度评估，并于每年 1 月 31 日前向原发证机关提交上一年度的评估报告。

第11章　化学反应安全工程

化工生产过程就是通过有控的化工反应改变物质的物理化学性质的过程。一方面，化工反应过程本身存在着危险性；另一方面，化工反应生成的新物质又出现了新的危险性。认识各种化工反应过程的危险性质，才能有针对性地采取安全对策措施。

热危险性是化工生产过程中可能造成反应失控的最典型表现。过度的反应放热超过了反应器冷却能力的控制极限，导致喷料，反应器破坏，甚至燃烧、爆炸等事故。因此，掌握热危险性的规律是实现化工生产过程安全的关键。

11.1　化工反应的危险性

不同的化工反应，具有不同的原料、产品、工艺流程、控制参数，其危险性也呈现不同的水平。化工反应的危险性一般表现为如下几种情况：

（1）有本质上不稳定物质存在的化工反应，这些不稳定物质可能是原料、中间产物、成品、副产品、添加物或杂质。

（2）放热的化工反应。

（3）含有易燃物料且在高温、高压下运行的化工反应。

（4）含有易燃物料且在冷冻状况下运行的化工反应。

（5）在爆炸极限内或接近爆炸极限反应的化工反应。

（6）有可能形成尘雾爆炸性混合物的化工反应。

（7）有高毒物料存在的化工反应。

（8）储有压力能量较大的化工反应。

2009年6月，国家安全监管总局公布了《首批重点监管的危险化工工艺目录》，具有危险性的化工工艺主要包括：光气及光气化、电解（氯碱）、氯化、硝化、合成氨、裂解（裂化）、氟化、加氢、重氮化、氧化、过氧化、氨基化、磺化、聚合、烷基化等。除此之外，部分异构化、中和、酯化、水解等工艺也可能涉及危险性。

这些化工反应按其热反应的危险程度增加的次序可分为四类：

（1）第一类化工过程

① 加氢，将氢原子加到双键或三键的两侧；

② 水解，化合物和水反应，如从硫或磷的氧化物生产硫酸或磷酸；

③ 异构化，在一个有机物分子中原子的重新排列，如直链分子变为支链分子；

④ 磺化,通过与硫酸反应将 SO_3H^- 导入有机物分子;

⑤ 中和,酸与碱反应生成盐和水。

(2) 第二类化工过程

① 烷基化,将一个烷基原子团加到一个化合物上形成种种有机化合物;

② 酯化,酸与醇或不饱和烃反应,当酸是强活性物料时,危险性增加;

③ 氧化,某些物质与氧化合,反应控制在不生成 CO_2 及 H_2O 的阶段,采用强氧化剂如氯酸盐、酸、次氯酸及其盐时,危险性较大;

④ 聚合(缩聚),分子连接在一起形成链或其他连接方式;连接两种或更多的有机物分子,析出水、HCl 或其他化合物。

(3) 第三类化工过程

卤化等,将卤族原子(氟、氯、溴或碘)引入有机分子。

(4) 第四类化工过程

硝化等,用硝基取代有机化合物中的氢原子。

危险反应过程的识别,不仅应考虑主反应还需考虑可能发生的副反应、杂质或杂质积累所引起的反应,以及对构造材料腐蚀产生的腐蚀产物引起的反应等等。

11.2　化工反应的安全技术

化工生产是以化学反应为主要特征的生产过程,具有易燃、易爆、有毒、有害、有腐蚀等特点,因此安全生产在化工中尤为重要。不同类型的化学反应,因其反应特点不同,潜在的危险性亦不同,生产中规定有相应的安全操作要求。一般情况下,中和反应、复分解反应、酯化反应较少危险性,操作较易控制;但不少化学反应如氧化、还原、硝化反应等就存在火灾和爆炸的危险,这些化学反应有不同的工艺条件,操作较难控制,必须特别注意安全。

11.2.1　光气及光气化

光气及光气化工艺包含光气的制备工艺,以及以光气为原料制备光气化产品的工艺路线,该反应为放热反应,主要分为气相和液相两种。典型的光气及光气化工艺有:一氧化碳与氯气的反应得到光气;光气合成双光气、三光气;采用光气作单体合成聚碳酸酯;甲苯二异氰酸酯(TDI)的制备;4,4'-二苯基甲烷二异氰酸酯(MDI)的制备等。

光气及光气化反应安全技术的要点是:

(1) 光气为剧毒气体,在储运、使用过程中发生泄漏后,易造成大面积污染、中毒事故;反应介质具有燃爆危险性;副产物氯化氢具有腐蚀性,易造成设备和管线泄漏使人员发生中毒事故,在生产过程中需重点监控光气化反应釜和光气储运单元的安全。

(2) 生产系统一旦出现异常现象或发生光气及其剧毒产品泄漏事故时,应通过自控联锁装置启动紧急停车并自动切断所有进出生产装置的物料,将反应装置迅速冷却降温,同时将发生事故设备内的剧毒物料导入事故槽内,开启氨水、稀碱液喷淋,启动通风排毒系统,将事故部位的有毒气体排至处理系统。

11.2.2　电解（氯碱）

电流通过电解质溶液或熔融电解质时，在两个极上所引起的化学变化称为电解。电解反应在工业上有着广泛的作用，许多有色金属（钠、钾、镁、铅等）和稀有金属（锆、铅等）冶炼，金属铜、锌、铝等的精炼；许多基本化学工业产品（氢、氧、氯、烧碱、氯酸钾、过氧化氢等）的制备，以及电镀、电抛光、阳极氧化等，都是通过电解来实现的。典型的电解工艺有：氯化钠（食盐）水溶液电解生产氯气、氢氧化钠、氢气；氯化钾水溶液电解生产氯气、氢氧化钾、氢气。

电解过程中的安全技术要点是：

（1）盐水应保证质量

盐水中如含有铁杂质，能够产生第二阴极而放出氢气；盐水中带入铵盐，在适宜的条件下（pH<4.5时），铵盐和氯作用可生成氯化铵，氯作用于浓氯化铵溶液还可生成黄色油状的三氯化氮。

三氯化氮是一种爆炸性物质，与许多有机物接触或加热至 90 ℃以上以及被撞击，即发生剧烈的分解爆炸。因此盐水配制必须严格控制质量，尤其是铁、钙、镁和无机铵盐的含量。一般要求 Mg^{2+}<2 mg/L，Ca^{2+}<6 mg/L，SO_4^{2-}<5 mg/L。应尽可能采取盐水纯度自动分析装置，这样可以观察盐水成分的变化，随时调节碳酸钠、苛性钠、氯化钡或丙烯酰胺的用量。

（2）盐水添加高度应适当

在操作中向电解槽的阳极室内添加盐水，如盐水液面过低，氢气有可能通过阴极网渗入到阳极室内与氯气混合；若电解槽盐水装得过满，在压力下盐水会上涨，因此，盐水添加不可过少或过多，应保持一定的安全高度。采用盐水供料器应间断供给盐水，以避免电流的损失，防止盐水导管被电流腐蚀（目前多采用胶管）。

（3）防止氢气与氯气混合

氢气是极易燃烧的气体，氯气是氧化性很强的有毒气体，一旦两种气体混合极易发生爆炸，当氯气中含氢量达到 5%以上，则随时可能在光照或受热情况下发生爆炸。造成氢气和氯气混合的主要原因是：阳极室内盐水液面过低；电解槽氢气出口堵塞，引起阴极室压力升高；电解槽的隔膜吸附质量差；石棉绒质量不好，在安装电解槽时碰坏隔膜，造成隔膜局部脱落或者送电前注入的盐水量过大将隔膜冲坏，以及阴极室中的压力等于或超过阳极室的压力时，就可能使氢气进入阳极室等，这些都可能引起氯气中含氢量增高。此时应对电解槽进行全面检查，将单槽氯含氢浓度控制在 2%以下，总管氯含氢浓度控制在0.4% 以下。

（4）严格电解设备的安装要求

由于在电解过程中氢气存在，故有着火爆炸的危险，所以电解槽应安装在自然通风良好的单层建筑物内，厂房应有足够的防爆泄压面积。

（5）掌握正确的应急处理方法

在生产中当遇到突然停电或其他原因突然停车时，高压阀不能立即关闭，以免电解槽中氯气倒流而发生爆炸。应在电解槽后安装放空管，以及时减压，并在高压阀门上安装单向阀,以有效地防止跑氯,避免污染环境和带来火灾危险。

11.2.3　氯化

氟、氯、溴、碘是有重要工业价值的卤族元素。以氯原子取代有机化合物中氢原子的过程称为氯化反应。化工生产中的此种取代过程是直接用氯化剂处理被氯化的原料。氯化反应不论气相或液相反应,都具有潜在的危险性。典型的氯化工艺有:

（1）取代氯化

氯取代烷烃的氢原子制备氯代烷烃;氯取代苯的氢原子生产六氯化苯;氯取代萘的氢原子生产多氯化萘;甲醇与氯反应生产氯甲烷;乙醇和氯反应生产氯乙烷（氯乙醛类）;醋酸与氯反应生产氯乙酸;氯取代甲苯的氢原子生产苄基氯等;

（2）加成氯化

乙烯与氯加成氯化生产 1,2 -二氯乙烷;乙炔与氯加成氯化生产 1,2 -二氯乙烯;乙炔和氯化氢加成生产氯乙烯等。

（3）氧氯化

乙烯氧氯化生产二氯乙烷;丙烯氧氯化生产 1,2 -二氯丙烷;甲烷氧氯化生产甲烷氯化物;丙烷氧氯化生产丙烷氯化物等。

（4）其他工艺

硫与氯反应生成一氯化硫;四氯化钛的制备;黄磷与氯气反应生产三氯化磷、五氯化磷等。

化工生产中用以氯化的原料比较重要的有甲烷、乙烷、乙烯、丙烯、苯、甲苯及萘等,它们都是易燃易爆物质。氯化反应是放热反应,芳烃氯化的反应温度较低,而烷烃和烯烃的氯化则高达 300～500℃。在这样苛刻的反应条件下,控制温度、浓度和加料速度至关重要。另外,氯化反应器要有良好的冷却系统,设备和管道要能耐腐蚀。

常用的氯化剂有液态或气态氯、气态氯化氢和不同浓度的盐酸、磷酰氯（三氯氧化磷）、三氯化磷（用来制造有机酸的酰氯）、硫酰氯（二氯硫酰）、次氯酸钙（漂白粉 $Ca(OCl)_2$）等。最常用的氯化剂是氯气,其毒性很大,必须严防泄漏,用气瓶或储罐灌装时要密切注意外界温度和压力的影响。三氯化磷遇水会猛烈分解,易引起冲料或爆炸,所以一定要防水。

在氯化过程中,不仅原料与氯化剂发生作用,而且所生成的氯化衍生物与氯化剂同时也发生作用,因此在反应物中除一氯取代物之外,总是含有二氯及三氯取代物。所以氯化的反应物是各种不同浓度的氯化产物的混合物,氯化过程往往伴有氯化氢气体的生成。

影响氯化反应的因素是被氯化物及氯化剂的化学性质、反应温度及压力（压力影响较小）、催化剂相反应物的聚积状态等。氯化反应是在接近大气压下进行的,多数稍高于大气压力或者比大气压力稍低,以促使气体氯化氢逸出。真空度常常通过在氯化氢排出导管上设置喷射器来实现。

根据促进氯化反应的手段不同,工业上采用的氯化方法主要有以下四种:

（1）热氯化法

热氯化法是以热能激发氯分子,使其分解成活泼的氯自由基进而取代烃类分子中的氢原子,而生成各种氯衍生物。工业上将甲烷氯化制取各种甲烷氯衍生物,丙烯氯化制取 a-氯丙烯,均采用热氯化法。

(2) 光氯化

光氯化是以光能激发氯分子,使其分解成氯自由基,进而实现氯化反应。光氯化法主要应用于液氯相氯化,例如苯的光氯化制备农药等。

(3) 催化氯化法

催化氯化法是利用催化剂以降低反应活化能,促使氯化反应的进行。在工业上均相和非均相的催化剂均有采用,例如将乙烯在 $FeCl_2$ 催化剂存在下与氯加成制取二氯乙烷,乙炔在 $HgCl_2$ 活性炭催化剂存在下与氯化氢加成制取氯乙烯等。

(4) 氧氯化法

氧氯化法以 HCl 为氯化剂,在氧和催化剂存在下进行的氯化反应,称为氧氯化反应。生产含氯衍生物所用的化学反应有取代氯化和加成氯化两种。

氯化反应安全技术的要点包括:

(1) 氯气的安全使用

最常用的氯化剂是氯气。在化工生产中,氯气通常液化储存和运输,常用的容器有贮罐、气瓶和槽车等。贮罐中的液氯在进入氯化器使用之前必须先进入蒸发器使其汽化。在一般情况下不能把储存氯气的气瓶或槽车当贮罐使用,因为这样有可能使被氯化的有机物质倒流进气瓶或槽车,引起爆炸。对于一般氯化器应装设氯气缓冲罐,防止氯气断流或压力减小时形成倒流。

(2) 氯化反应过程的安全

氯化反应的危险性主要决定于被氯化物质的性质及反应过程的控制条件。由于氯气本身的毒性较大(被列入剧毒化学品名录),储存压力较高,一旦泄漏是很危险的。反应过程所用的原料大多是有机物,易燃易爆,所以生产过程有燃烧爆炸危险,应严格控制各种点火能源,电气设备应符合防火防爆的要求。

氯化反应是一个放热过程(有些是强放热过程,如甲烷氯化,每取代一原子氢,放出热量 100 kJ 以上),尤其在较高温度下进行氯化,反应更为激烈。例如环氧氯丙烷生产中,丙烯预热至 300 ℃ 左右进行氯化,反应温度可升至 500 ℃,在这样高的温度下,如果物料泄漏就会造成燃烧或引起爆炸。因此,一般氯化反应设备必须备有良好的冷却系统,严格控制氯气的流量,以避免因氯流量过快,温度剧升而引起事故。

液氯的蒸发汽化装置,一般采用汽水混合办法进行升温,加热温度一般不超过 50℃,汽水混合的流量一般应采用自动调节装置。在氯气的入口处,应安装有氯气的计量装置,从钢瓶中放出氯气时可以用阀门来调节流量。如果阀门开得太大,一次放出大量气体时,由于汽化吸热的缘故,液氯被冷却了,瓶口处压力因而降低,放出速度则趋于缓慢,其流量往往不能满足需要,此时在钢瓶外面通常附着一层白霜。因此若需要气体氯流量较大时,可并联几个钢瓶,分别由各钢瓶供气,就可避免上述的问题。若果用此法氯气量仍不足时,可将钢瓶的一端置于温水中加温。

(3) 氯化反应设备腐蚀的预防

由于氯化反应几乎都有氯化氢气体生成,因此所用的设备必须防腐蚀,设备应严密不漏。氯化氢气体可回收,这是较为经济的,因为氯化氢气体极易溶于水中,通过增设吸收和冷却装置就可以除去尾气中绝大部分氯化氢。除用水洗涤吸收之外,也可以采用活性炭吸附和化学处理方法。采用冷凝方法较合理,但要消耗一定的冷量。采用吸收法时,则需用蒸馏方法将被氯化原料分离出来,再次处理有害物质。为了使逸出的有毒气体不致混入周围的大气中,采用分段碱液吸收器将有毒气体吸收。与大气相通的管子上应安装自动信号分析器,借以检查吸收处理进行得是否完全。

11.2.4　硝化

在有机化合物分子中引入硝基(—NO_2)取代氢原子而生成硝基化合物的反应,称为硝化。常用的硝化剂是浓硝酸或混合酸(浓硝酸和浓硫酸的混合物)。硝化过程是染料、炸药及某些药物生产的重要反应过程。典型的硝化工艺有:

(1) 直接硝化法

丙三醇与混酸反应制备硝酸甘油;氯苯硝化制备邻硝基氯苯、对硝基氯苯;苯硝化制备硝基苯;蒽醌硝化制备 1-硝基蒽醌;甲苯硝化生产三硝基甲苯(俗称梯恩梯,TNT);丙烷等烷烃与硝酸通过气相反应制备硝基烷烃等。

(2) 间接硝化法

苯酚采用磺酰基的取代硝化制备苦味酸等。

(3) 亚硝化法

2-萘酚与亚硝酸盐反应制备 1-亚硝基-2-萘酚;二苯胺与亚硝酸钠和硫酸水溶液反应制备对亚硝基二苯胺等。

硝化过程中硝酸的浓度对反应温度有很大的影响。硝化反应是强烈放热的反应(引入一个硝基放热 152.2～153.0 kJ/mol),因此硝化需在降温条件下进行。

对于难硝化的物质以及制备多硝基物时,常用硝酸盐代替硝酸。先将被硝化的物质溶于浓硫酸中,然后在搅拌下将某种硝酸盐(KNO_3、$NaNO_3$、NH_4NO_3)渐渐加入浓酸溶液中。除此之外,氧化氮也可以作硝化剂。

硝化剂是强氧化剂,硝化反应是放热反应,硝基化合物一般都具有爆炸危险性,特别是多硝基化合物,受热、摩擦或撞击都可能引起爆炸。反应所用的原料甲苯、苯酚等都是易燃易爆物质,硝化剂浓硫酸和浓硝酸所配制的混合酸具有强烈的氧化性和腐蚀性,所以硝化反应潜在的危险性较大。为避免反应失常或产生爆炸,操作中必须精心控制反应温度和浓度,避免一切摩擦、撞击、高温因素,不得接触明火和酸、碱物质等。硝化反应器要有良好的冷却和搅拌装置,要有灵敏的温度控制和报警系统。同时,硝化反应的腐蚀性很强,要注意设备、管道的防腐蚀性能,以防渗漏酿成事故。

硝化反应安全技术的要点包括:

(1) 混酸配制的安全

硝化反应中常用的硝化剂是浓硝酸或混酸(浓硝酸和浓硫酸的混合物),混酸中硫酸量与水量的比例应当计算,混酸中硝酸量不应少于理论需要量,实际上稍稍过量 1%～10%。制备混酸时,应先用水将浓硫酸稀释(不可将水注入酸中,因为水的比重比浓硫酸轻,上层的水被溶解放出的热加热沸腾,引起四处飞溅,造成事故),在不断搅拌和冷却条件下加浓硝酸,并且严格控制温度和酸的配比,严防冲料或爆炸。配制成的混酸具有强烈的氧化性和腐蚀性,必须防止触及人体和衣物。

在配制混酸时可用压缩空气进行搅拌,也可机械搅拌或用循环泵。用压缩空气不如机械搅拌好,有时会带入水或油类,并且酸易被夹带出去造成损失。酸类化合物混合时,放出大量的热量,温度可达到90℃或更高。在这个温度下,硝酸部分分解为二氧化氮和水,假若有部分硝基物生成,高温下可能引起爆炸,所以必须进行冷却。机械搅拌和循环搅拌可以起到一定的冷却作用。由于制备好的混酸具有强烈的氧化性能,因此应防止和其他易燃物接触,避免因强烈氧化而引起自燃。

(2) 硝化器的安全

搅拌式反应器是常用的硝化设备,这种设备由锅体(或釜体)、搅拌器、传动装置、夹套和蛇管组成,一般是间歇操作。物料由上部加入锅内,在搅拌条件下迅速地与原料混合并进行硝化反应。如果需要加热,可在夹套或蛇管内通入蒸气;如果需要冷却,可通冷却水或冷冻剂。

为了扩大冷却面,通常是将侧面的器壁做成波浪形,并在设备的盖上装有附加的冷却装置。这种硝化器里面常有推进式搅拌器,并附有扩散圈,在设备底部某处制成一个凹形并装有压出管,以保证压料时能将物料全部泄出。

采用多段式硝化器可使硝化过程达到连续化。连续硝化不仅可以显著地减少能量的消耗,也可以由于每次投料少,减少爆炸中毒的危险,为硝化过程的自动化和机械化创造了条件。

硝化器夹套中冷却水压力微呈负压,在水引入管上,必须安装压力计,在进水管及排水管上都需要安装温度计。应严防冷却水因夹套焊缝腐蚀而漏入硝化物中,因硝化物遇到水后温度急剧上升,反应进行很快,可分解产生气体物质而发生爆炸。

为便于检查,在废水排出管中,应安装电导自动报警器,当管中进入极少的酸时,水的导电率即会发生变化,此时,发出报警信号。另外对流入及流出水的温度和流量也要特别注意。

(3) 硝化过程的安全

为了严格控制硝化反应温度,应控制好加料速度,硝化剂加料应采用双重阀门控制,设置必要的冷却水源备用系统。反应中应持续搅拌,保持物料混合良好,并备有保护性气体(惰性气体氮等)搅拌和人工搅拌的辅助设施。搅拌机应当有自动启动的备用电源,以防止机械搅拌在突然断电时停止而引起事故。搅拌轴采用硫酸作润滑剂,温度套管用硫酸作导热剂,不可使用普通机械油或甘油,防止机油或甘油被硝化而形成爆炸性物质。

硝化器应附设相当容积的紧急放料槽,准备在万一发生事故时,立即将料放出。放料阀可采用自动控制的气动阀和手动阀并用。硝化器上的加料口关闭时,为了排出设备中的气体,应安装可移动的排气罩。设备应当采用抽气法或利用带有铝制透平的防爆型通风机进行通风。

温度控制是硝化反应安全的基础,应当安装温度自动调节装置,防止超温发生爆炸。

取样时可能发生烧伤事故。为了使取样操作机械化,应安装特制的真空仪器,此外最好还要安装自动酸度记录仪,取样时应当防止未完全硝化的产物突然着火。例如,当搅拌器下面的硝化物被放出时,未起反应的硝酸可能与被硝化产物发生反应等。

往硝化器中加入固体物质,必须采用漏斗或翻斗车使加料工作机械化。自加料器上部的平台上将物料沿专用的管子加入硝化器中。

对于特别危险的硝化物(如硝化甘油),则需将其放入装有大量水的事故处理槽中。为了防止外界杂质进入硝化器中,应仔细检查硝化器中半成品。

由填料落入硝化器中的油能引起爆炸事故,因此,在硝化器盖上不得放置用油浸过的填料。在搅拌器的轴上,应备有小槽,以防止齿轮上的油落入硝化器中。

硝化过程中最危险的是有机物质的氧化,其特点是放出大量氧化氮气体的褐色蒸气以及使混合物的温度迅速升高,引起硝化混合物从设备中喷出而引起爆炸事故。仔细地配制反应混合物并除去其中易氧化的组分、调节温度及连续混合是防止硝化过程中发生氧化作用的主要措施。

在进行硝化过程时,不需要压力,但在卸出物料时,须采用一定压力,因此,硝化器应符合加压操作容器的要求。加压卸料时可能造成有害蒸气泄入操作厂房空气中,造成事故。

为了防止此类事件的发生,可用真空卸料。装料口经常打开或者用手进行装料,特别是在压出物料时,都可能散发出大量蒸气,应当采用密闭化措施。由于设备易腐蚀,必须经常检修更换零部件,这也可能引起人身事故。

由于硝基化合物具有爆炸性,因此必须特别注意处理此类物质过程中的危险性。例如,二硝基苯酚甚至在高温下也无多大的危险,但当形成二硝基苯酚盐时,则变为非常危险的物质;三硝基苯酚盐(特别是铅盐)的爆炸力是很大的,在蒸馏硝基化合物(如硝基甲苯)时,必须特别小心,因蒸馏在真空下进行,硝基甲苯蒸馏后余下的热残渣能发生爆炸,这是热残渣与空气中氧相互作用的结果。

硝化设备应确保严密不漏,防止硝化物料溅到蒸气管道等高温表面上而引起爆炸或燃烧。如管道堵塞时,可用蒸气加温疏通,千万不能用金属棒敲打或明火加热。

车间内禁止带入火种,电气设备要防爆。当设备需动火检修时,应拆卸设备和管道,并移至车间外安全地点,用水蒸气反复冲刷残留物质,经分析合格后,方可施焊。需要报废的管道,应专门处理后堆放起来,不可随便拿用,避免意外事故发生。

11.2.5　合成氨

合成氨工艺是氮和氢两种组分按一定比例(1∶3)组成的气体(合成气),在高温、高压下(一般为 400～450 ℃,15～30 MPa)经催化反应生成氨的过程。该反应为吸热反应,典型的合成氨工艺有:节能 AMV 法;德士古水煤浆加压气化法;凯洛格法;甲醇与合成氨联合生产的联醇法;纯碱与合成氨联合生产的联碱法;采用变换催化剂、氧化锌脱硫剂和甲烷催化剂的"三催化"气体净化法等。

合成氨反应安全技术的要点包括:

(1) 高温、高压使可燃气体爆炸极限扩宽,气体物料一旦过氧(亦称透氧),极易在设备和管道内发生爆炸;高温、高压气体物料从设备管线泄漏时会迅速膨胀与空气混合形成爆炸性混合物,遇到明火或因高流速物料与裂(喷)口处摩擦产生静电火花引起着火和空间爆炸;气体压缩机等转动设备在高温下运行会使润滑油挥发裂解,在附近管道内造成积炭,可导致积炭燃烧或爆炸;此外,高温、高压可加速设备金属材料发生蠕变、改变金相组织,还会加剧氢气、氮气对钢材的氢蚀及渗氮,加剧设备的疲劳腐蚀,使其机械强度减弱,引发物理爆炸。

(2) 液氨大规模事故性泄漏会形成低温云团引起大范围人群中毒,遇明火还会发生空间爆炸。

(3) 合成氨生产需重点监控合成塔、压缩机、氨储存系统的运行基本控制参数,包括温度、压力、液位、物料流量及比例等;在实际控制过程中将合成氨装置内温度、压力与物料流量、冷却系统形成联锁关系;将压缩机温度、压力、入口分离器液位与供电系统形成联锁关系,同时配备紧急停车系统。

(4) 合成单元自动控制还需要设置氨分、冷交液位,废锅液位,循环量控制,废锅蒸气流量,废锅蒸气压力等控制回路;安全设施主要包括安全阀、爆破片、紧急放空阀、液位计、单向阀及紧急切断装置等。

11.2.6 裂解(裂化)

有机化合物在高温下分子发生分解的反应过程统称为裂解。在石油化工生产中的裂解反应是指石油烃(裂解原料)在隔绝空气和高温条件下,分子发生分解反应而生成小分子烃类的过程。一般温度＞600 ℃,比如用轻柴油裂解制乙烯,裂解炉的出口温度近800 ℃。在这个过程中还伴随着许多其他反应(如缩合反应等),生成一些别的反应物(如由较小分子的烃缩合成较大分子的烃)。要排除一切可能危及裂解炉的不安全因素,维持炉内负压防止向外喷火,控制燃料气压力不得过低等。

裂解是统称,不同的情况可以有不同的名称。如单纯加热不使用催化剂的裂解称为热裂解;使用催化剂的裂解称为催化裂解;使用添加剂的裂解,随着添加剂的不同,有水蒸气裂解、加氢裂解等。

石油化工中的裂解与石油炼制工业中的裂化有共同点,但是也有不同,主要区别:一是所用的温度不同,一般大体以 600 ℃ 为分界,在 600 ℃ 以上所进行的过程为裂解,在600 ℃ 以下的过程为裂化;二是生产的目的不同,前者的目的产物为乙烯、丙烯、乙炔、联产丁二烯、苯、甲苯、二甲苯等化工产品,后者的目的产物是汽油、煤油等燃料油。典型的裂解(或裂化)工艺有:热裂解制烯烃工艺;重油催化裂化制汽油、柴油、丙烯、丁烯;乙苯裂解制苯乙烯;二氟一氯甲烷(HCFC - 22)热裂解制得四氟乙烯(TFE);二氟一氯乙烷(HCFC - 142b)热裂解制得偏氟乙烯(VDF);四氟乙烯和八氟环丁烷热裂解制得六氟乙烯(HFP)等。

在石油化工中用的最为广泛的是水蒸气热裂解,其设备为管式裂解炉。裂解反应在裂解炉的炉管内并在很高的温度(以轻柴油裂解制乙烯为例,裂解气的出口温度近800 ℃)、很短的时间内(0.7 s)完成,以防止裂解气体二次反应而使裂解炉管结焦。炉管内壁结焦会使流体阻力增加,影响生产,同时影响传热。当焦层达到一定厚度时,因炉管壁温度过高,而不能继续运行下去,必须进行清焦,否则会烧穿炉管,裂解气外泄,引起裂解炉爆炸。

裂解炉运转中,一些外界因素可能危及裂解炉的安全。其安全技术要点是:

(1) 引风机故障的预防

引风机是不断排除炉内烟气的装置,在裂解炉正常运行中,如果由于断电或引风机机械故障而使引风机突然停转,则炉膛内很快变成正压,会从窥视孔或烧嘴等处向外喷火,严重时会引起炉膛爆炸。为此,必须设置联锁装置,一旦引风机故障停车,则裂解炉自动停止进料并切断燃料供应。但应继续供应稀释蒸气,以带走炉膛内的余热。

(2) 燃料气压力降低的控制

裂解炉正常运行中,如燃料系统大幅度波动,燃料气压力过低,则可能造成裂解炉烧嘴回火,使烧嘴烧坏,甚至会引起爆炸。裂解炉采用燃料油作燃料时,如燃料油的压力降低,也会使油嘴回火。因此,当燃料油压降低时应自动切断燃料油的供应,同时停止进料。当裂解炉同时用油和气为燃料时,如果油压降低,则在切断燃料油的同时,将燃料气切入烧嘴,裂解炉可继续维持运转。

(3) 公用工程故障的防范

裂解炉公用工程(如锅炉给水)中断,则废热锅炉汽包液面迅速下降,如不及时停炉,必然会使废热锅炉炉管、裂解炉对流段锅炉给水预热管损坏。此外,水、电、蒸气出现故障,均能使裂解炉发生事故。在此情况下,裂解炉应能自动停车。

11. 2. 7　氟化

氟化是化合物的分子中引入氟原子的反应,涉及氟化反应的工艺过程为氟化工艺。卤化反应为强放热反应,其中,氟化反应放热最强,反应最难控制。氟与有机化合物作用放出大量的热可使反应物分子结构遭到破坏,甚至着火爆炸。氟化剂通常为氟气、卤族氟化物、惰性元素氟化物、高价金属氟化物、氟化氢、氟化钾等,所以气相反应一般要用惰性气体稀释。典型的氟化工艺有:

(1) 直接氟化

黄磷氟化制备五氟化磷等。

(2) 金属氟化物或氟化氢气体氟化

SbF_3、AgF_2、CoF_3等金属氟化物与烃反应制备氟化烃;氟化氢气体与氢氧化铝反应制备氟化铝等。

(3) 置换氟化

三氯甲烷氟化制备二氟一氯甲烷;2,4,5,6-四氯嘧啶与氟化钠制备2,4,6-三氟-5-氟嘧啶等。

(4) 其他氟化物的制备

浓硫酸与氟化钙(萤石)制备无水氟化氢等。

氟化反应安全技术的要点包括:

(1) 反应物料具有燃爆危险性;氟化反应为强放热反应,不及时排除反应热量,易导致超温超压,引发设备爆炸事故;多数氟化剂具有强腐蚀性、剧毒,在生产、贮存、运输、使用等过程中,容易因泄漏、操作不当、误接触以及其他意外而造成危险。

(2) 氟化生产需重点监控氟化反应釜内温度、压力和搅拌速率;氟化物流量;助剂流量;反应物的配料比;氟化物浓度等;氟化反应操作中,要严格控制氟化物浓度、投料配比、进料速度和反应温度等;必要时应设置自动比例调节装置和自动联锁控制装置。

(3) 将氟化反应釜内温度、压力与釜内搅拌、氟化物流量、氟化反应釜夹套冷却水进水阀形成联锁控制,在氟化反应釜处设立紧急停车系统,当氟化反应釜内温度或压力超标或搅拌系统发生故障时自动停止加料并紧急停车。此外,应设置安全泄放系统。

11.2.8 加氢(还原)

还原反应种类很多,常用的还原剂有铁(铸铁屑)、硫化钠、亚硫酸盐(亚硫酸钠、亚硫酸氢钠)、锌粉、保险粉、分子氢等。多数还原反应的反应过程比较缓和,但不少还原反应会产生或使用氢气,增加了发生火灾爆炸的危险性。如:钠、钾、钙及氢化物,与水或水蒸气会发生程度不同的水敏性放热反应,释放出易燃气体氢;氮、硫、碳、硼、硅、砷、磷类化合物与水或水蒸气反应,会生成挥发性氢化物;苯加氢生成环己烷,还原剂本身就具有燃烧爆炸的危险性。氢气的爆炸极限为 $4.1\%\sim74.2\%$,当反应不仅有氢气存在,而且又在加温加压条件下进行时,若操作不当或设备泄漏,就极易引发爆炸,所以操作中要严格控制温度、压力和流量。有些还原剂和催化剂有较大的燃烧、爆炸危险性。

典型的加氢工艺有:

(1) 不饱和炔烃、烯烃的三键和双键加氢

环戊二烯加氢生产环戊烯等。

(2) 芳烃加氢

苯加氢生成环己烷;苯酚加氢生产环己醇等。

(3) 含氧化合物加氢

一氧化碳加氢生产甲醇;丁醛加氢生产丁醇;辛烯醛加氢生产辛醇等。

(4) 含氮化合物加氢

己二腈加氢生产己二胺;硝基苯催化加氢生产苯胺等。

(5) 油品加氢

馏分油加氢裂化生产石脑油、柴油和尾油;渣油加氢改质;减压馏分油加氢改质;催化(异构)脱蜡生产低凝柴油、润滑油基础油等。

以下为几种危险性较大的加氢(还原)反应及其安全技术要点:

(1) 利用初生态氢还原的安全

利用铁粉、锌粉等金属和酸、碱作用产生初生态氢,起还原作用。如硝基苯在盐酸溶液中被铁粉还原成苯胺。

铁粉和锌粉在潮湿空气中遇酸性气体时可能引起自燃,在贮存时应特别注意。

反应时酸、碱的浓度要控制适宜,浓度过高或过低均使产生初生态氢的量不稳定,使反应难以控制。反应温度也不易过高,否则容易突然产生大量氢气而造成冲料。反应过程中应注意搅拌效果,以防止铁粉、锌粉下沉。一旦温度过高,底部金属颗粒翔动,将产生大量氢气而造成冲料。反应结束后,反应器内残渣中仍有铁粉、锌粉在继续作用,不断放出氢气,很不安全,应放入室外贮槽中,加冷水稀释,槽上加盖并设排气管以导出氢气。待金属粉消耗殆尽,再加碱中和。若急于中和,则容易产生大量氢气并生成大量的热,将导

致燃烧爆炸。

（2）在催化剂作用下加氢的安全

有机合成等过程中，常用雷尼镍（Raney-Ni）、钯炭等为催化剂使氢活化，然后加入有机物质的分子中进行还原反应。如苯在催化作用下，经加氢生成环己烷。

催化剂雷尼镍和钯炭在空气中吸潮后有自燃的危险。钯炭更易自燃，平时不能暴露在空气中，而要浸在酒精中。反应前必须用氮气置换反应器的全部空气，经测定证实含氧量降低到符合要求后，方可通入氢气。反应结束后，应先用氮气把氢气置换掉，并以氮封保存。

无论是利用初生态氢还原，还是用催化加氢，都是在氢气存在下，并在加热、加压条件下进行。氢气的爆炸极限为 $4.1\% \sim 74.2\%$，如果操作失误或设备泄漏，都极易引起爆炸。操作中要严格控制温度、压力和流量。厂房的电气设备必须符合防爆要求，且应采用轻质屋顶，开设天窗或风帽，使氢气易于飘逸。尾气排放管要高出房顶并设阻火器。加压反应的设备要配备安全阀，反应中产生压力的设备要装设爆破片。

高温高压下的氢对金属有渗碳作用，易造成氢腐蚀，所以，对设备和管道的选材要符合要求，对设备和管道要定期检测，以防发生事故。

（3）使用其他还原剂还原的安全

常用还原剂中火灾危险性大的物质有硼氢类、四氢化锂铝、氢化钠、保险粉（连二亚硫酸钠 $Na_2S_2O_4$）、异丙醇铝等。硼氢类还原剂常用硼氢化钾和硼氢化钠，它们都遇水燃烧，在潮湿的空气中能自燃，遇水和酸即分解放出大量的氢，同时产生大量的热，可使氢气燃爆。所以应储存于干燥的密闭容器内。硼氢化钾通常溶解在液碱中比较安全。在生产中，调节酸、碱度时要特别注意防止加酸过多、过快。

四氢锂铝有良好的还原性，但遇潮湿空气、水和酸极易燃烧，应浸没在煤油中贮存。使用时应先将反应器用氮气置换干净，并在氮气保护下投料和反应。反应热应由油类冷却剂取走，不应用水，防止水漏入反应器内发生爆炸。

用氢化钠作还原剂与水、酸的反应与四氢化锂铝相似，它与甲醇、乙醇等反应相当激烈，有燃烧、爆炸的危险。

保险粉是一种还原效果不错且较为安全的还原剂，它遇水发热，在潮湿的空气中能分解析出黄色的硫磺蒸气。硫磺蒸气自燃点低，易自燃。使用时应在不断搅拌下，将保险粉缓缓溶于冷水中，待溶解后再投入反应器与物料反应。

异丙醇铝常用于高级醇的还原，反应较温和。但在制备异丙醇铝时须加热回流，将产生大量氢气和异丙醇蒸气，如果铝片或催化剂三氯化铝的质量不佳，反应就不正常，往往先是不反应，温度升高后又突然反应，引起冲料，增加了燃烧、爆炸的危险性。

采用还原性强而危险性又小的新型还原剂对安全生产很有意义，近年来已在推广使用。例如，用硫化钠代替铁粉还原，可以避免氢气产生，同时也消除了铁泥堆积问题。

11.2.9　重氮化

重氮化是使芳伯胺变为重氮盐的反应。通常是把含芳胺的有机化合物在酸性介质中与亚硝酸钠作用，使其中的氨基（—NH_2）转变为重氮基（—$N{=}N$—）的化学反应，如二硝基重氮酚的制取等。典型的重氮化工艺有：

(1) 顺法

对氨基苯磺酸钠与 2-萘酚制备酸性橙-Ⅱ染料；芳香族伯胺与亚硝酸钠反应制备芳香族重氮化合物等。

(2) 反加法

间苯二胺生产二氟硼酸间苯二重氮盐；苯胺与亚硝酸钠反应生产苯胺基重氮苯等。

(3) 亚硝酰硫酸法

2-氰基-4-硝基苯胺、2-氰基-4-硝基-6-溴苯胺、2,4-二硝基-6-溴苯胺、2,6-二氰基-4-硝基苯胺和 2,4-二硝基-6-氰基苯胺为重氮组分与端氨基含醚基的耦合组分经重氮化、偶合成单偶氮分散染料；2-氰基-4-硝基苯胺为原料制备蓝色分散染料等。

(4) 硫酸铜触媒法

邻、间氨基苯酚用弱酸(醋酸、草酸等)或易于水解的无机盐和亚硝酸钠反应制备邻、间氨基苯酚的重氮化合物等。

(5) 盐析法

氨基偶氮化合物通过盐析法进行重氮化生产多偶氮染料等。

重氮化过程中的安全技术要点是：

(1) 重氮化反应的主要火灾危险性在于所产生的重氮盐，如重氮盐酸盐($C_6H_5N_2Cl$)、重氮硫酸盐($C_6H_5N_2HSO_4$)，特别是含有硝基的重氮盐，如重氮二硝基苯酚$[(NO_2)_2N_2C_6H_2OH]$等，它们在温度稍高或光的作用下，即易分解，有的甚至在室温时亦能分解。一般每升高 10 ℃，分解速度加快 2 倍。在干燥状态下，有些重氮盐不稳定，活力大，受热或摩擦、撞击能分解爆炸。含重氮盐的溶液若洒落在地上、蒸气管道上，干燥后亦能引起着火或爆炸。在酸性介质中，有些金属如铁、铜、锌等能促使重氮化合物激烈地分解，甚至引起爆炸。

(2) 作为重氮剂的芳胺化合物都是可燃有机物质，在一定条件下也有着火和爆炸的危险。

(3) 重氮化生产过程所使用的亚硝酸钠是无机氧化剂，于 175 ℃时分解，能与有机物反应发生着火或爆炸。亚硝酸钠并非氧化剂，所以当遇到比其氧化性强的氧化剂时，又具有还原性，故遇到氯酸钾、高锰酸钾、硝酸铵等强氧化剂时，有发生着火或爆炸的可能。

(4) 在重氮化的生产过程中，若反应温度过高、亚硝酸钠的投料过快或过量，均会增加亚硝酸的浓度，加速物料的分解，产生大量的氧化氮气体，有引起着火爆炸的危险。

11.2.10　氧化

广义的氧化反应是失去电子而被氧化，得到电子而被还原。即一种物质失去电子，同时另一种物质得到电子。失去电子的物质是还原剂，得到电子的物质是氧化剂。氧化还原反应是电子的传递，电子得失的数目必须相等。典型的氧化工艺有：乙烯氧化制环氧乙烷；甲醇氧化制备甲醛；对二甲苯氧化制备对苯二甲酸；异丙苯经氧化-酸解联产苯酚和丙酮；环己烷氧化制环己酮；天然气氧化制乙炔；丁烯、丁烷、C_4 馏分或苯的氧化制顺丁烯二酸酐；邻二甲苯或萘的氧化制备邻苯二甲酸酐；均四甲苯的氧化制备均苯四甲酸二酐；苊的氧化制 1,8-萘二甲酸酐；3-甲基吡啶氧化制 3-吡啶甲酸(烟酸)；4-甲基吡啶氧化制

4-吡啶甲酸(异烟酸);2-乙基己醇(异辛醇)氧化制备 2-乙基己酸(异辛酸);对氯甲苯氧化制备对氯苯甲醛和对氯苯甲酸;甲苯氧化制备苯甲醛、苯甲酸;对硝基甲苯氧化制备对硝基苯甲酸;环十二醇/酮混合物的开环氧化制备十二碳二酸;环己酮/醇混合物的氧化制己二酸;乙二醛硝酸氧化法合成乙醛酸;丁醛氧化制丁酸;氨氧化制硝酸等。

氧化反应的安全技术要点是:

(1) 氧化的温度控制

绝大多数氧化反应都是强放热反应,且氧化反应需要加热,特别是催化气相氧化反应一般都是在 250～600 ℃的高温下进行。有的物质的氧化(如氨、乙烯和甲醇蒸气在空中的氧化),其物料配比接近于爆炸下限,倘若配比失调,温度控制不当,极易爆炸起火;有的物质的氧化,其物料配比接近于爆炸下限,倘若配比失调,温度控制不当,极易爆炸起火。

(2) 氧化物质的控制

被氧化的物质大部分是易燃易爆物质。如乙烯氧化制取环氧乙烷中,乙烯是易燃气体,爆炸极限为 2.7%～34%,自燃点为 450 ℃;甲苯氧化制取苯甲酸中,甲苯是易燃液体,其蒸气易与空气形成爆炸性混合物,爆炸极限为 1.2%～7%;甲醇氧化制取甲醛中,甲醇是易燃液体,其蒸气与空气的爆炸极限是 6%～36.5%。

作为氧源的氧化剂具有助燃作用,若反应物与空气或氧配比不当,有很大的火灾危险性。如高锰酸钾、氯酸钾、铬酸酐等,遇高湿或受撞击、摩擦以及与有机物、酸类接触,均能引起燃烧或爆炸。有机过氧化物不仅具有很强的氧化性,而且大部分是易燃物质,有的对温度特别敏感,遇高温则爆炸。

因此,对氧化反应一定要严格控制氧化剂的配料比,投料速度也不宜过快,并要有良好的搅拌和冷却装置,以防升温过快、过高。尤其是沸点较低(挥发度则较大)的有机物,存在高火险,如乙醚、乙醛、乙酸甲酯等具有极度易燃性,其闪点<0 ℃;乙醇、乙苯、乙酸丙酯等具有高度易燃性,其闪点<21 ℃。大多数化学溶剂属于易燃性物质,闪点在 21～55 ℃。闪点和爆炸极限是液体火灾爆炸危险性的主要标志,即闪点越低,越易起火燃烧,燃烧爆炸的危险性越大。所以,对氧化剂和反应物料配比应严格控制在爆炸范围以外,如乙烯氧化制环氧乙烷,必须控制氧含量<9%,其产物环氧乙烷在空气中的爆炸极限范围很宽,为 3%～100%,工业上采用加入惰性气体(N_2 或 CO_2)的方法来缩小反应系统的爆炸极限,增加其安全性。

氧化产品有些也具有火灾危险性,某些氧化过程中还可能生成危险性较大的过氧化物,如乙醛氧化生产醋酸的过程中有过醋酸生成,性质极不稳定,受高温、摩擦或撞击便会分解或燃烧。对某些强氧化剂,环氧乙烷是可燃气体;硝酸虽是腐蚀性物品,但也是强氧化剂;含 36.7% 的甲醛水溶液是易燃液体,其蒸气的爆炸极限为 7.7%～73%。另外,某些氧化过程中还可能生成危险性较大的过氧化物,如乙醛氧化生产醋酸的过程中有过醋酸生成,过醋酸是有机过氧化物,性质极度不稳定,受高温、摩擦或撞击便会分解或燃烧。

(3) 氧化过程的控制

在采用催化氧化过程时,无论是均相或是非均相的,都是以空气或纯氧为氧化剂,可燃的烃或其他有机物与空气或氧的气态混合物在一定的浓度范围内,如引燃就会发生分支链锁反应,火焰迅速扩散,在很短时间内,温度急速增高,压力也会剧增,而引起爆炸。

氧化过程中如以空气和纯氧作氧化剂时,反应物料的配比应控制在爆炸范围之外。空气进入反应器之前,应经过气体净化装置,清除空气中的灰尘、水汽、油污以及可使催化剂活性降低或中毒的杂质以保持催化剂的活性,减少起火和爆炸的危险。

氧化反应接触器有卧式和立式两种,内部填装有催化剂。一般多采用立式,因为这种形式催化剂装卸方便,而且安全。

在催化氧化过程中,对于放热反应,应控制适宜的温度、流量,防止超温、超压和混合气处于爆炸范围。为了防止氧化反应器在发生爆炸或燃烧时危及人身和设备安全,在反应器前后管道上应安装阻火器,阻止火焰蔓延,防止回火,使燃烧不致影响其他系统。为了防止反应器发生爆炸,应有泄压装置,对于工艺控制参数,应尽可能采用自动控制或自动调节,以及警报联锁装置。

固体氧化剂应该粉碎后使用,最好呈溶液状态使用,反应时要不间断地搅拌。在使用高锰酸盐、亚氯酸钠、过氧化物、硝酸等强氧化剂时,为安全起见,应采用低浓度或低温操作,严格控制加料速度,防止多加、错加,以免发生燃烧和爆炸。对具有高火险的粉状金属(钙、钛)、氢化钾、乙硼烷、硼化氢、磷化氢等自燃性物质,为避免可能发生的火灾或爆炸,同样在加工时必须与空气隔绝,或在较低的温度条件下操作。绝大多数氧化剂都是高毒性化合物,会造成氧化性危险,有些是刺激性气体,如硫酸、氯酸烟雾;有些是窒息性气体,如硝酸烟雾、氯气,所以在防火防爆的同时还要注意防毒。

使用氧化剂氧化无机物,如使用氯酸钾氧化制备铁蓝颜料时,应控制产品烘干温度不超过燃点,在烘干之前用清水洗涤产品,将氧化剂彻底除净,防止未起反应的氯酸钾引起烘干物料起火。有些有机化合物的氧化,特别是在高温下的氧化反应,在设备及管道内可能产生焦化物,应及时清除以防自燃,清焦一般在停车时进行。

氧化反应使用的原料及产品,应按有关危险品的管理规定,采取相应的防火措施,如隔离存放、远离火源、避免高温和日晒、防止摩擦和撞击等。如果是电介质的易燃液体或气体,应安装能导除静电的接地装置。在设备系统中宜设置氮气、水蒸气灭火装置,以便能及时扑灭火灾。

11.2.11 过氧化

向有机化合物分子中引入过氧基(—O—O—)的反应称为过氧化反应,得到的产物为过氧化物的工艺过程为过氧化工艺。典型的过氧化工艺有:双氧水的生产;乙酸在硫酸存在下与双氧水作用,制备过氧乙酸水溶液;酸酐与双氧水作用直接制备过氧二酸;苯甲酰氯与双氧水的碱性溶液作用制备过氧化苯甲酰;异丙苯经空气氧化生产过氧化氢异丙苯等。

过氧化反应安全技术的要点包括:

(1) 过氧化物都含有过氧基,属含能物质,由于过氧键结合力弱,断裂时所需的能量不大,对热、振动、冲击或摩擦等都极为敏感,极易分解甚至爆炸;过氧化物与有机物、纤维接触时易发生氧化、产生火灾;反应气相组成容易达到爆炸极限,具有燃爆危险。

(2) 过氧化生产需重点监控过氧化反应釜内温度、pH 和搅拌速率;(过)氧化剂流量;参加反应物质的配料比;过氧化物浓度;气相氧含量等。

(3) 将过氧化反应釜内温度与釜内搅拌电流、过氧化物流量、过氧化反应釜夹套冷却水进水阀形成联锁关系,设置紧急停车系统;同时应设置泄爆管和安全泄放系统。

11.2.12　胺基化

胺基化是在分子中引入胺基(R_2N—)的反应,包括 R—CH_3 烃类化合物(R:氢、烷基、芳基)在催化剂存在下,与氨和空气的混合物进行高温氧化反应,生成腈类等化合物的反应。涉及上述反应的工艺过程为胺基化工艺。典型的胺基化工艺有:邻硝基氯苯与氨水反应制备邻硝基苯胺;对硝基氯苯与氨水反应制备对硝基苯胺;间甲酚与氯化铵的混合物在催化剂和氨水作用下生成间甲苯胺;甲醇在催化剂和氨气作用下制备甲胺;1-硝基蒽醌与过量的氨水在氯苯中制备 1-氨基蒽醌;2,6-蒽醌二磺酸氨解制备 2,6-二氨基蒽醌;苯乙烯与胺反应制备 N-取代苯乙胺;环氧乙烷或亚乙基亚胺与胺或氨发生开环加成反应,制备氨基乙醇或二胺;甲苯经氨氧化制备苯甲腈;丙烯氨氧化制备丙烯腈等。

胺基化反应安全技术的要点包括:

(1) 反应介质具有燃爆危险性;在常压下 20 ℃时,氨气的爆炸极限为 15%~27%,随着温度、压力的升高,爆炸极限的范围增大。因此,在一定的温度、压力和催化剂的作用下,氨的氧化反应放出大量热,一旦氨气与空气比失调,就可能发生爆炸事故。

(2) 由于氨呈碱性,具有强腐蚀性,在混有少量水分或湿气的情况下无论是气态或液态氨都会与铜、银、锡、锌及其合金发生化学作用;氨还易与氧化银或氧化汞反应生成爆炸性化合物(雷酸盐)。

(3) 胺基化生产需重点监控反应釜内温度、压力、搅拌速率;物料流量;反应物质的配料比;气相氧含量等。

(4) 将胺基化反应釜内温度、压力与釜内搅拌、胺基化物料流量、胺基化反应釜夹套冷却水进水阀形成联锁关系,设置紧急停车系统;安全设施主要包括安全阀、爆破片、单向阀及紧急切断装置等。

11.2.13　磺化

磺化是在有机化合物分子中引入磺(酸)基(—SO_3H)的反应。常用的磺化剂有发烟硫酸、亚硫酸钠、亚硫酸钾、三氧化硫等。

典型的磺化工艺有:

(1) 三氧化硫磺化法

气体三氧化硫和十二烷基苯等制备十二烷基苯磺酸钠;硝基苯与液态三氧化硫制备间硝基苯磺酸;甲苯磺化生产对甲基苯磺酸和对位甲酚;对硝基甲苯磺化生产对硝基甲苯邻磺酸等。

(2) 共沸去水磺化法

苯磺化制备苯磺酸;甲苯磺化制备甲基苯磺酸等。

(3) 氯磺酸磺化法

芳香族化合物与氯磺酸反应制备芳磺酸和芳磺酰氯;乙酰苯胺与氯磺酸生产对乙酰氨基苯磺酰氯等。

（4）烘焙磺化法

苯胺磺化制备对氨基苯磺酸等。

（5）亚硫酸盐磺化法

2,4-二硝基氯苯与亚硫酸氢钠制备 2,4-二硝基苯磺酸钠；1-硝基蒽醌与亚硫酸钠作用得到 α-蒽醌硝酸等。

磺化过程的安全技术要点是：

（1）三氧化硫是氧化剂，遇到比硝基苯易燃的物质时会很快引起着火；三氧化硫的腐蚀性很弱，但遇水则生成硫酸，同时会放出大量的热，使反应温度升高，不仅会造成沸溢或使磺化反应导致燃烧反应而起火或爆炸，还会因硫酸具有很强的腐蚀性，增加了对设备的腐蚀破坏。

（2）由于生产所用原料苯、硝基苯、氯苯等都是可燃物，而磺化剂浓硫酸、发烟硫酸（三氧化硫）、氯磺酸都是氧化性物质，且有的是强氧化剂，所以两者相互作用的条件下进行磺化反应是十分危险的，因为已经具备了可燃物与氧化剂作用发生放热反应的燃烧条件。这种磺化反应若投料顺序颠倒、投料速度过快、搅拌不良、冷却效果不佳等，都有可能造成反应温度升高，使磺化反应变为燃烧反应，引起着火或爆炸事故。

（3）磺化反应是放热反应，若在反应过程中得不到有效的冷却和良好的搅拌，都有可能引起反应温度超高，以至发生燃烧反应，造成爆炸或起火事故。

11.2.14　聚合

由低分子单体合成聚合物的反应称为聚合反应。聚合反应的类型很多，按聚合物和单体元素组成及结构的不同，可分成加聚反应和缩聚反应两大类。

单体加成而聚合起来的反应称为加聚反应。氯乙烯聚合成聚氯乙烯就是加聚反应。加聚反应产物的元素组成与原料单体相同，仅结构不同，其相对分子质量是单体相对分子质量的整数倍。另外一类聚合反应中，除了生成聚合物外，同时还有低分子副产物产生，这类聚合反应称为缩聚反应。如己二胺和己二酸反应生成尼龙-66 的缩聚反应。缩聚反应的单体分子中都有官能团，根据单体官能团的不同，低分子副产物可能是水、醇、氨、氯化氢等。由于副产物的析出，缩聚物结构单元要比单体少若干原子，缩聚物的相对分子质量不是单体相对分子质量的整数倍。

按照聚合方式聚合反应又可分为：

（1）本体聚合

本体聚合是在没有其他介质的情况下（如乙烯的高压聚合、甲醛的聚合等），用浸在冷却剂中的管式聚合釜（或在聚合釜中设盘管、列管冷却）进行的一种聚合方法。这种聚合方法往往由于聚合热不易传导散出而导致危险。例如，在高压聚乙烯生产中，每聚合 1 kg 乙烯会放出 3.8 MJ 的热量，倘若这些热量未能及时移去，则每聚合 1‰ 的乙烯，即可使釜内温度升高 12～13 ℃，待升高到一定温度时，就会使乙烯分解，强烈放热，有发生暴聚的危险。一旦发生暴聚，则设备堵塞，压力骤增，极易发生爆炸。

（2）溶液聚合

溶液聚合是选择一种溶剂，使单体溶成均相体系，加入催化剂或引发剂后，生成聚合物的一种聚合方法。这种聚合方法在聚合和分离过程中,易燃溶剂容易挥发和产生静电火花。

（3）悬浮聚合

悬浮聚合是用水作分散介质的聚合方法。它是利用有机分散剂或无机分散剂,把不溶于水的液态单体,连同溶在单体中的引发剂经过强烈搅拌,打碎成小珠状,分散在水中成为悬浮液,在极细的单位小珠液滴（直径为 0.1 μm）中进行聚合,因此又叫珠状聚合。这种聚合方法在整个聚合过程中,如果没有严格控制工艺条件,致使设备运转不正常,则易出现溢料,如若溢料,则水分蒸发后未聚合的单体和引发剂遇火源极易引发着火或爆炸事故。

（4）乳液聚合

乳液聚合是在机械强烈搅拌或超声波振动下,利用乳化剂使液态单体分散在水中（珠滴直径 0.001～0.01 μm）,引发剂则溶在水里而进行聚合的一种方法。这种聚合方法常用无机过氧化物（如过氧化氢）作引发剂,如若过氧化物在介质（水）中配比不当,温度太高,反应速度过快,会发生冲料,同时在聚合过程中还会产生可燃气体。

（5）缩合聚合

缩合聚合也称缩聚反应,是具有两个或两个以上功能团的单体相互缩合,并析出小分子副产物而形成聚合物的聚合反应。缩合聚合是吸热反应,但如果温度过高,也会导致系统的压力增加,甚至引起爆裂,泄漏出易燃易爆的单体。

典型的聚合工艺有:

（1）聚烯烃生产

聚乙烯生产;聚丙烯生产;聚苯乙烯生产等。

（2）聚氯乙烯生产

聚氯乙烯生产。

（3）合成纤维生产

涤纶生产;锦纶生产;维纶生产;腈纶生产;尼龙生产等。

（4）橡胶生产

丁苯橡胶生产;顺丁橡胶生产;丁腈橡胶生产等。

（5）乳液生产

醋酸乙烯乳液生产;丙烯酸乳液生产等。

（6）涂料黏合剂生产

醇酸油漆生产;聚酯涂料生产;环氧涂料黏合剂生产;丙烯酸涂料黏合剂生产等。

（7）氟化物聚合

四氟乙烯悬浮法、分散法生产聚四氟乙烯;四氟乙烯（TFE）和偏氟乙烯（VDF）聚合生产氟橡胶和偏氟乙烯-全氟丙烯共聚弹性体（俗称 26 型氟橡胶或氟橡胶-26）等。

由于聚合物的单体大多数都是易燃、易爆物质,聚合反应多在高压下进行,反应本身又是放热过程,如果反应条件控制不当,很容易出事故。例如:乙烯在 130 MPa～300 MPa 的条件下聚合成聚乙烯,此时聚乙烯不稳定,一旦分解会产生巨大的热量造成反应加剧,有可能引起暴聚,进而引发反应器爆炸。所以,对聚合反应中的不安全因素,如设备泄漏、加入引发剂配料不当、反应热不能及时导出等必须排除。

聚合反应过程中安全技术的要点有：

（1）严格控制单体在压缩过程中或在高压系统中的泄漏，防止发生火灾爆炸。

（2）聚合反应中加入的引发剂都是化学活泼性很强的过氧化物，应严格控制配料比例，防止因热量暴聚引起的反应器压力骤增。

（3）防止因聚合反应热未能及时导出，如搅拌发生故障、停电、停水，由于反应釜内聚合物粘壁作用，使反应热不能导出，造成局部过热或反应釜飞温，发生爆炸。

（4）针对上述不安全因素，应设置可燃气体检测报警器，一旦发现设备、管道有可燃气体泄漏，将自动停车。

（5）对催化剂、引发剂等要加强贮存、运输、调配、注入等工序的严格管理。反应釜的搅拌和温度应有检测和联锁，发现异常能自动停止进料。高压分离系统应设置爆破片、导爆管，并有良好的静电接地系统，一旦出现异常，及时泄压。

11.2.15　烷基化

烷基化（亦称烃化）是在有机化合物中的氮、氧、碳等原子上引入烷基（R—）的化学反应。引入的烷基有甲基（—CH_3）、乙基（—C_2H_5）、丙基（—C_3H_7）、丁基（—C_4H_9）等。烷基化常用烯烃、卤代烃、醇等能在有机化合物分子中的碳、氧、氮等原子上引入烷基的物质作烷基化剂。如苯胺和甲醇作用制取二甲基苯胺。典型的烷基化工艺有：

（1）C-烷基化反应

乙烯、丙烯以及长链 α-烯烃，制备乙苯、异丙苯和高级烷基苯；苯系物与氯代高级烷烃在催化剂作用下制备高级烷基苯；用脂肪醛和芳烃衍生物制备对称的二芳基甲烷衍生物；苯酚与丙酮在酸催化下制备 2,2-对（对羟基苯基）丙烷（俗称双酚 A）；乙烯与苯发生烷基化反应生产乙苯等。

（2）N-烷基化反应

苯胺和甲醚烷基化生产苯甲胺；苯胺与氯乙酸生产苯基氨基乙酸；苯胺和甲醇制备 N,N-二甲基苯胺；苯胺和氯乙烷制备 N,N-二烷基芳胺；对甲苯胺与硫酸二甲酯制备 N,N-二甲基对甲苯胺；环氧乙烷与苯胺制备 N-（β-羟乙基）苯胺；氨或脂肪胺和环氧乙烷制备乙醇胺类化合物；苯胺与丙烯腈反应制备 N-（β-氰乙基）苯胺等。

（3）O-烷基化反应

对苯二酚、氢氧化钠水溶液和氯甲烷制备对苯二甲醚；硫酸二甲酯与苯酚制备苯甲醚；高级脂肪醇或烷基酚与环氧乙烷加成生成聚醚类产物等。

烷基化过程的安全技术要点是：

（1）被烷基化的物质大都具有着火爆炸危险。如苯是甲类液体，闪点 −11 ℃，爆炸极限 1.5%～9.5%；苯胺是丙类液体，闪点 71 ℃，爆炸极限 1.3%～4.2%。

（2）烷基化剂一般都比被烷基化物质的火灾危险性要大。如丙烯是易燃气体，爆炸极限 2%～11%；甲醇是甲类液体，爆炸极限 6%～36.5%；十二烯是乙类液体，闪点 35 ℃，自燃点 220 ℃。

（3）烷基化过程所用的催化剂反应活性强。如三氯化铝是忌湿物品，有强烈的腐蚀性,遇水或水蒸气分解放热,放出氯化氢气体,有时能引起爆炸,若接触可燃物,则易着火;三氯化磷是腐蚀性忌湿液体,遇水或乙醇剧烈分解,放出大量的热和氯化氢气体,有极强的腐蚀性和刺激性,有毒,遇水及酸(主要是硝酸、醋酸)发热、冒烟,有发生起火爆炸的危险。

(4) 烷基化反应都是在加热条件下进行,如果原料、催化剂、烷基化剂等加料次序颠倒、速度过快或者搅拌中断停止,就会发生剧烈反应,引起跑料,造成着火或爆炸事故。

(5) 烷基化的产品亦有一定的火灾危险。如异丙苯是乙类液体,闪点 35.5 ℃,自燃点 434 ℃,爆炸极限 0.68%～4.2%;二甲基苯胺是丙类液体,闪点 61 ℃,自燃点 371 ℃;烷基苯是丙类液体,闪点 127 ℃。

总之,化工生产中必须对各类化学反应所具有的燃、爆、毒、腐蚀等危害性给予高度重视。不同物质应采取相应安全措施进行防护:

(1) 对易燃易爆气体,控制其浓度在安全范围内,用惰性气体取代空气,把氧气浓度降至极限值以下。

(2) 对易燃易爆液体,避免其蒸气浓度达到爆炸下限,采取在液面上方施加惰性气体覆盖,降低加工温度,保持较低的蒸气压,使其达不到爆炸浓度。

(3) 对易燃易爆固体,加工时避免暴热和形成爆炸性粉尘,采取粉碎、研磨、筛分时施加惰性介质保护,安装降温设施,迅速移走摩擦热、撞击热,配置通风设备,使易燃粉尘迅速排除。

(4) 对遇湿空气或水燃烧的物质,采取隔绝空气或防水、防潮措施。

(5) 对自燃性物质,采取通风、散热、降温等措施,以免达到自燃点。

(6) 为防止易燃气体、蒸气与空气混合形成爆炸性气体,设备应保持良好的密闭性,并在生产场所避免明火或火花,切实做到防火防爆。

重视安全生产,安全措施得当,操作严格认真,化工燃爆中毒等安全事故是可以避免的。

11.3　化工反应过程的热危险性评价

11.3.1　热危险性评价的基本概念

化工反应的危险性,有来自物质、机械设备、作业环境和工艺条件等工程技术即属于硬件的原因,也有人、对人的教育和管理等属于软件的原因。本节主要围绕着有关化工反应的热危险性——通常主要表现为"反应失控"(Runaway Reaction)或叫"自加速反应(Self-accelerating Reaction)",日本则以"暴走反应"进行讨论。反应失控有时也称反应危险,反应失控或失衡依具体情况不同而有化学工艺过程中的反应失控,含能材料或自反应性物质储运中的热爆炸,大量可燃物堆积中的热自燃等。现象不同,但本质原理相通,通过对化工反应中的反应失控的分析,对于认识其他过程的热危险性或热安全性也是有用的。

所谓化工反应的反应失控,就是反应系统因反应放热而使温度升高,在经过一个"放热反应加速——温度再升高",以至超过了反应器冷却能力的控制极限、恶性循环后,反应物、产物分解,生成大量气体,压力急剧升高,最后导致喷料,反应器破坏,甚至燃烧、爆炸的现象。这种反应失控的危险不仅可以发生在作业中的反应器里(这是主要的),而且也可能发生在其他的单元操作、甚至储存中。据世界著名的 Ciba-Geigy 公司 1971～1980 十年间工厂事故的统计,其中 56% 的事故是反应失控或近于失控造成的。前述日本对间歇式工艺事故统计分析的结果也与之类似,即成为着火源的 51%～58% 来自反应热。1987 年和 1991 年我国发生的两次 TNT 生产线大爆炸事故,也是起因于反应控制。目前国际上已把反应失控作为了重要的安全课题开展研究和交流,这可以说是安全工程学新近发展的一个重要倾向。

为了对一个反应过程的热(失控)危险性进行评价,一般应首先查清其发生的原因,为此要研究原料、中间体及生成物的反应性与热安定性;研究过程中的主反应及可能有的次反应,以取得主反应及危险性高的次反应的基本热力学与动力学数据;掌握临界条件等。其中主要有热的释放量、热的释放速度、温控装置等失效时系统将以怎样的速度变成失控反应的最高状态,据此应采取的相应对策。

为了测定反应热及热释放的速度,已有许多种商业化了的方法与装置。它们的共同特点是:① 基于了解物质与过程的热性质的基本原理;② 适当增大试剂量;③ 使测试系统处于孤立状态,即和环境无物质(密闭)与能量(绝热)的交换。

例如,密闭池式差示扫描量热(SC-DSC)或高压 DSC、绝热加速量热(ARC)、绝热热流束反应量热(C-80D)、反应量热(RC1)、泄爆(压)孔径测试(VSP)、反应系筛选装置测试(RSST)、高性能泄压孔径绝热量热(PHI-TEC)等。通过这些评价,可以获得所需要的热危险性参数,进而用于反应过程的安全设计、操作与控制。图 11-1 为反应失控危险性的评价及控制程序实例。对于反应系统的温度控制应分别采用三个层次的对策。

层次 1,按照通常的设计标准,其反应器的冷却能力即可满足安全要求,且温度传感、指示装置只需一台。把这种安全措施叫做一级安全对策。

层次 2,在一级对策的基础上,再设置独立的温度检测系统,装备应急冷却设备,紧急冷却能力应为正常时的 100 倍以上。此外,还可以设置能把反应物料移送到其他容器的管线。

层次 3,在一级、二级对策的基础上还应有最高预防水平的三级对策,即设置可自动作用的紧急压制性冷却(quench)系统,或立即能把反应器内容物料倾泻到安全场所(如安全水池)去的系统。

在炸药制造的硝化反应工程中,都设有相当于这里的二级、三级安全对策。如 TNT 制造的各段硝化工序都有应急冷却用的安全冷却硫酸系统;TNT、RDX 等制造的硝化机(反应器)上都有紧急安全放料装置与安全水池,保证在发现反应系统的温度或压力无法控制时能够在 3～5 min 内把设备内物料全部放于安全水池中。

关于反应过程的这些热性质,一般应包括热物理性质(热容量、热导率等)、热力学性质(反应热、绝热温度上升、产生气体的物质量、密闭容器内的最大压力)、动力学性质(反应速度、指前因子、活化能、反应级数、放热速度、压力升高速度、最大反应速度达到时间、开始放热或分解温度)等。

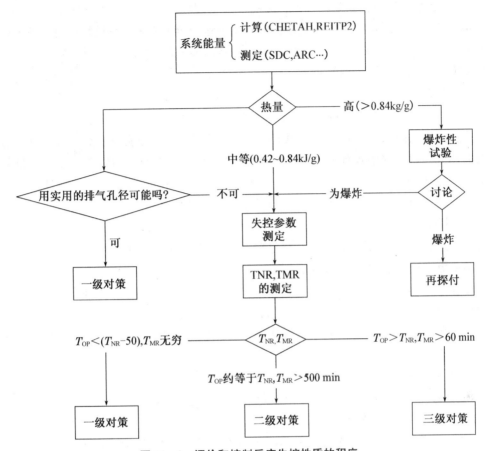

图 11-1 评价和控制反应失控性质的程序

T_{NR}—控制系统失效时反应失效开始温度,℃

T_{OP}—操作温度,℃;T_{MR}—最大反应速度到达时间,min

11.3.2 化学反应失控危险性实验评价法

1. 评价方法的共同特点

在有关化学物质危险性实验评价中,作为筛选(鉴别)试验的有效手段的 DSC,由它所得到的开始分解温度 T_a 或 T_0 等信息很重要,是物质热感度和其他热危险性的象征。然而,用普通 DSC 甚至 SC-DSC 及高压 DSC 由于非绝热性、试样量又过小,而使测得的 $T_a(T_0)$ 等比近似绝热的实际生产条件下(大量储存或搅拌故障时物料的中心部位)热分解开始温度高很多。这对安全生产来讲是个隐患,因为它低估了实际存在的危险性。

为了适应化学工业中对反应过程热危险评价的需要,并为了克服 DSC 的上述缺点,而先后开发出了多种新型热危险性的评价方法与装置,且往往把它们称为化学工艺危险性或热失控(爆走)危险性评价装置,其实它们对物质与过程都是适用的。

这些新型测试方法的共同特点如下:

(1) 把试样量加大到了克级以上,即比 DSC 扩大了千倍。

(2) 实现了绝热控制。其原理是使处于某一环境温度下的试样,因自身放热而使温度升高,与之平衡通过控制使环境也相应同步升温(即达反应系统与环境的温度差始终保持为零),这样试样反应产生的热就不会向环境逃逸而全部用来加热试样自身。有的还与此类似,采用与反应容器内压力升高同步提高容器外环境压力的技术,从而可大大减轻容器质量而降低修正系数 φ 值至近于 1。

(3)提高了热检出灵敏度和检测精度。如 ARC 达 0.02 ℃/min,相当于放热量 $1×10^{-6}$ J/(g·s),比 DSC、DTA 提高一个数量级以上。而现在量热计中灵敏度最高的 MS-80D 放热检出极限只约为 $0.1\,\mu W$(即 10^{-7} J/s),温度差的检出极限为 $10^{-7}℃$。这一点在物质的热危险性研究中具有重要意义。因为从理论上讲,不安定物质在无论怎样低的温度下放热分解(反应)速度都不会是简单地为零,所以"开始分解温度"这个物性值实际上是不存在的,而存在的仅仅是所用量热仪器的灵敏度决定的值。

(4)利用计算机自动控制、自动记录、自动解析数据。当然现在的 DSC、DTA、TG 也已具备了这种功能。由于这些进步,使这些实验室的评价方法,更接近于生产实际,从而评价结果更准确、更具有实用意义。

尽管如此,某些较"古老"的实验评价法,如美国的 SADT 试验、德国 BAM 的杜瓦瓶(蓄热储存)试验等仍在使用中。因为它们的试样量大,甚至是实用包装,过去已经较多的实践检验和积累了丰富的经验,可靠性比较高。同时还往往用它们的实验数据来做新型实验方法的比照。

2. 绝热加速量热法(ARC)

ARC 为 Accelerating Rate Calorimeter 的缩写,它是美国 Dow 化学公司在 1975 年开发的。据说它在调查分析英国 Dow 化学公司肯林(KingsLynn)工厂 1976 年发生的一次 2-甲基-3,5-二硝基苯酰胺大爆炸事故中发挥了很大作用,遂由哥伦比亚科学工业(Columbia Scientific Industries)将其组装成系统,予以商品化了,所以又称 CSI-ARC。现已在世界各发达国家得到广泛应用,中国也已引入。

(1)ARC 的基本结构

ARC 全系统的基本结构示意如图 11-2 所示。所用试样容器一般为球形,有多种规格可供选用。表 11-1 所示为具有代表性的几种。

表 11-1　ARC 用试样容器

形状	材质	内径/mm	壁厚/mm	容积/cm³	质量/g	耐压/MPa	备注
球形	不锈钢(SUS316)	25.4	0.813	8.6	15	49	
球形	钛	12.7	0.813	1.1	2.5	31.5	小型
球形	钛	25.4	0.381	8.6	4	2.8	薄型
球形	钛	25.4	0.813	8.6	8.75	31.5	常用
球形	耐蚀镍合金 C(hastelloy)	25.4	0.813	8.6	18	105	常用
球形	耐蚀镍合金 C(hastelloy)	25.4	3.175	8.6	75	245	壁厚
球形	耐蚀镍合金 C(hastelloy)	25.4	0.813	8.6	22	17.5	带搅拌子
圆桶形	耐蚀镍合金 C(hastelloy)	19.0	1.15	8.6	55	7	块状物

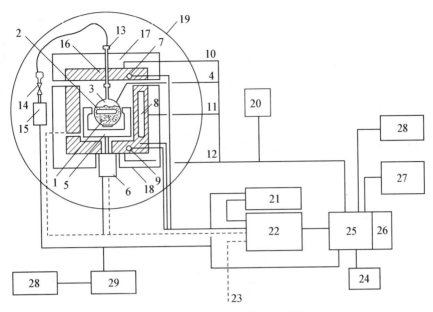

图 11 - 2　ARC 全系统结构示意图

1—试样;2—搅拌子;3—试样容器;4—容器热电偶;5—磁性转动器;6—搅拌马达;7—上部加热器;
8—侧 面加热器;9—底部加热器;10—上面热电偶;11—侧面热电偶;12—底部热电偶;13—锁定接头;
14—压力变换器保护阀;15—压力变化器;16—铜块;17—绝热材料;18—夹套;19　抗爆室;20—电子
冷接点;21—加热控制器;22—加热电源;23—冷却用空气;24—充电电池(备用);25—控制单元;26—
内装行式打印机;27—X - Y 记录仪;28—两针记录仪;29—搅拌控制单元

(2) 操作与功能

实验时,把准备好的试样容器在绝热条件下加热到预先设定的初始温度,并经一定的
待机时间(常为 5~10 min)以使之达成热平衡,然后观察其自反应放热速度是否超过设定
值(通常为 0.02 ℃/min)。未检出放热时,把试样温度提高一个台阶,一般为 5 ℃,如上经
过待机时间后再检查其放热情况。如此按同样的步高返复阶梯式探索若干次。一旦检知
开始放热,实验系统便自动地进人严密的绝热控制,并按规定的时间间隔记录下时间、温
度、放热速度和压力这四个数据。反应完了到自放热速度低于设定值后,便由此温度开始
再次进入阶梯式探索。但一般只做到 400 ℃就终止实验。

如此的一次实验周期因试样特性和要求不同而不同。如果是只做到 200 ℃就可以完
毕的试样,大约 24 h 以内可以完成;而如果是要求做到 400 ℃和含有不怎么进行放热反
应、温度难以升高的试样,那就有必要耗时 48 h。实验时,试样量、试样容器及修正系数值
西的选定是很重要的。经验表明,一般的物质取 2~4 g、低放热量物质最大取到 8 g、高放
热量物质取 1 g、爆炸性物质取 0.5 g 是比较合适的。由此可见,势必有 φ 值随试样物质
的放热量增大而增加的趋势。对于一般的物质,CSI 公司推荐取 φ=1.2~2.0,并给出了
表 11 - 2 的数据说明这是可行的。另外,关于 φ 值对测试结果的影响,表 11 - 3 给出了
实例。

表 11 - 2　ARC 常用 φ 值

试样量/g	试样容器(c_{vb})　试样 c_{vs}	4 g 钛(0.13)		8 g 钛(0.13)		18 g 耐蚀镍合金 C(0.1)	
		0.5	0.25	0.5	0.25	0.5	0.25
1		2.04	3.08	3.08	5.16	4.20	7.40
2		1.52	2.04	2.04	3.08	2.60	4.20
4	修正系数 Φ 值	1.26	1.52	1.52	2.04	1.80	2.60
6		1.17	1.35	1.35	1.69	1.53	2.06
8		1.13	1.26	1.26	1.52	1.40	1.80
10		1.10	1.21	1.21	1.42	1.32	1.64

注:c_{vs} 和 c_{vb} 分别为试样和试样容器的比热容。

表 11 - 3　Φ 值对热参数测定结果的影响

Φ	开始放热温度 $T_0/℃$	最大放热速度时的温度 $T_m/℃$	绝热达到温度 $T_f/℃$	绝热温度上升 $\Delta T_{obs}/℃$
1.0	50	280	349	299
1.1	51	270	323	272
1.25	53	252	292	239
1.5	56	228	255	199
2.0	60.5	188	210	149.5
5.0	75	122	135	60

可见 φ 值在 1.1 附近影响不是很大。φ 值小有它的优点,但随之试样放热速度也迅速增大,如果此值超过了试验装置的最大供热速度(加热器能力为 10~15 ℃/min)时,就会影响绝热控制而造成反应热逃逸,结果会给出危险性偏低的评价。相反具爆炸性的含能材料,反应激烈性制约了试样量的提高,必取较大的 Φ 值,这样不仅需做较大的修正,而且开始放热温度会偏高,产生的压力会偏小,也需给予注意。

3. 绝热热流束反应量热法($C_{80}D$)

这是法国 Setaram 公司开发的一种热流束量热计,其突出的特点是试样量为克级,灵敏度高。试验时它也是把试样和一种热惰性的物质(如 A120)作为参比分别放于二样品池中同时加热,以测定相对的热流束变化。在这一点上和 DSC 一样,所以有人把它视为大型的 DSC。然而其与 DSC 显然不同的是,试样容器大(φ17 mm×80 mm),且各有可混合、搅拌、气体流动等多种型式以满足不同需要{如标准容器型(常压与高压)、真空容器型(常压与高压)、气体循环流动容器型(常压与高压)、倾倒式混合容器型、薄膜式混合容器型、液体过滤式容器型(常压与高压),用于测定液体比热容、液体与气体的热传导率、液体的蒸发热和蒸气压的容器型式等};还可以测定伴随试样分解放热时的压力变化情况,所以它在安全性评价中非常有用。

4. 反应量热计法(RC1,即 Reacticon Calorimeter One)

这是瑞士制药厂商 Gba-Geigy 公司开发的一种方法,1986 年由该国 Mettler 公司将其商品化,开始对外销售。我们知道,尽管 ARC 具有绝热,试样量达克级,可获得化工生产中冷却系统失效或错误的冷却工艺条件所可能造成的危险性热数据,但它很难模拟化学反应情况,RC1 正好可以弥补这一点,从而它既可以为工艺安全评价又可以为工艺优化设计提供依据。

5. 放散口尺寸测试装置(VSP,即 Vent Sizing Package)

这是美国化学工程师学会(ALCHE)的应急系统研究所(DIERS,即 Design Institute for Emergency Relief Systems)在实施 1975 ~ 1984 年的研究项目中由 Fauske 和 Associates 公司开发的一种仪器。主要为设计反应器和储槽中发生反应失控或其他紧急情况时释放压力(安全阀、破裂板等)的装置提供依据,且着眼于二相流的行为。VSP2 为改进型,它可以以实验室规模模拟实际生产中发生失控时放散压力的实验,把实验得到的有关数据代人简略的公式中,即可进行伴随气液二相流的放散口口径的设计。

6. 其他量热计

(1) 高性能绝热量热计(PHⅠ- TECⅡ)

这是英国的危险性评价实验室(Hazard Evaluation Laboratory)参照 DIERS 的量热计(VSP)而新近开发的一种装置。它的显著特点是高放热检知感度(比 VSP 一个数量级)和多功能,既可以测定反应失控危险性评价所需要的热参数(相当于大容量 ARC),又可以测定放散口尺寸设计中所需要的数据。在其他功能方面也都比 VSP 有所改进,其试样容器除标准型 120 mL 圆筒形外,还能选择实验所需的最合适材质与容积;试验中试验容器内容物可以向外壳外放出;还具有模拟外部火灾条件下反应失控的功能;除磁力搅拌器外,还可用带机械搅拌的容器,且搅拌马达设置在外壳外面;试样容器的上面、侧面、底面设有三套加热器和热电偶,从而可进行严密的 PID 控制。

(2) 反应系统筛选装置(RSST,即 reactive system tool)

这是为了代替 VSP 以测定反应失控时压力放散口(破裂板)尺寸应如何设计而开发的装置。同时也可用于评价反应失控危险性,它并有 VSP 的精度和 DSC 的廉价与易操作,所以是一种优良的研究反应危险性的筛选试验装置。

(3) MS - 80D

这是一种 Cdvet 高灵敏度等温量热计。所谓等温量热,是指在等温条件下实施至少到 100 mW/g 的微小热量测定的方法。为了测定数 mW/g 以下的微小热量,就需要用能容纳较多的试样且灵敏度高的量热计。由于灵敏度高,它便有可能用在较低温度下的试验。这一点是 MS - 80D 的显著特点与优点。因为物质在高温范围的分解(反应)机理不一定和较低温度范围的一样,用高温条件下试验的结果来外推在较低温度条件下的行为,常常会导致偏差,而用 MS - 80D 就可以避免这一弊端。

这种量热计之所以具有优良的性能是因为它有着特殊的构造,即其热流测定单元的四周包围着热传导块,热块的周围配置加热元件,一起置于充填了绝热材料的容器中。样品池和盛有惰性物质的参比池相邻,安置于热流测定单元的中心。通过测定二热流计的输出差而获得与试样的热变化成正比的信号。热流测定单元是温差电堆,即热电偶的集合体,样品池容积 15 mL 型的 480 根,100 mL 型的 1 316 根。

(4) 热反应性检测仪(TAM)

TAM(thermal activity monitor)是瑞典温度计公司(原 LKB 公司)市售的高灵敏度

等温量热计。其特点是有可让液体流过的通液式样品池。在可精密控制的 25 L 恒温水槽（25 ℃下，温度稳定度＜±0.000 1 ℃/24 h）中最多可设置四组测定单元，同时并联测定（但应为同样的温度条件）。一个测定单元由样品池和参照池构成一组，由铝制的散热片包围着。试样一旦发出热的变化，样品池和散热片之间便产生微小的温度差，随之按比例地形成热流束。同时借助于高灵敏度半导体检测器（热电元件，即 thermopile）将其作为电压信号检出，并放大后记录。可见其原理与热流束 DSC 一样。

11.3.3　RHI 反应危险性评价法

这是道化学公司提出的一种方法，其特点是把化学工艺中所处理的物质的两个特征值即反应活化能与反应热组合起来以作为评价它的危险性根据，即反应危险指数 RHI（reaction hazard index）。对于绝热系统而言，可以用绝热到达温度 T_f 代替反应热，因为 T_f 与反应放出的能量成正，其值越大，潜在的危险性也越大。

把绝热到达温度 T_f 与反应活化能 E 组成如图 11-3 所示的计算图，其中左边垂直轴标注绝热到达温度，右边垂直轴标注反应活化能，但数字上下反取，对角线相当于 RHI 线。RHI＝0（危险性最小）时处于绝热到达温度）0 K 处；RHI＝10（危险性最大）时，处于反应活化能 E＝0 处；RHI 直线即为物质的反应危险等级线（等级分为十个等级）。

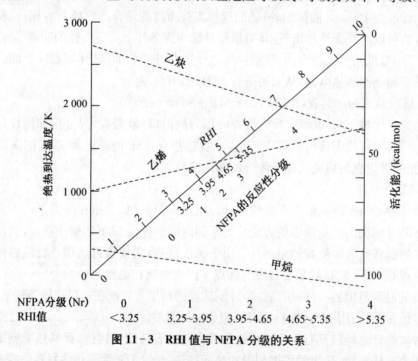

NFPA分级(Nr)	0	1	2	3	4
RHI值	<3.25	3.25~3.95	3.95~4.65	4.65~5.35	>5.35

图 11-3　RHI 值与 NFPA 分级的关系

使用时分别在左右两轴上找到所要评价的物质的绝热到达温度 T_f 和反应活化能 E 值的点，连接此两点的直线与 RHI 线的交点所相应的 RHI 值，即为该物质的反应危险性。

另外，RHI 值也可用下式计算：

$$RHI = \frac{10T_f}{T_f + 30E}$$　　　　（其中，T 取开式度，E 取 kcal/mol）

所以通过前述诸实验求得物质的 T_f 及 E 后,即可对其反应危险性按此方法做定量描述。

把一些物质的 RHI 和 NFPA 分级进行对比的情况列于表 11-4 中。可见,它们之间从总体上看有相当好的相关一致性。

表 11-4　RHI 值和 NFPA 反应性分级的比较

物质	RHI 值	NFPA 分级	物质	RHI 值	NFPA 分级
三氯甲烷	3.26	0	2-甲基丙烷	2.76	0
甲酸	4.66	0	叔丁醇	2.54	0
氯代甲烷	2.55	0	乙醚	2.46	0
甲烷	0.88	0	异丙基乙基酯	3.40	0
甲胺	3.06	0	2,2-甲基丙烷	1.98	0
1,1-三氯甲烷	3.45	0	2-甲基丁烷	2.62	0
1,2-二氯甲烷	3.76	0	戊烷	2.60	0
溴代乙烷	2.96	0	2,2-二甲基丙醇	2.787	0
氯代乙烷	2.93	0	环己烷	2.60	0
乙烷	1.82	0	乙酸丁酯	3.41	0
二甲胺	3.78	0	甲苯	2.52	0
乙胺	3.62	0	甲基环己烷	2.75	0
坏丙烷	3.22	0	乙酸戊酯	3.68	0
丙酮	2.75	0	乙苯	2.75	0
1-氯丙烷	2.98	0	4-二甲苯	2.55	0
丙烷	2.48	0	甲肼	3.96	1
1-丁烯	3.18	0	乙酸	2.38	1
环丁烷	3.16	0	1,1-二甲肼	3.90	1
乙酸乙酯	3.38	0	溴化丙烯	4.20	1
1-溴丁烷	3.04	0	丙腈	2.93	1
1-氯丁烷	2.91	0	丙烯	2.70	1
丁烷	1.96	0	丙醛	3.52	1
乙酐	4.43	1	硝基乙烷	4.62	3
二乙基碳酸酯	3.53	1	1-硝基丙烷	4.22	3
异丙基醚	2.72	1	乙烯基乙烷	7.33	3
苯乙基氯化物	2.89	1	叔丁基过氧化物	4.31	3
乙烯	4.71	2	硝化纤维素	6.12	3
乙醛	3.76	2	硝基甲烷	5.97	4
环氧丙烷	3.53	2	乙炔	7.05	4
1,3-丁二烯	5.72	2	硝化甘油	7.05	4
乙烯基乙醚	3.98	2	乙酰基过氧化物	5.26	4
乙烯基烯丙基醚	5.11	2	叔丁基氢过氧化物	4.48	4
苯乙烯	6.33	2	二乙基过氧化物	4.64	4
乙烯基环己烷	3.18	2	二叔丁基过氧化物	4.30	4
肼	4.24	2	异丙基苯氢过氧化物	5.32	4
环氧乙烷	3.81	3			

11.3.4　化学工艺过程热危险性综合评价程序

化学工艺过程的热危险性来自两个方面,即参与此过程的化学物质的热不稳定性(或称为热不安全性)和化学反应过程的危险性。对它们进行综合评价的程序(或流程),宜分别予以阐述。

1. 热安定性评价程序

图 11-4 是格莱沃(T. Grewer)提出的热安定性评价流程。按此流程图,首先用 SC-DSC,以 10 ℃/min 的升温速度对对象化合物进行测定。根据经验,若绝热温度上升不到50 ℃,就不会发生激烈的反应温度上升,由此可认为其热危险性几乎不会有。若假设反

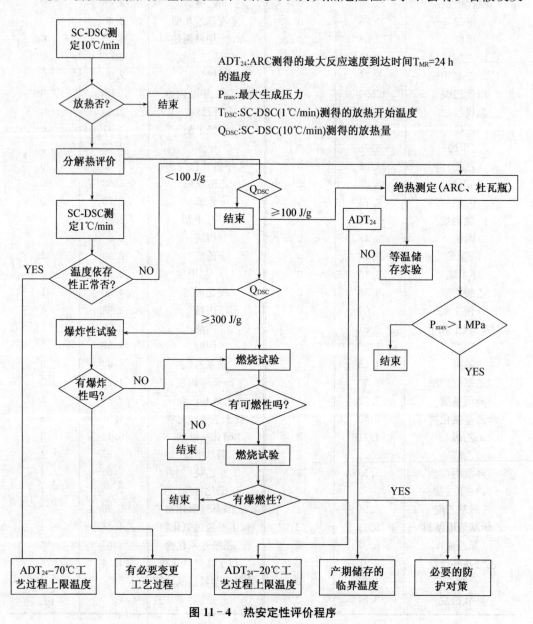

图 11-4　热安定性评价程序

应体系的比热容为 2 J/(g·K)，要注意的是含氯体系的比热容要比 2 J/(g·K)稍小一些，含水体系的比热容应稍大一些。但无论哪种情况，只要 $Q_{DSC} < 100$ J/g，多数情况下勿需进一步做其他热危险性实验；而当 $Q_{DSC} \geqslant 100$ J/g 时，就应进一步做绝热性实验，如 ARC 或杜瓦瓶实验。

在 ARC 测定中，根据必要也能评价自催化反应。作为热危险性的判定标准，常采用绝热分解温度 ATD_{24}（adiabatic decomposition temperature），即 T_{MR}（最大反应速度到达时间或至失控的剩余时间）为 24 h 时的温度。如果用杜瓦瓶，则有必要通过数次实验求得温度与绝热诱导时间的关系。

只要不考虑特别的条件，在这里把从 ATD_{24} 的温度设定为 20 ℃。加热时，应把热源的温度控制在这个范围进行管理。假如工艺过程滞留时间仅为 2～3 min，则即使在比 ATD_{24} 高的温度下处理也是可能的，但必须保证不让其在高温下长时间滞留。若必须在长达数周至数月的时间内储存，ATD_{24} 就不能作为判定标准使用。在这种情况下，就应进行等温储存实验，以确定长时间安全储存的临界温度。在需运输对热敏感的制品如有机过氧化物的时候，还应确定运输条件下的自加速分解温度 SADT。

从自反应性化学物质的燃烧爆炸危险性考虑，联合国给定的判定标准是 300 J/g。大于或等于 300 J/g 者，应做一系列爆炸性实验；确认为爆炸性物质时，有必要考虑是否需要变更工艺过程，因为危险性较大。小于 300 J/g 者，应进一步做燃烧与爆炸性实验，并制定相应的安全对策。

$$\Delta T_{AD}^I = \Delta H_D^I / c_p$$

通常有一个所谓"100 ℃法则"，即在比 T_{DSC} 低 100 ℃的温度下处理或操作可以认定是安全的。100 ℃的根据是基于 DSC 和 ARC 等绝热量热计的放热开始温度而确定的。正如所知，两者的差值受活化能影响较大。活化能在这里也称温度依存性。100 ℃法则只是在温度依存性"正常"的条件下成立。一种物质的温度依存性是否"正常"，可通过用不同升温速度 DSC 测定来判断。如属"正常"的反应，升温速度从 10 ℃/min 变为 1 ℃/min 的时候，DSC 放热峰的峰顶温度一般下降 30～50 ℃。因此，100 ℃法则可相应地变为 70 ℃法则，即安全裕度取 70 ℃；但如果属不正常，像 1,2-亚乙基二氰（ethylene cyanide）那样活化能很小，100 ℃法则就不能适用，其 DSC 放热开始温度和工艺过程温度的安全裕度取 100 ℃以上是必要的。

2. 化学反应过程危险性评价程序

图 11-5 示出了间歇式和半间歇式（batch and semi-batch）反应过程的危险性进行评价的一种程序实例。与上述热安定性评价程序相比，前者的大部分实际上包含于此，且这里增加了对反应产物的二次反应失控可能性的考虑。

半间歇式反应中，把室温的原料投入反应器，边搅拌边加热，使温度升至反应温度 T_R，然后逐渐加入其他原料，直至反应完成后冷却反应液，再出料。

假设在滴加原料或反应中冷却系统发生故障，此时未反应物料还存在于反应器中，反应将会在绝热条件下继续进行到完成。同时目的反应的反应热会使系统升至最高温度到达温度 MTSR（maximum temperature of the synthesis reaction）。在最坏的情况下，那时未反应完的原料或生成物的分解反应也在绝热条件下开始，此二次放热效应将带来反应

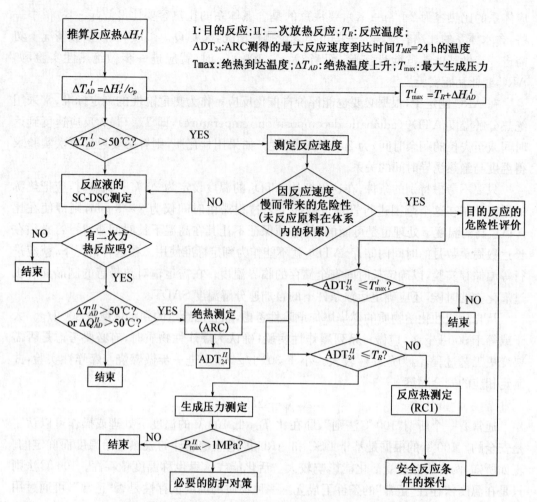

图 11-5　间歇式和半间歇式反应过程的危险性评价程序

系统进一步的绝热温度升高。

目的反应和二次失控反应的关系（即化学反应的热危险性）由以下四个温度水平可以判断：① 反应温度 T_R；② 目的反应的最高到达温度 MTSR（图 11-5 中用 T_{max} 表示）；③ 在生成物的分解（二次失控反应）中，使最大反应速度到达时间 $T_{MR}=24h$ 的温度 ATD_{24}；④ 系统的沸点 T_B。

但由于一般会发生更多的放热反应，所以须注意不能一律采用下述方法。

首先，推算目的反应的反应热 ΔHI_r。若目的反应为吸热的或不伴有热变化的反应时，关于目的的反应以后的探讨就可省略，按前述热安定性评价流程，只对生成物的分解（一次失控反应）进行探讨就可以了。

接着，由推算出的反应热计算绝热温度上升 ΔT^I_{AD}。在这里，50 ℃ 是判定标准。如目的反应放热量小（$\Delta T^I_{AD}\leqslant50$ ℃），继而对反应液是否会发生二次放热用 SC-DSC 进行探讨。若不放热，即结束；若放热，但 $Q_{DSC}\leqslant100$ J/g 或 $\Delta T^I_{AD}\leqslant50$ ℃，进一步的探讨也不必要，因为姑且认为即使 $ADT_{24}<T_R$，也是没有什么危险的。

放热量较大时，就须用 ARC、杜瓦瓶等以更多的试样进行评价。这里也是把 ADT_{24} 作为判定标准。ADT_{24}^{II} 必须比目的反应绝热到达温度 T_{max}^I 或反应温度 T_R 高。如果 $ADT_{24} > T_{max}^I$，生成物的分解（一次失控反应）的危险性就不会有，所以对目的反应的安全对策就是充分的。

ADT 是处于 T_R 和 T_{max}^I 之间的情况下，若生成物的分解热大就会发生危险。然而如果在 RCI 等测试结果的基础上精心设计反应条件以使目的反应中绝对达不到 ADT_{24}^{II} 的话，目的反应就能安全地实施。这就是冷却能力必须足够地大，以尽可能地防止反应混合物发生自放热反应。这一点不能保证时，就有必要采取放散、急停（投入反应抑制剂）或急冷（quench 即投入骤冷液）等安全措施。

$ADT_{24}^{II} \leqslant T_R$ 且生成物的分解热又大时，要想安全地实施目的反应几乎是不可能的。这样的反应应当避免，最好开发新的反应途径以改变原工艺。

再回到流程图的开始。如果目的反应放热大（即 $\Delta T_D^I > 50\ ℃$）的话，就应测定目的反应的反应速度，即使是其数量级也可以。

间歇式反应器只能适用于反应速度小的反应。即必须是 $Da < 1$、$Da/st \leqslant 1$。这里的 Da 为无量纲反应速度（Damkohler 数）；St 为 Stanton 数。反应速度大的，宜使用半间歇式反应器。这时在用化学当量摩尔比的二次反应中，为了避免未反应原料在系统内积蓄，必须是 $Da > 100$。但是，未反应原料在系统内的积蓄，只是在反应热大的情况下变得危险。反应热较小、或者不是化学当量摩尔比的场合，Da 值即使再稍微小一些也可以。从冷却能力方面看，$Da/St > 1$ 时，便不会发生危险的体系内积蓄。

当可以预料未反应原料可能在体系内积蓄时，应当用 RC_1 等分析测试手段探讨最佳反应条件。通常需探讨的项目有反应温度、搅拌速度。反应物浓度、冷却能力、加料速度等。

这里所探讨的化学反应假设为不可逆的二次反应，即 $A + D \longrightarrow P$。首先是原料 A 加入到反应器里，升温到反应温度后，再以一定的速度加入原料 D。这样，上述 Da 和 St 分别如下定义：

$$Da = A_0 c_{A0} t_{FD} \exp\left(-\frac{E}{RT_R}\right)$$

式中：A_0 为频率因子，$m^3/(mol \cdot s)$；c_{A0} 为原料 A 的初始浓度，mol/m^3；t_{FD} 为原料 D 与 A 达到化学当量比时的加入时间，s；E 为反应活化能，$J/(mol/K)$；T_R 为反应温度，K。

$$St = \frac{t_{FD}}{t_c} = \frac{US}{c p \rho V} t_{FD}$$

式中：t_c 为系统的冷却时间常数；U 为综合传热系数，$W/(m^2/K)$；S 为传热面积，m^2；C_p 为比热容，$J/(kg \cdot K)$；ρ 为密度，kg/m^3；V 为容积，m^3。

反应系统在不能满足 $Da > 100$ 的情况下，如果是 $Da/St > 1$ 的话，由于未反应原料的积蓄而造成的危险不会发生。

11.4 化工反应事故案例

11.4.1 氧化反应事故

【事故经过】

1995 年 5 月 18 日下午 2 点,江阴市某化工厂当班生产副厂长王某组织 8 名工人接班,接班后氧化釜继续通氧氧化,当时釜内工作压力 0.75 MPa,温度 160 ℃。不久工人发现氧化釜搅拌器传动轴密封填料处发生泄漏,当班长钟某在观察泄漏情况时,泄漏的物料溅到了眼睛,钟某就离开现场去冲洗眼睛。之后工人刘某、星某在副厂长王某的指派下,用扳手直接去紧搅拌轴密封填料的压盖栓来处理泄漏问题,当刘某、星某对螺母上紧了几圈后,物料继续泄漏,且螺栓已跟着转动,无法旋紧,经王某同意,刘某将手中的两只扳手交给在现场的工人陈某,自己去休息间取管钳,当刘某离开操作平台 45s 左右,操作平台上发生爆燃,接着整个生产车间起火。当班工人除文某、刘某离开生产车间之外,其余 7 人全部陷入火中,副厂长王某、工人李某当场烧死,陈某、星某在医院抢救过程中死亡,5 人重伤。该厂 320 m² 生产车间厂房屋顶和 280 m² 的玻璃钢棚以及部分设备、原料等被烧毁,直接经济损失为 10.6 万元。

【事故原因分析】

（1）直接原因

经过调查取证、技术分析和专家论证,这起事故的发生,是由于氧化釜搅拌器传动轴密封填料处发生泄漏,生产副厂长王某指挥工人处理不当,导致泄漏更加严重,釜内物料（其主要成分是乙酸）从泄漏处大量喷出,在釜体上部空间迅速与空气形成爆炸性混合气体,遇到金属撞击产生的火花即发生爆炸,并形成大火。因此事故的直接原因是氧化釜发生物料泄漏,泄漏后的处理方法不当,生产副厂长王某违章指挥,工人无知作业。

（2）间接原因

① 管理混乱,生产无章可循。该厂自生产对硝基苯甲酸以来,没有制定与生产工艺相适应的任何安全生产管理制度、工艺操作规程和设备使用管理制度。特别是北京某公司 3 月 1 日租赁该厂后,对工艺设备做了改造,操作工人全部更换,没有依法建立各项劳动安全制度和工艺操作规程,整个企业生产无章可循,尤其是对生产过程中出现的异常情况,没有明确如何处理,也没有任何安全防范措施。

② 工人未经培训,仓促上岗。该厂自租赁以后,生产操作工人全部重新招用外来劳动力,进场最早的 1995 年 4 月,最迟的一批人 5 月 15 日下午刚刚从青海赶到工厂,仅当晚开会讲注意事项,第二天就操作上岗。因此工人没有起码的工业生产常识,没有任何安全知识,不懂得安全操作规程,也不知道本企业生产的操作要求,根本不了解化工生产的危险特点,尤其是对如何处理生产中出现的异常情况更是不懂。整个生产过程全由租赁方总经理和生产副厂长王某具体指挥每个工人如何做,工人自己不知道怎样做。

③ 生产没有依法办理任何报批手续,企业不具备安全生产基本条件。该厂自 1994 年 5 月起生产对硝基苯甲酸,却未按规定向有关部门申报办理手续,生产车间的搬迁改造

也未经过消防等部门的批准,更没有进行劳动安全卫生的"三同时"审查验收。尤其是作为工艺工程中最危险的要害设备氧化釜,是 1994 年 5 月非法订购的无证制造厂家生产的压力容器,而且连设备资料都没有就违法使用。生产车间现场混乱,生产材料与成品混淆。因此,整个企业不具备从事化工生产的安全生产基本条件。

11.4.2　加氢还原反应事故

【事故经过】

1996 年 8 月 12 日,山东省某化学工业集团总公司制药厂山梨醇生产过程中发生爆炸事故。该制药厂新开发的山梨醇生产工艺装置于 1996 年 7 月 15 日开始投料生产。8 月 12 日零时山梨醇车间乙班接班,氢化岗位的氢化釜处在加氢反应过程中。氢气被送 3 号高位槽后,经槽顶呼吸管排到室内。因房顶全部封闭,致使氢气沿房顶不断扩散集聚,与空气形成爆炸混合气,达到了爆炸极限。二层楼平面设置了产品质量分析室,常开的电炉引爆了混合气,发生了空间化学爆炸。1 号、2 号液糖高位槽封头被掀裂,3 号液糖高位槽被炸裂,封头飞向房顶,4 台互次沉降槽封头被炸挤压入槽内,6 台尾气分离器、3 台缓冲罐被防爆墙掀翻砸坏,室内外的工艺管线、电气线路被严重破坏。

【事故原因分析】

(1) 直接原因

氢化釜在氢化反应过程中,随着氢气不断地加入,调压阀处于常动状态(工艺条件要求氢化釜内的工作压力为 4 MPa),由于尾气缓冲罐下端残糖回收阀处于常开状态(此阀应处于常关状态,在回收残糖时才开此阀,回收完后即关好,气源是从氢化釜调压出来的氢气),氢气被送 3♯ 高位槽后,经槽顶呼吸管排到室内。因房顶全部封闭有没有排气装置,致使氢气沿房顶不断扩散积聚,与空气形成爆炸混合气,达到了爆炸极限。二层楼平面设置了产品质量分析室,常开的电炉引爆了混合气,发生了爆炸。

(2) 间接原因

① 企业建立的新产品安全技术操作规程,没有经过工程技术人员的论证审定,没有尾气回收罐回收阀操作程序规定。管理人员的安全素质差,不熟悉工艺安全参数,对安全操作规程生疏,对作业人员规程执行指导有漏洞,而工人对其操作不明白,以致氢气缓冲罐回收阀处于常开状态,形成多班次连续氢气漏至室内。

② 山梨醇工艺设计不安全可靠,其厂房布置设计不符合规范要求(如山梨醇产品分析室离散发可燃气体源仅 15 m,规范规定不小于 30 m),是此次事故的主要原因。

③ 新产品安全操作规程不完善,缺乏可靠的操作依据。

④ 山梨醇是该企业新建项目,没有按国家有关新建、改建、扩建项目安全卫生"三同时"要求进行安全卫生初步升级、审查和竣工验收。自己制造安装尾气缓阀时没有装配液位计,山梨醇车间也没有设置可燃气体浓度检测报警装置。厂房上部为封闭式,未设排气装置,这些违反了《建筑设计防火规范》的规定。

11.4.3 硝化反应事故

【事故经过】

1992年3月10日9时许,常熟市某化工厂间二硝基苯车间在生产间二硝基苯时,当班操作工发现正在进行硝化反应的二号反应锅的搅拌器停转,操作组长沈某某随即向车间负责人李某某汇报。李某某问沈某某搅拌器停了多长时间,沈某某讲刚刚停。李某某布置找机修工抢修,自己立即进入车间检查二号反应锅,发现反应锅温度计显示25℃(正常情况下,此时温度应在37~40℃)。李某某对这一异常情况未注意,马虎大意,误认为是温度计坏了,没有对温度计进行检查。

10时20分左右,搅拌器即将修复,李某某在硝化反应已停止1个多小时的情况下,未对操作工人交代必要的注意事项,先行离开了车间。10时30分许,操作工人启动修复后的搅拌器时,因二号反应锅内留存一定量未经反应的硝基苯、混酸及一定量的反应产生物间二硝基苯,发生剧烈化学反应,锅内温度瞬间急剧升高,正常冷却失效,引起爆炸,造成现场作业的8名工人死亡,7名工人受伤,直接经济损失84万余元。

【事故原因分析】

（1）直接原因

直接原因是2#反应锅搅拌器停转,反应物未经充分的搅拌,留存了一定量的未经反应的硝基苯、混酸及一定量的反应产物间二硝基苯,在搅拌器修复后突然发生剧烈的化学反应,锅内的温度瞬间急剧升高,正常冷却生效,引发爆炸。

（2）间接原因

工厂安全管理存在漏洞,领导对安全重视不够。在这起事故中,李某某对事故发生负有重要的责任。李某某对间二硝基苯的生产具有一定的专业知识,但在生产作业中马虎大意,在检查出反应锅温度异常的情况下,完全有能力判断出反应锅炉处于危险状态,但其作出错误的判断,没有认真履行职责,采取有效措施,从而酿成特大恶性事故。此外,就防范措施来讲,该厂的生产技术力量不足,生产现场缺乏懂化工生产知识的技术人员,面对发生的故障不能正确处理。

11.4.4 聚合反应事故

【事故经过】

1989年8月29日,辽宁省本溪市某化工厂聚氯乙烯车间聚合工段,3#聚合釜轴封处有泄漏,班长便找来出料工准备用扳手进行加固处理。这时,由于轴封和入孔处(人孔垫已被冲开)均大量泄漏氯乙烯单体无法处理,也无法上前打开放空阀放空,班长即让出料工到一楼打开釜底放料阀,将釜内料液排放至室外回收池进行泄压处理。值班主任、聚合工段副工段长、氯乙烯工段工人等听到氯乙烯单体外泄的啸叫声后赶到现场。此时大量氯乙烯单体弥漫在聚合工段房内,由于静电(或工具撞击火花)等因素,发生了空间爆炸随即起火。事故造成12人死亡、2人重伤、3人轻伤。聚合工段1 022 m²的三层砖结构厂房崩塌,2号聚合釜(处于聚合反应初期)、4号聚合釜(处于聚合反应中期)的人孔垫被冲开,装有2 400 kg氯乙烯单体的计量槽从三楼坍塌于3#釜附近,这些釜、槽内的氯乙烯单体的外泄又加剧了火势。这次爆炸使厂房内的设备遭到不同程度的损坏,爆炸冲击波使周围 50 m 范围内的建筑物的玻璃被损坏,直接经济损失 22 万元。

【事故原因分析】

(1) 直接原因

错误的操作是导致这起事故的直接原因。现场勘查发现,3♯聚合釜的 2 个冷却水阀门(一个为循环水阀门,另一个为深水井阀门)均处于关闭状态。据了解,该厂有这类"习惯性"操作。虽然 3♯釜已经反应 8 h,处于聚合反应中后期(该厂聚合反应一般为 11 h 左右),反应仍处于较激烈的阶段,关闭冷却水阀门必然使大量反应热不能及时导出,造成釜内超温超压,导致轴封密封不住,人孔垫被冲开,大量氯乙烯单体外泄,遇静电或其他点火源,产生爆炸。

(2) 间接原因

该厂的安全管理薄弱,对于上述操作,没有引起重视。另外,聚合釜防爆片(有的改为重锤式安全阀)下的阀门全部关死,使安全泄压装置在超压时不能发挥作用。该厂安全操作规章上规定了要定期检验安全阀,而实际上根本没有装安全阀。聚合釜设计图上选用的人孔垫为橡胶垫,而该厂使用的是高压橡胶石棉垫,而且垫了 4 层。该厂的员工技术素质也存在问题,该厂聚合工段是技术性较强、危险性较大的工段,但是在 87 名职工中有 29 名临时工,占 33%;聚合岗位 12 名看釜工中有 9 位临时工,占 75%;这起爆炸事故死亡的 12 人中有 7 名临时工,占 58%。

第 12 章　化工单元操作安全工程

一个化工产品的生产是通过若干个物理操作与若干个化学反应实现的。长期的实践与研究发现，尽管化工产品千差万别，生产工艺多种多样，但这些产品的生产过程所包含的物理过程并不是很多，而且是相似的。化工单元操作是指各种化工生产中以物理过程为主的处理方法，主要包括加热、冷却、加压操作、负压操作、冷冻、物料输送、熔融、干燥、蒸发与蒸馏等。

12.1　化工单元操作的危险性

化工单元操作的危险性是由所处理物料的危险性所决定的，主要是处理易燃物料或含有不稳定物质物料的单元操作，化工单元操作的危险性一般表现为如下几种情况：

（1）易燃气体物料形成爆炸性混合体系；

（2）易燃固体或可燃固体物料形成爆炸性粉尘混合体系；

（3）不稳定物质的积聚或浓缩。譬如，不稳定物质减压蒸馏时，若温度超过某一极限值，有可能发生分解爆炸；粉末过筛时容易产生静电，而干燥的不稳定物质过筛时，微细粉末飞扬，可能在某些地区积聚而发生危险；反应物料循环使用时，可能造成不稳定物质的积聚而使危险性增大；反应液静置中，以不稳定物质为主的相，可能分离而形成分层积聚；在大型设备里进行反应，如果含有回流操作时，危险物在回流操作中有可能被浓缩；在不稳定物质的合成反应中，搅拌是个重要因素；在对含不稳定物质的物料升温时，控制不当有可能引起突发性反应或热爆炸。

12.2　化工单元操作的安全

在化工生产中，大多数的单元操作因其自身的特点或操作条件的影响存在不安全因素。为保证化工单元操作过程的安全性，应坚持安全第一、预防为主的方针，实验室要创造安全生产的环境，学生要熟悉安全操作技术，相关的单元操作才是安全的。

12.2.1　加热操作的安全

温度是化工过程中最常见的控制指标之一。加热操作是提高温度的重要手段，温度过高或升温速度过快，容易损坏设备，严重的会引起反应失控，发生冲料、燃烧或爆炸，所以操作的关键是按生产规定严格地控制温度范围和升温速度。化工装置加热方法一般为蒸气加热、热水加热、载热体加热以及电加热等。

从化工安全技术角度出发，加热过程的安全技术要点是：

（1）采用水蒸气或热水加热时,应定期检查蒸气夹套和管道的耐压强度,并应装设压力计和安全阀。与水会发生反应的物料,不宜采用水蒸气或热水加热。

（2）采用充油夹套加热时,需将加热炉门与反应设备用砖墙隔绝,或将加热炉设于车间外面。油循环系统应严格密闭,不准热油泄漏。

（3）为了提高电感加热设备的安全可靠程度,可采用较大截面的导线,以防过负荷;采用防潮、防腐蚀、耐高温的绝缘,增加绝缘层厚度,添加绝缘保护层等措施。电感应线圈应密封起来,防止与可燃物接触。

（4）电加热器的电炉丝与被加热设备的器壁之间应有良好的绝缘,以防短路引起电火花,将器壁击穿,使设备内的易燃物质或漏出的气体和蒸气发生燃烧或爆炸。在加热或烘干易燃物质,以及受热能挥发可燃气体或蒸气的物质,应采用封闭式电加热器。电加热器不能安放在易燃物质附近。导线的负荷能力应能满足加热器的要求,应采用插头向插座上连接方式,工业上用的电加热器,在任何情况下都要设置单独的电路,并要安装适合的熔断器。

（5）在采用直接用火加热工艺过程时,加热炉门与加热设备间应用砖墙完全隔离,不使厂房内存在明火。加热锅内残渣应经常清除以免局部过热引起锅底破裂。以煤粉为燃料时,料斗应保持一定存量,不许倒空,避免空气进入,防止煤粉爆炸;制粉系统应安装爆破片。以气体、液体为燃料时,点火前应吹扫炉膛,排除积存的爆炸性混合气体,防止点火时发生爆炸。当加热温度接近或超过物料的自燃点时,应采用惰性气体保护。

12.2.2　冷却、冷凝、冷冻操作的安全

冷却与冷凝区别:冷却是使温度降低而不发生相变的过程,发生相变(如气相变成液相)为冷凝。

从化工安全技术角度出发,冷却与冷凝过程的安全技术要点是:① 正确选用设备和冷却剂;② 选用耐腐蚀材料的冷却设备;③ 严格注意冷却设备的密闭性;④ 冷却水不能中断;⑤ 开车前先清除冷凝器中的积液,再开冷却水,后通入高温物料;⑥ 充氮保护;⑦ 修冷凝、冷却器,应清洗置换,切勿带料焊接。

冷冻是将物料降到比水或周围空气更低的温度,如蒸气、气体的液化等。冷冻方法主要有冰融化法、冰盐水法、干冰法、液体汽化法、气体绝热膨胀法;常用的冷冻剂有氨、二氧化碳、氟利昂、碳氢化合物;冷冻的载冷体是水、盐水溶液(氯化钠、氯化钙或氯化镁溶于水中形成的溶液)、有机溶液(如乙二醇、丙三醇溶液等)。

从化工安全技术角度出发,冷冻过程的安全技术要点是:

（1）尽可能选用不燃、不爆、无毒、无臭、无腐蚀的冷冻剂或载冷体;采用不发生火花的电气设备。

（2）在压缩机出口方向,应于气缸和排气阀间设一个能使氨通到吸入管的安全设置,以防压力超高,为避免管路爆裂,在旁通管路上不装任何阻气设施。

（3）易于污染空气的油分离器应设于室外,压缩机采用低温不冻结,且不与氨发生化学反应的润滑剂。

（4）制冷系统压缩机、冷凝器、蒸发器以及管路系统,应注意到耐压程度和气密性,防

止设备、管路裂纹、泄漏,同时加强安全阀、压力表等安全装置的检查、维护。

(5) 制冷系统因发生事故或停电而紧急停车,应注意其被冷物料的排空处理。

(6) 装有冷料的设备及容器,应注意其低温材质的选择,防止低温脆裂。

12.2.3 筛分、过滤操作的安全

化工生产中常采用筛选方法将固体原料、产品进行颗粒分级,将固体颗粒度(块度)分级,选取符合工艺要求的粒度。通过筛网孔眼尺寸控制物料粒度,在筛分过程中有的保证筛余物符合工艺要求,有的是筛过物符合工艺要求。根据工艺要求还可以进行多次筛分去掉颗粒较大和较小部分而留取中间部分。筛分主要包括振动筛和往复振动筛。振动筛又名"重筛",由矿山机械发展起来,适合于粒径粗、比重大的原料去掉异物等简单筛分。筛子运动形态对网面做垂直振动,振动轨迹可以是直线、圆形或椭圆形,振频约 $600\sim$ 1 100/min,振幅为 $4\sim15$ mm。在化学工业中往复振动筛广泛用于粒径小、比重低的物料,往复振动筛也叫水平运动筛,其运动形态平行作用于网面,运动轨迹和振动筛一样可以是圆、椭圆和直线,或是混合型,不过直线型往复轨迹短,效率低,除特殊用途外,一般不采用。往复振动筛主运动没有垂直运动,所以通常采用轻小棍子作辅助手段直接敲打网面,网面上粒子随振动方向运动,并在由投入端侧向排出端侧倾斜网面上层化筛分,粒子依靠本身重量达到筛分的目的。

从化工安全技术角度出发,筛分过程的安全技术要点是:

(1) 在筛分操作过程中,如果粉尘具有可燃性,必须注意因碰撞和静电而引起粉尘燃烧、爆炸。如粉尘具有毒性、吸水性、腐蚀性,须注意呼吸器官及皮肤保护,防止引起中毒或皮肤伤害。

(2) 筛分操作扬尘量很大,在不妨碍操作、检查的前提下,应将筛分设备最大限度密闭。

(3) 要加强检查,注意筛网磨损、筛孔堵塞、卡料,以防筛网损坏和混料。

(4) 筛分设备运转部分应加防护罩以防绞伤人体。

(5) 振动筛会产生大量噪声,应采用隔离等消声措施。

过滤是使悬浮液在重力、真空、加压及离心的作用下,通过细孔物体,将固体悬浮微粒截留进行分离的操作。按操作方法,过滤分为间歇过滤和连续过滤两种。连续过滤较间歇式过滤安全,因为连续过滤机循环周期短,能自动洗涤和自动卸料,其过滤速度较间歇式过滤机高,且操作人员脱离有毒物料接触,比较安全。间歇式过滤机需要经常重复卸料、装合、加料等各项辅助操作,较连续式过滤周期长,人工操作劳动强度大,直接接触毒物。过滤中能散发有害或爆炸性气体时,对于加压过滤不能采用敞开式过滤操作,应采用密闭式过滤操作,并用压缩空气或惰性气体保持压力。在取滤渣时应先放压力,否则会发生事故。

12.2.4 粉碎、混合操作的安全

将固体物料粉碎或研磨成粉末以增加其接触面积,进而缩短化学反应时间。大块物料破碎成小块物料称为破碎;小块物料磨成细粉称为粉磨。所以破碎机最好连续化、自动

化加料、出料；具有防止损坏的安全装置；产生粉末应尽可能少；发生事故能迅速停车。

从化工安全技术角度出发，粉碎过程的安全技术要点是：

（1）颚式、圆锥式破碎机应装设防护板，以防固体物料飞出。

（2）球磨机必须具有一个带抽风管的严密外壳，如果研磨具有爆炸性物质，则内部需用橡皮或其他柔软材料衬里，同时采用青铜磨球。

（3）粉碎机必须有紧急制动装置，必要时可迅速停车。

（4）运转中的破碎机严禁检查、清理、调节和检修。

（5）破碎机加料口与地面一般水平或低于地面不到 1m 应设安全栅格。

（6）为确保安全，初次研磨的物料应先在研钵中试验，了解物料性质是否黏结、着火，然后再进行机械研磨。

（7）可燃物料研磨后应先冷却，然后装桶，防止发热引起燃烧。

（8）如果发现粉碎系统的粉末阴燃或燃烧时，必须立即停止送料，并切断空气来源，必要时充入氮气、二氧化碳、水蒸气等惰性气体。

混合是将两种及以上物料相互分散达到温度、浓度、组成一致的操作。物料混合类型主要包括：液-液混合、固-液混合、固-固混合、粉末-散粒混合和糊状物料捏合。混合操作方式有机械搅拌、气流搅拌和其他方法。

从化工安全技术角度出发，混合过程的安全技术要点是：

（1）桨叶制造要符合强度要求，牢固安装，不允许产生摆动。

（2）防止电机超负荷以及桨叶折断等事故发生。

（3）搅拌机不可随意提高转速，尤其搅拌黏稠物质，造成电机超负荷、桨叶断裂以及物料溅出等。

（4）安装超负荷停车装置。

（5）对于混合操作加料、出料应实现机械化、自动化。

12.2.5　输送操作的安全

在工业生产过程中，经常需要将各种原材料、中间体、产品以及副产品和废弃物从一个地方输送到另一个地方，这些输送过程就是物料输送。在现代化工业企业中，物料输送是借助于各种输送机械设备实现的。由于所输进的物料形态不同（块状、粉态、液态、气态等），所采取的输送设备也各异。实验室的物料输送操作主要是液态物料输送和气态物料输送。

液态物料可借其位能沿管道向低处输送。而将其由低处输往高处或由一地输往另一地（水平输送），或由低压处输往高压处，以及为保证一定流量克服阻力所需要的压力，则需要依靠泵来完成。泵的种类较多，通常有往复泵、离心泵、旋转泵、流体作用泵等四类。

从化工安全技术角度出发，液态物料输送过程的安全技术要点是：

（1）输送易燃液体宜采用蒸气往复泵。如采用离心泵，则泵的叶轮应由有色金属制造，以防撞击产生火花。设备和管道均应有良好的接地，以防静电引起火灾。由于采用虹吸和自流的输送方法较为安全，故应优先选择。

（2）对于易燃液体，不可采用压缩空气压送，因为空气与易燃液体蒸气混合，可形成爆炸性混合物,且有产生静电的可能。对于闪点很低的可燃液体,应用氮气或二氧化碳等惰性气体压送。闪点较高及沸点在130℃以上的可燃液体,如有良好的接地装置,可用空气压送。

（3）临时输送可燃液体的泵和管道（胶管）连接处必须紧密、牢固,以免输送过程中管道受压脱落漏料而引起火灾。

（4）用各种泵类输送可燃液体时,其管道内流速不应超过安全速度,且管道应有可靠的接地措施,以防静电聚集。同时要避免吸入口产生负压,以防空气进入系统导致爆炸或抽瘪设备。

气体物料的输送采用压缩机。按气体的运动方式,压缩机可分为往复压缩机和旋转压缩机两类。

从化工安全技术角度出发,气态物料输送过程的安全技术要点是:

（1）输送液化可燃气体宜采用液环泵,因液环泵比较安全。但在抽送或压送可燃气体时,进气入口应该保持一定余压,以免造成负压吸入空气形成爆炸性混合物。

（2）为避免压缩机气缸、储气罐以及输送管路因压力增高而引起爆炸,要求这些部分要有足够的强度。此外,要安装经核验准确可靠的压力表和安全阀（或爆破片）。安全阀泄压应将危险气体导至安全的地点。还可安装压力超高报警器、自动调节装置或压力超高自动停车装置。

（3）压缩机在运行中不能中断润滑油和冷却水,并注意冷却水不能进入气缸,以防发生水锤。

（4）气体抽送、压缩设备上的垫圈易损坏漏气,应注意经常检查及时换修。

（5）压送特殊气体的压缩机,应根据所压送气体物料的化学性质,采取相应的防火措施。如乙炔压缩机同乙炔接触的部件不允许用铜来制造,以防产生具有爆炸危险的乙炔铜。

（6）可燃气体的管道应经常保持正压,并根据实际需要安装逆止阀、水封和阻火器等安全装置,管内流速不应过高。管道应有良好的接地装置,以防静电聚集放电引起火灾。

（7）可燃气体和易燃蒸气的抽送、压缩设备的电机部分,应为符合防爆等级要求的电气设备,否则,应有穿墙隔离设置。

（8）当输送可燃气体的管道着火时,应及时采取灭火措施。管径在150 mm以下的管道,一般可直接关闭闸阀熄火;管径在150 mm以上的管道着火时,不可直接关闭闸阀熄火,应采取逐渐降低气压。通入大量水蒸气或氮气灭火的措施,但气体压力不得低于50~100 Pa。严禁突然关闭闸阀或水封,以防回火爆炸。当着火管道被烧红时,不得用水骤然冷却。

12.2.6　干燥、蒸发与蒸馏操作的安全

干燥按其热量供给湿物料的方式,可分为传导干燥、对流干燥、辐射干燥和介电加热干燥。干燥按操作压强可分为常压干燥和减压干燥;按操作方式可分为间歇式干燥与连续式干燥。常用的干燥设备有厢式干燥器、转筒干燥器、气流干燥器、沸腾床干燥器、喷雾干燥器。必须防止火灾、爆炸、中毒事故的发生,从化工安全技术角度出发,干燥过程的安

全技术要点是：

（1）当干燥物料中含有自燃点很低或含有其他有害杂质时必须在烘干前彻底清除掉，干燥室内也不得放置容易自燃的物质。

（2）干燥室与生产车间应用防火墙隔绝，并安装良好的通风设备，电气设备应防爆或将开关安装在室外。在干燥室或干燥箱内操作时，应防止可燃的干燥物直接接触热源，以免引起燃烧。

（3）干燥易燃易爆物质，应采用蒸气加热的真空干燥箱，当烘干结束后，去除真空时，一定要等到温度降低后才能放进空气；对易燃易爆物质采用流速较大的热空气干燥时，排气用的设备和电动机应采用防爆的；在用电烘箱烘烤能够蒸发易燃蒸气的物质时，电炉丝应完全封闭，箱上应加防爆门；利用烟道气直接加热可燃物时，在滚筒或干燥器上应安装防爆片，以防烟道气混入一氧化碳而引起爆炸。

（4）间歇式干燥，物料大部分靠人力输送，热源采用热空气自然循环或鼓风机强制循环，温度较难控制，易造成局部过热，引起物料分解造成火灾或爆炸。因此，在干燥过程中，应严格控制温度。

（5）在采用洞道式、滚筒式干燥器干燥时，主要是防止机械伤害。在气流干燥、喷雾干燥、沸腾床干燥以及滚筒式干燥中，多以烟道气、热空气为干燥热源。

（6）干燥过程中所产生的易燃气体和粉尘同空气混合易达到爆炸极限。在气流干燥中，物料由于迅速运动相互激烈碰撞、摩擦易产生静电；滚筒干燥过程中，刮刀有时和滚筒壁摩擦产生火花，因此，应该严格控制干燥气流风速，并将设备接地；对于滚筒干燥，应适当调整刮刀与筒壁间隙，并将刮刀牢牢固定，或采用有色金属材料制造刮刀，以防产生火花。用烟道气加热的滚筒式干燥器，应注意加热均匀，不可断料，滚筒不可中途停止运转。斗口有断料或停转应切断烟道气并通氮。干燥设备上应安装爆破片。

蒸发按其采用的压力可以为常压蒸发、加压蒸发和减压蒸发（真空蒸发）。按其蒸发所需热量的利用次数可分为单效蒸发和多效蒸发。

从化工安全技术角度出发，蒸发过程的安全技术要点是：

（1）蒸发器的选择应考虑蒸发溶液的性质，如溶液的黏度、发泡性、腐蚀性、热敏性，以及是否容易结垢、结晶等情况。

（2）在蒸发操作中，管内壁出现结垢现象是不可避免的，尤其当处理易结晶和腐蚀性物料时，使传热量下降。在这些蒸发操作中，一方面应定期停车清洗、除垢；另一方面改进蒸发器的结构，如把蒸发器的加热管加工光滑些，使污垢不易生成，即使生成也易清洗，提高溶液循环的速度，从而可降低污垢生成的速度。

化工生产中常常要将混合物进行分离，以实现产品的提纯和回收或原料的精制。对于均相液体混合物，最常用的分离方法是蒸馏。要实现混合液的高纯度分离，需采用精馏操作。

从化工安全技术角度出发，蒸馏过程的安全技术要点是：

（1）在常压蒸馏中应注意易燃液体的蒸馏热源不能采用明火，而采用水蒸气或过热水蒸气加热较安全。蒸馏腐蚀性液体，应防止塔壁、塔盘腐蚀，造成易燃液体或蒸气逸出，遇明火或灼热的炉壁而产生燃烧。蒸馏自燃点很低的液体，应注意蒸馏系统的密闭，防止因高温泄漏遇空气自燃。对于高温的蒸馏系统,应防止冷却水突然漏入塔内,这将会使水迅速汽化,塔内压力突然增高而将物料冲出或发生爆炸。启动前应将塔内和蒸气管道内的冷凝水放空,然后使用。在常压蒸馏过程中,还应注意防止管道、阀门被凝固点较高的物质凝结堵塞,导致塔内压力升高而引起爆炸。在直接用火加热蒸馏高沸点物料时(如苯二甲酸酐),应防止产生自燃点很低的树脂油状物遇空气而自燃。同时,应防止蒸干,使残渣焦化结垢,引起局部过热而着火爆炸。油焦和残渣应经常清除。冷凝系统的冷却水或冷冻盐水不能中断,否则未冷凝的易燃蒸气逸出使局部吸收系统温度增高,或窜出遇明火而引燃。

(2) 真空蒸馏(减压蒸馏)是一种比较安全的蒸馏方法。对于沸点较高、在高温下蒸馏时能引起分解、爆炸和聚合的物质,采用真空蒸馏较为合适。如硝基甲苯在高温下分解爆炸、苯乙烯在高温下易聚合,类似这类物质的蒸馏必须采用真空蒸馏的方法以降低流体的沸点。借以降低蒸馏的温度,确保其安全。

12.2.7　吸收操作的安全

气体吸收按溶质与溶剂是否发生显著的化学反应可分为物理吸收和化学吸收;按被吸收组分的不同,可分为单组分吸收和多组分吸收;按吸收体系(主要是液相)的温度是否显著变化,可分为等温吸收和非等温吸收。在选择吸收剂时,应注意溶解度、选择性、挥发度、黏度。工业生产中使用的吸收塔的主要类型有板式塔、填料塔、湍球塔、喷洒塔和喷射式吸收塔等。

解吸又称脱吸,是脱除吸收剂中已被吸收的溶质,而使溶质从液相逸出到气相的过程。在生产中解吸过程用来获得所需较纯的气体溶质,使溶剂得以再生,返回吸收塔循环使用。工业上常采用的解吸方法有加热解吸、减压解吸、在惰性气体中解吸、精馏方法。

从化工安全技术角度出发,吸收操作过程的安全技术要点是:

(1) 容器中的液面应自动控制和易于检查。对于毒性气体,必须有低液位报警。

(2) 控制溶剂的流量和组成,如洗涤酸气溶液的碱性液体;如用碱溶液洗涤氯气,用水排除氨气,液流的失控会造成严重事故。

(3) 在设计限度内控制入口气流,检测其组成。

(4) 控制出口气的组成。

(5) 适当选择适于与溶质和溶剂的混合物接触的结构材料。

(6) 在进口气流速、组成、温度和压力的设计条件下操作。

(7) 避免潮气转移至出口气流中,如应用严密筛网或填充床除雾器等。

(8) 一旦出现控制变量不正常的情况,应能自动启动报警装置。控制仪表和操作程序应能防止气相中溶质载荷的突增以及液体流速的波动。

12.2.8　液-液萃取操作的安全

萃取是指在欲分离的液体混合物中加入一种适宜的溶剂,使其形成两液相系统,利用液体混合物中各组分在两相中分配差异的性质,易溶组分较多地进入溶剂相从而实现混合液的分离。萃取时溶剂的选择是萃取操作的关键,萃取剂的性质决定了萃取过程的危险性大小和特点。萃取剂的选择性、物理性质(密度、界面张力、黏度)、化学性质(稳定性、热稳定性和抗氧化稳定性)、萃取剂回收的难易和萃取的安全问题(毒性、易燃性、易爆性)是选择萃取剂时需要特别考虑的问题。工业生产中所采用的萃取流程有多种,主要有单级和多级之分。

萃取设备的主要性能是能为两液相提供充分混合与充分分离的条件,使两液相之间具有很大的接触面积,这种界面通常是将一种液相分散在另一种液相中所形成,两相流体在萃取设备内以逆流流动方式进行操作。萃取的设备有填料萃取塔、筛板萃取塔、转盘萃取塔、往复振动筛板塔和脉冲萃取塔。

从化工安全技术角度出发,液-液萃取操作过程的安全技术要点是:

(1) 萃取过程中常常有易燃的稀释剂和萃取剂的应用。相混合、相分离以及泵输送等操作时消除静电的措施极为重要。

(2) 对于放射性化学物质的处理,可采用无须机械密封的脉冲塔。

(3) 在需要最小持液量和非常有效的相分离的情形,应采用离心式萃取器。

12.2.9　结晶操作的安全

结晶是固体物质以晶体状态从蒸气、溶液或熔融物中析出的过程。结晶是一个重要的化工单元操作,主要用于制备产品与中间产品,获得高纯度的纯净固体物料。

结晶过程常采用搅拌装置,搅动液体使之发生某种方式的循环流动,从而使物料混合均匀或促使物理、化学过程加速操作。

从化工安全技术角度出发,结晶过程的安全技术要点是:

(1) 当结晶设备内存在易燃液体蒸气和空气的爆炸性混合物时,要防止产生静电,避免火灾和爆炸事故的发生。

(2) 避免搅拌轴的填料函漏油,因为填料函中的油漏入反应器会发生危险。例如硝化反应时,反应器内有浓硝酸,如有润滑油漏入,则油在浓硝酸的作用下氧化发热,使反应物料温度升高,可能发生冲料和燃烧爆炸。当反应器内有强氧化剂存在时,也有类似危险。

(3) 对于危险易燃物料不得中途停止搅拌。因为搅拌停止时,物料不能充分混匀,反应不良,且大量积聚;而当搅拌恢复时,则大量未反应的物料迅速混合,反应剧烈,往往造成冲料,有燃烧、爆炸危险。如因故障而导致搅拌停止时,应立即停止加料,迅速冷却;恢复搅拌时,必须待温度平稳、反应正常后方可续加料,恢复正常操作。

(4) 搅拌器应定期维修,严防搅拌器断落造成物料混合不匀,最后突然反应而发生猛烈冲料,甚至爆炸起火,搅拌器应灵活,防止卡死引起电动机温升过高而起火。搅拌器应有足够的机械强度,以防止因变形而与反应器器壁摩擦造成事故。

12.3　化工单元设备的安全

几乎所有的化工单元操作都涉及热量的传递、动量的传递或质量的传递,虽然化工单元设备都已标准化,但其使用的特点却有很大的不同,在实际的操作过程中还存在一定的危险性。

12.3.1 泵的安全运行

泵是化学工业等流程工业运行中的主要流体机械。泵的安全运行涉及流体的化工生产用泵的种类很多，并均有标准系列可查。泵的基础数据包括：介质物性（介质名称、输送条件下的密度、黏度、蒸气压、腐蚀性及毒性）；介质中含有的固体颗粒种类、颗粒直径和含量；介质中气体含量（体积分数）；操作条件（温度、压力、流量）；泵所在位置的情况（包括环境温度、海拔高度、装置平立面布置要求等）。

确定流量和扬程：流量按最大流量或正常流量的 $1.1 \sim 1.2$ 倍确定。扬程为所需的实际扬程，它依管网系统的安装和操作条件而定。所选泵的扬程值应大于现有系列产品、介质物性和工艺要求初选泵的类型，再根据样本选用何种类型的泵输送。

（1）悬浮液可选用隔膜式往复泵或离心泵输送。

（2）黏度大的液体、胶体溶液、膏状物和糊状物时可选用齿轮泵、螺杆泵和高黏度泵，这几种泵在高聚物生产中广泛应用。

（3）毒性或腐蚀性较强的可选用屏蔽泵。

（4）输送易燃易爆的有机液体可选用防爆型电机驱动的离心式油泵等。

（5）对于流量均匀性没有一定要求的间歇操作可用任何一类的泵。

（6）对于流量要求均匀的连续操作以选用离心泵为宜。

（7）扬程大而流量小的操作可选用往复泵；扬程不大而流量大时选用离心泵合适。

（8）流量很小但要求精确控制流量时可用比例泵，例如输送催化剂和助剂的场所。

此外，还需要考虑设置泵的客观条件，如动力种类（电、蒸气、压缩空气等）、厂房空间大小、防火、防爆等级等。

因离心泵结构简单，输液无脉动，流量调节简单，因此，除离心泵难以胜任的场合外，应尽可能选用离心泵。泵的类型确定后，可以根据工艺装置参数和介质特性选择泵的系列和材料；根据泵的样本及有关资料确定其具体型号；按工艺要求核算泵的性能；确定泵的几何安装高度，确保泵在指定的操作条件下发生汽蚀；计算泵的轴功率；确定泵的台数。

12.3.2 换热器的安全运行

换热器的运行中涉及工艺过程的热量交换、热量传递和热量变化，过程中如果热量积累，造成超温就会发生事故。化工生产中换热器是应用最广泛的设备之一。

选择换热器形式时，要根据热负荷、流量的大小，流体的流动特性和污浊程度，操作压力和温度，允许的压力损失等因素，结合各种换热器的特征与使用场所的客观条件来合理选择。

目前，国内使用的管壳式换热器系列标准有：固定板式换热器（JB/T 4715—92）、立式热虹吸再沸器（JB/T 4716—92）、钢制固定式薄管板列管换热器（HG 2150—93）、浮头式换热器、冷凝器（JB/T 4717—920）。设计时应尽量选用系列化的标准产品，这样可以简化设计过程。其选用的大体程序如下：

（1）收集数据（如流体流量，进、出口温度，操作压力，流体的腐蚀情况等）。

（2）计算两股流体的定性温度，确定定性温度下的物理数据，如动力黏度、密度、比热容、热导率等。

（3）根据设计任务计算热负荷与加热剂（或冷却剂）用量。

（4）根据工艺条件确定换热器类型，并确定走管程、壳程的流体。

（5）计算温差 ΔT_m 一般先按逆流计算，待后再校核。

（6）由经验初估传热系数 k。

（7）由 $A_{估}=Q/(k_{估}\Delta T_m)$ 计算传热面积 A。

（8）查找有关资料，在系列标准中初选换热器型号，确定换热器的基本结构参数。

（9）分别计算管、壳程传热膜系数，确定污垢热阻，求出传热系数 k，有关图表查温度校正系数 φ。

（10）由传热基本方程计算传热面积 $A=Q/(K\varphi\Delta T_m)$，使所选的换热器的传热面积为 A 的 1.15～1.25 倍。

计算管、壳程压力降，使其在允许范围内，具体应注意几点：

（1）初投运要慢，要先充分预热，逐步提温。

（2）做好减压阀的预热及投运后的调整工作。

（3）机组启动应先开启冷侧阀门，待稳定后再开启热侧阀门；而停车时要先关闭热侧阀门，然后再关闭冷侧阀门。

（4）换热器正常运行后，关闭汽水换热器疏水器旁通阀，疏水器投入正常工作。若疏水器温度过低如 50 ℃ 以下，旁通阀可开启运行，若疏水器温度过高，如 90 ℃ 以上且凝水系统无压运行时，将旁通阀关闭，防止蒸气通过，造成汽水冲击。

（5）尽可能与同类换热器一致，这样运行更平稳，运行效率更高。

运行调节，主要根据天气变化情况来调整供水温度和流量。操作人员主要通过控制热机组一段列管式换热器的过热蒸气进气流量，达到控制机组出口水温的目的。室外温度较高时，通过控制设备运行台数及调整进气流量来控制温度。但注意尽量减少换热器开启频率，以防因频繁开停而造成密封垫泄漏。供热负荷减少时应注意蒸气管道疏水，防止换热器内产生水击。运行调节要整个系统协调进行，统一调配。

循环水路突然大量失水时的处理，若因为某些意外原因（如用户家里暖气跑水）导致循环水路中大量失水时，应采取以下应急措施：

（1）迅速关闭主气阀（换热机组一段列管式换热器处的进气阀），打开疏水器旁通阀，同时停下循环水泵。

（2）组织有关人员迅速查找失水原因，确定热网中的失水支路，关闭该支路的阀门，并对其余网路迅速恢复供热。

12.3.3　精馏设备的安全运行

精馏设备的安全运行主要取决于精馏过程的加热载体、热量平衡、气液平衡、压力平衡以及被分离物料的热稳定性以及填料选择的安全性。

精馏设备的形式很多，按塔内部主要部件不同可以分为板式塔与填料塔两大类型。板式塔又有筛板塔、浮阀塔、泡罩塔、浮动喷射塔等多种形式，而填料塔也有多种填料。在精馏设备选型时应满足生产能力大,分离效率高,体积小,可靠性高,满足工艺要求,结构简单,塔板压力降小的要求。

上述要求在实际中很难同时满足,应根据塔设备在工艺流程中的地位和特点,在设计选型时应满足主要要求。

在各种板式塔中,浮阀塔由于具有生产能力大,容易变动操作范围大,塔板效率高,雾沫夹带量少,液面梯度小及结构简单等优点,已在生产中得到广泛应用,筛板由于结构简单,近年来又发展出大孔筛板、复合筛板和斜孔筛板等新版型,也得到了较广泛的应用。我国今年来相继研究出许多新型塔板,如导向板、旋流板等,其允许气速和板效率都比较高,正在逐渐推广应用。填料塔一般常用拉西环填料,还有阶梯环、鞍形填料波纹填料及网体填料等。

精馏塔工艺运行数据分析:

(1)塔设计的基础数据,主要包括进料量及进料组成;产品要求(产品质量及收率);进料状态(温度和相态);冷却介质及冷却温度;塔设计时所需要的物性数据,如气液的密度、黏度、表面张力、液体的泡性、对温度的敏感性等。

(2)工艺流程与设备形式。

(3)气液平衡数据。

(4)塔顶、塔底产品的组成及物料平衡。

(5)塔的操作压力及温度,包括塔顶操作压力、塔顶温度、塔底温度、进料温度。

(6)精馏塔结构尺寸,最小回流比;操作回流比和理论塔板数;进料位置;塔高和塔径;塔的结构设计和流体力学物性。

精馏塔的危险状态分析:

(1)鼓泡接触状态

当上升蒸气流量较低时,气体在液层中吹鼓泡的形式是自由浮升,塔板上存在大量的返混液,气液比较小,气液相接触面积不大。

(2)蜂窝状接触状况

气速增加,气泡的形成速度大于气泡浮升速度,上升的气泡在液层中积累,通过气泡之间接触,形成气泡泡沫混合物。因气速不大,气泡的动能还不足使气泡表面破裂,因此,是一种类似蜂窝状泡结构。因气泡直径较大,很少搅动,在这种接触状态下,板上清液会基本消失,从而形成以气体为主的气液混合物,又由于气泡不易破裂,表面得不到更新,所以这种状态对于传质、传热不利。

(3)泡沫状接触状态

气速连续增加,气泡数量急剧增加,气泡不断发生碰撞和破裂,此时,板上液体大部分均以膜的形式存在于气泡之间,形成一些直径较小、搅动十分激烈的动态泡沫,是一种较好的塔板工作状态。

(4)喷射接触的状态

当气速连续增加时,由于气体动能很大,把板上的液体向上喷成大小不等的液滴,直径较大的液滴受重力作用落回到塔板上,直径较小的液滴,被气体带走形成液沫夹带,也是一种较好的工作状态。

　　泡沫接触状态与喷射状态均为优良的工作状态,但喷射状态是塔板操作的极限,液沫夹带较多,所以多数塔操作均控制在泡沫接触状态。

　　精馏塔的安全运行控制:

　　(1) 漏液

　　当气速较低时,液体从塔板上的开孔处下落,这种现象称为漏液。严重漏液会使塔板上建立不起液层,会导致分离效率的严重下降。

　　(2) 液沫夹带和气泡夹带

　　当气速增大时,某些液滴被带到上一层塔板的现象称为液沫夹带。产生液沫夹带有两种情况:一种是上升的气流将较小的液滴带走;另一种是气体通过开孔上的速度较大。前者与空塔气速有关,后者主要与板间距和板开孔上方的孔速有关。气泡夹带则是指在一定结构的塔板上,因液体流量过大使溢流管内的液体流量过快,导致溢流管中液体所夹带的气泡来不及从管中脱出而被夹带到下一层塔板的现象。

　　(3) 液泛现象

　　当塔板上液体流量很大,上升气体的速度很高时,液体被气体夹带到上一层塔板上的流量猛增,使塔板间充满气液混合物,最终使整个塔内都充满液体,这种现象称为夹带液泛。还有一种是因降液管通道太小,流动阻力大,或因其他原因使降液管局部地区堵塞而变窄,液体不能顺利地通过降液管下流,使液体在塔板上积累而充满整个板间,这种液泛称为溢流液泛。液泛使整个塔内的液体不能正常下流,物料大量返混,严重影响塔的操作,在操作中需要特别注意和防止。

第 13 章　实验室安全应急预案的制定

实验室是学校教学、科研工作中使用化学品的要害部位之一。各类易燃、易爆、易制毒、氧化性、腐蚀性物质在使用和保管过程中,稍有不慎,就有可能引起人身伤亡事故并对校园乃至社会造成不良影响。为了加强实验室安全管理,保障实验室及师生的安全,促进实验室工作的顺利开展,维持正常的教学和工作秩序,除了对实验室进行必要的技术防范,对实验室工作人员和实验操作人员进行安全教育、提高安全意识之外,还必须制定良好的实验室安全应急预案,以便有效应对实验室工作中的不测,确保一旦发生事故后把损失和危害降到最低限度。

13.1　应急预案的指导思想、组织机构和职责分工

13.1.1　指导思想

根据《中华人民共和国安全生产法》、《中华人民共和国消防法》、《危险化学品安全管理条例》、《 *** 大学(或学院)消防安全管理规定》和《 *** 大学(或学院)实验室管理办法》等法律法规和条例,坚持"安全第一,预防为主"的原则,结合实验室的实际情况,特制定"实验室安全应急预案"。

对实验室工作和实验教学以及科学研究中可能引发的灾害性事故,实验室工作人员应具有充分的认识和高度的重视。制订应急预案,确保实验室一旦发生事故后,能及时科学有效地实施处置,做好补救和善后工作,最大限度地降低和控制实验室事故的危害,保障师生员工的生命安全和公共财产安全。

13.1.2　应急原则

实验室安全应急预案应"以人为本,预防为主",加强实验室工作人员和进入实验室场地人员的安全意识和安全知识教育。一旦发生实验室安全事故,应遵循"先救人,后救物;先救治,后处理;先制止,后教育;先处理,后报告"的应急基本原则。发生人身伤亡事故,应立即拨打 120;发生重大火警、火灾事故,应迅速拨打 110 和 119。

13.1.3　组织机构

为应对实验室突发安全事故,各单位应成立安全事故应急预案处置领导工作小组。应急预案处置领导工作小组实行组长负责制,主要负责:① 组织制定安全保障规章制度;② 保证安全保障规章制度的有效实施;③ 组织日常的安全检查,及时消除安全事故隐患;④ 组织制定并实施安全事故应急预案;⑤ 负责现场急救的指挥工作;⑥ 及时、准确地

报告安全事故。小组成员组成如下：

组长：***，电话

副组长：***，电话

成员：***、***、***、***、***、***

13.1.4　职责分工

根据国家、行业及主管部门的法规和规定，坚持"谁主管谁负责"的原则，实行逐级管理，分工到人。实验室中心主任或各课题组负责人应为实验室事故应急处置的第一责任人，指导老师和实验室全体工作人员都是事故处置的责任人。

安全事故应急小组成员及本单位其他老师在接到事故报警后，应第一时间赶到事故现场，根据安全事故应急预案进行现场处置，并逐级上报。任何人员若以任何理由和借口延误事故处置，造成人员伤亡、财产损失或恶劣社会影响者，均按失责处理，违反国家法律法规和单位纪律者，按相关法律法规和单位纪律处理。

实验室人员要树立高度的安全意识，熟知实验室安全应急预案的具体内容，并能在紧急情况下使用。

13.1.5　应急预案启用条件

实验室一旦发生安全事故，应根据事故的类别，立即启动相应的安全事故应急预案。

13.2　实验室火灾与人员疏散应急处置预案

为了贯彻《中华人民共和国消防法》和《机关、团体、企业、事业单位消防管理规定》，提高全体师生员工应对突发火情、火灾的意识和能力，保证一旦发生火灾，事故现场及周边人员能及时报警并进行力所能及的扑救，有关人员能及时到位，有效地组织对火灾的扑救、人员的疏散、被困人员的营救等，根据各单位实际情况，特制定此消防应急预案。

13.2.1　火灾的预防

火灾是实验室工作中最常见的安全事故隐患，减少和杜绝实验室火灾事故的发生，关键在于预防。实验室防火的措施主要有：

（1）对实验室工作人员进行消防知识培训，强调火灾的危害性，提高防火意识。

（2）实验室工作人员和实验操作人员在使用任何加热工具及仪器设备时，必须严格遵守各种操作规则，严禁乱用电，注意防火。

（3）定期对电路、导线、电源插座、仪器设备等进行检查，发现问题及时维修，以防意外。

（4）定期检查实验室消防设施的完好备用情况，要求实验室工作人员能熟练使用常规消防设备。

（5）对暂时不用的仪器设备应及时关闭电源，防止温度过高引起火灾。

（6）实验室严禁吸烟。

（7）转移、分装和使用易燃性液体，附近不能有明火。若实验过程中需要点火，应先对实验室进行排风，使可能存在的可燃性蒸气排出，以免引发火灾。

（8）对实验中用剩的金属钠、金属钾、白磷等易燃物、高锰酸钾、氯酸钾、过氧化钠等强氧化剂以及丙酮、苯、乙醇、乙醚等易燃易挥发性的有机物，不能随意丢弃，防止引发火灾。

13.2.2　火灾情况报告、报警程序

《中华人民共和国消防法》规定："任何人发现火灾时，都应当立即报警。发生火灾的单位必须立即组织力量扑救火灾。邻居单位应当给予支援。"

发生的火灾较小且可以控制时，现场人员必须通过电话向单位主管领导（手机 ***）及安全事故应急小组组长和成员报告。当火情不能有效控制时，应通过电话（*** _ ***）向学校保卫处、或119向公安消防部门报警，同时通知相邻实验室人员。

本单位教师接到火灾报告后，要迅速到达火灾现场并组织火灾的扑救和人员疏散。

向公安消防部门和学校保卫处报警时，要准确地说明起火单位：****** 学校 ****** 实验楼、起火房间的所在部位、燃烧物的类型等。报 119 火警后，报警人员在道路口接应消防车进入现场，公安消防人员到场后，报警人员或着火房间人员及时向公安消防指挥人员介绍已了解的火灾情况，如火情火势、燃烧物品的类别、有无危险物品、有无人员被困等。

13.2.3　火灾扑救程序

（1）发生火情时，在场人员应在保护自身安全撤离的情况下，立即采取有效措施进行扑救，防止火势蔓延，并迅速报告安全应急领导小组。

（2）发生火灾时，现场人员应立即切断本实验室的电源、气源，及时移走钢瓶等压力容器，在第一时间报告安全应急领导小组，在扑救时不要轻易打开门窗。

本单位人员接到火灾警报后应立即到达火灾现场，了解火灾的性质、房间内危险化学品的种类、存量，有无人员被困等。应根据火灾发生的具体原因和性质，按照应急预案程序确定扑救的基本方法：木材、布料、纸张、橡胶及塑料等固体可燃物引起的火灾，采用水冷却法灭火；资料、档案等引发的火灾应采用二氧化碳、卤代烷、干粉灭火剂灭火；电气设备或线路故障引发的火灾，应切断电源后灭火；可燃金属、有机物等引起的火灾，应使用干砂或干粉灭火剂灭火。

当火情不能有效控制时，应通过电话（119）向公安消防部门和学校保卫部门（*** _ * ********* ）报警，同时通知相邻实验室人员。

（3）配合公安消防灭火，消防队到场后，本单位教师应在公安消防员的指挥下，紧密配合共同灭火。扑灭火灾后，本单位教师应组织人员检查火场是否有新的火险隐患，并配合消防部门查清起火原因。同时，要及时清点好人员和已疏散的重要物资，向安全应急领导小组组长汇报，处理好善后工作。

（4）火灾事故最重要的一条是保护人员的生命安全，火灾扑救要在确保人员不受伤害的前提下进行。火灾发生后应掌握"边救火边报警"的原则。

13.2.4　化学品引发火灾的扑救方法

实验室发生化学品火灾时,常用的扑救方法和原则如下。

(1) 可燃液体着火:立即移走着火区域内的一切可燃物品,关闭通风设施,防止扩大燃烧。若着火面积较小,可用抹布、湿布、铁片或砂土覆盖,隔绝空气使之熄灭。覆盖时动作要轻,避免碰坏或打翻盛装可燃溶剂的玻璃器皿,导致更多的溶剂流出而扩大着火面。

(2) 酒精及其他可溶于水的液体着火,可用水灭火。

(3) 汽油、乙醚、甲苯等有机溶剂着火,应用石棉布或砂土扑灭。绝对不能用水,否则会扩大燃烧面积。

(4) 金属钠着火,用干燥的砂土覆盖灭火。

(5) 导线和电器外壳着火,不能用水和二氧化碳灭火器,应先切断电源,再用干粉灭火器或覆盖法灭火。

(6) 衣服着火时切不可奔走,可用衣服、大衣等包裹身体或躺在地上滚动灭火。

(7) 易燃、液化气体类火灾发生时,首先切断电源,打开门窗通风,起火初期首先控制气体泄漏,然后使用灭火毯遮盖扑灭。如无法控制气体泄漏,当容器内物质储存量低于爆炸极限时,使用干粉灭火器扑救,火焰消失后使用灭火器对周边环境降温至室温,以免气体重新燃烧或爆炸,否则必须保持稳定燃烧,避免大量可燃气体泄漏出来,与空气混合后发生爆炸。

(8) 氧化剂和有机过氧化物的灭火比较复杂,在选用灭火剂时必须慎重考虑安全问题,使用者务必熟知该类物品的安全操作知识和理化性质,以备险情发生时采取适当措施。其基本方法如下:

① 迅速查明着火或反应的氧化剂和有机过氧化物以及其他燃烧物的品名、数量、主要危险特性、燃烧范围、火势蔓延途径、能否用水或泡沫扑救。

② 能用水或泡沫扑救的,应尽一切可能切断火势蔓延,使着火区孤立,限制燃烧范围,同时应积极抢救受伤和被困人员。

③ 不能用水、泡沫、二氧化碳扑救时,应用干粉或用干燥的砂土覆盖。覆盖过程应先从着火区域四周、尤其是下风等火势主要蔓延方向覆盖起,形成孤立火势的隔离带,然后逐步向着火点进逼。

13.2.5　应急疏散程序

本单位教师应根据起火的部位和疏散的路线,在疏散通道楼梯口布置好疏散引导员,引导人员疏散。所有人员都应协助指挥和疏导,应遵循"避开火源,就近疏散,统一组织,有条不紊"的原则,对患者应优先紧急疏散,不得在楼道内拥挤、围观。通知楼内人员疏散时应明确表达以下内容:

(1) 通报火场信息,稳定待疏散人员的情绪,避免发生慌乱。

(2) 分楼层按顺序疏散,疏散顺序为:① 着火层;② 着火层以上楼层;③ 着火层以下楼层。

(3) 指引疏散方向、路线。

疏散通道：(可根据所在楼层情况，描述清楚路径)(楼层疏散示意图)

疏散方向：

① 若起火点在一楼，则着火层人员向背离着火点反方向单向疏散；二楼以上人员向 *** 单向疏散。

② 若起火点在二楼，则着火层人员向背离着火点反方向单向疏散；三楼以上人员向 ** 单向疏散；一楼人员向 *** 单向疏散。

③ 若起火点在三楼，则着火层人员向背离着火点反方向单向疏散；四楼以上人员向 ** 单向疏散；一、二楼人员向 *** 单向疏散。

④ 依次类推(可根据所在楼层情况，描述清楚各层疏散方向)。

楼内人员平时都应知晓自己所在位置及遭遇火灾时的疏散路线，了解楼内的消防应急预案，对突发火灾做好准备。

疏散通知：

① 听从疏散引导人员的指挥。

② 行动迅速而不慌乱。

③ 通过烟雾区时，须用湿毛巾或湿衣服等捂住口、鼻，低姿行进。

④ 已疏散人员在楼外指定地点集合，未接到通知不得自行返回火灾现场。

13.3 实验室爆炸事故应急处置预案

13.3.1 爆炸事故原因分析

在具有易燃易爆物品和压力容器的实验室，一般容易发生爆炸性事故，引发这类事故的原因主要有以下两个方面。

(1) 人为因素

① 实验人员违反操作规程，引燃易燃物品或超出压力容器的耐压极限，进而导致爆炸；② 在密闭容器中加热、特别是加热易挥发有机溶剂(如乙醚等)；③ 冷水流入灼热的容器中；④ 在薄壁玻璃容器中进行加减压实验或压力突变；⑤ 点燃未经检验纯度的氢气、乙烯、乙炔等气体；⑥ 对某些固体试剂混合后研磨，因发生剧烈化学反应而爆炸，如误将红磷和氯酸钾混合后研磨。

(2) 客观因素

① 因设备自身老化、存在故障或缺陷，造成易燃易爆物品泄漏，遇火花而引起爆炸；② 气体通路发生故障、形成堵塞，导致爆炸。

13.3.2 爆炸事故的预防

(1) 点燃氢气、乙烯、乙炔等气体前，一定要进行纯度检验，存放这些气体时应远离火源。同时，实验前实验室应先行通风一段时间。

(2) 对固体试剂应分开研磨。

(3) 对气体管路应经常检查，防止堵塞。

（4）蒸馏操作时，系统不能完全密闭。在减压蒸馏时，不可用平底或薄壁烧瓶，所用橡皮塞不宜太小以免被吸入瓶内或冷凝器内，造成压力突变而引发爆炸。操作完毕后，应待瓶内液体冷却到室温，小心放入空气后，方可拆除仪器。

13.3.3　爆炸事故应急处置预案

（1）实验室爆炸发生时，实验室负责人或安全员在确保安全的情况下，必须及时切断电源和气路管道阀门。

（2）现场所有人员应听从临时召集人的安排，有组织地通过安全出口或用其他方法，迅速撤离爆炸现场。

（3）应急预案领导小组负责安排抢救工作和人员安置工作。

13.4　实验室环境污染事故应急处置预案

为正确应对和处置实验室突发性环境污染事故，保护实验室人员的人身安全与健康以及实验室财产，根据《中华人民共和国环境保护法》《报告环境污染与破坏事故的暂行办法》等，制定实验室环境污染事故应急预案。

13.4.1　环境污染事故引发的原因

因人为或不可抗力造成的废气、废液、固废等可引发实验室环境污染、破坏事件，在储存、运输、使用危险化学品、生物化学品等过程中易发生爆炸、燃烧和大面积泄漏等事故，造成实验室环境污染。

13.4.2　环境污染事故分级

（1）重大环境污染事件

满足下列条件之一的，为重大环境污染事件：

① 造成的直接经济损失在 50 万元以上、100 万元以下的。

② 有人员出现明显中毒症状的。

③ 事件危害、影响到周围地区，经自救或一般救援不能迅速予以控制，并有进一步扩大或发展趋势的。

（2）较大环境污染事件

满足下列条件之一的，为重大环境污染事件：

① 造成的直接经济损失在 1 万元以上、50 万元以下的。

② 有人员出现明显中毒症状的。

③ 事件危害、影响在一定范围内，经自救或组织救援能迅速予以控制，并无进一步扩大或发展趋势的。

（3）一般环境污染事件

由于污染或破坏行为造成直接经济损失在千元以上、万元以下的环境污染事件。

13.4.3　环境污染事故的报告

（1）发生环境污染事故后，应立即向卫生和环境行政主管部门报告；同时，应立即赶赴现场，采取有效措施防止事故扩大化。

（2）事故报告的主要内容有：环境污染的类型、发生时间、地点、污染源、主要污染物、经济损失数额、人员受害情况、单位名称、联系人、联系电话等。

13.4.4　环境污染事故处置应急预案

（1）发生一般环境污染事件的，发现人员或当事人立即报告应急处置领导小组，由应急处置领导小组启动应急预案；发生较大或重大环境污染事故时，应急处置领导小组立即报告卫生和环境主管部门，并启动应急预案。

（2）控制污染源。根据发生事故的技术特点和事故类型，采取特定的污染防治技术措施，及时有效地控制事故的扩大，消除污染危害并防止发生次生灾害。

（3）抢救受伤人员。迅速、有序地开展受伤人员的现场抢救或安全转移，尽最大可能降低人员伤亡，减少事故所造成的财产损失。

（4）清理事故现场、消除危害后果。针对事故对人体、空气、水体、土壤、动植物所造成的现实的和可能的危害，迅速采取技术措施进行事故后处理，防止污染危害的蔓延。

13.5　实验室危险化学品事故应急处置预案

为及时有效地开展危险化学品事故救援，加强对危险化学品事故的有效控制，最大限度地减少事故造成的损失，根据《中华人民共和国安全生产法》、国务院《危险化学品安全管理条例》和国家安全生产监督管理局《危险化学品事故应急救援编制预案》（征求意见稿），制定实验室危险化学品事故应急处置预案。

危险化学品事故包括危险化学品火灾、危险化学品爆炸、危险化学品泄漏和危险化学品中毒等，前两种事故的应急处置预案已在前面做过详细介绍，这里只阐述后两种事故的应急处置预案。

（1）易燃、有毒气体泄漏：现场人员首先从室外总闸切断电源（避免断电时电弧引起火灾），佩戴个体防护装备，然后迅速打开门窗通风，并按照危险程度通知相邻实验室或整座建筑人员撤离至上风口，在做好安全保障工作之后对泄漏源进行控制处理。

（2）易燃、腐蚀、有毒液体泄漏：现场人员首先从室外总闸切断电源，佩戴个体防护装备，避免中毒和受到灼伤，然后使用吸附棉、毛巾或抹布擦拭洒出的液体，并将液体拧到敞口的容器中，最后再倒入带塞的玻璃瓶中。大量泄漏时应在实验室门口设置堵截围堰后撤离，等待应急救援人员处置。

（3）化学废液及废旧试剂：本单位化学废液种类主要为各种有机溶剂。研究生导师应严格控制化学试剂签发数量，督促实验人员进行有机溶剂回收利用。确实无法回收利用的，按类别收集于专用容器中，加盖并贴标签注明废液名称、数量、实验室编号、操作人员姓名等。废液及废旧试剂由学校责任部门定期统一处置。当化学废液及废旧试剂外泄时，知情者应立即通知本单位安全应急小组组长及研究生导师，立即采取措施追回外泄废液，并追究外泄溶液及其导师失职责任。外泄废液造成他人生命财产损害及环境破坏者，由有关部门按有关规定处置，知情不报者按失职论处。

（4）剧毒化学品包装物，必须交学校责任部门统一处置，普通化学试剂瓶，集中装于纸箱中，定期交于学校责任部门处理。

（5）本单位所有实验操作人员，要有高度的环保意识，实验设计及实验过程中要充分体现绿色化学理念，以保护生态环境为己任。实验工作中，要树立高度的节能节水意识，全体师生都有杜绝一切浪费的责任。

附　录

常用危险化学品储存禁忌物配存表

危险品的贮存安排取决于化学危险品分类、分项、贮存方式和消防的要求。根据危险品的性能分区、分类、分库储存。各类危险品不得与禁忌物料混合贮存。

危险化学品分类		爆炸性物品				氧化剂				压缩气体和液化气体				自然物品		遇水燃烧物品		易燃液体		易燃固体		毒害性物品				腐蚀性物品				放射性物品
		点火器材	起爆器材	爆炸及爆炸性药品	其他爆炸品	一级无机	一级有机	二级无机	二级有机	剧毒	易燃	助燃	不燃	一级	二级	一级	二级	一级	二级	一级	二级	剧毒无机	剧毒有机	有毒无机	有毒有机	无机 酸性	有机 酸性	无机 碱性	有机 碱性	
爆炸性物品	点火器材	○	○	○	○	×	×	×	×	×	×	×	×																	
	起爆器材	○	○	×	×	×	×	×	×	×	×	×	×																	
	爆炸及爆炸性药品	○	×	×	×	×	×	×	×	×	×	×	×																	
	其他爆炸品	○	×	×	×	×	×	×	×	×	×	×	×																	
氧化剂	一级无机	×	×	×	×	①	○	○	○	○	×	○	○																	
	一级有机	×	×	×	×	○	×	○	×	○	×	○	×																	
	二级无机	×	×	×	×	○	○	②	○	○	×	○	○																	
	二级有机	×	×	×	×	○	×	○	×	○	×	○	×																	
压缩气体和液化气体	剧毒（液氨和液氯有抵触）	×	×	×	×	分	分	分	消	○	×	○	○																	
	易燃	×	×	×	×	分	分	分	消	×	○	×	○	○	×															
	助燃	×	×	×	×	分	分	分	消	○	×	○	○	×	×															
	不燃	×	×	×	×	消	消	消	消	○	○	○	○	×	×															
自然物品	一级	×	×	×	×	×	×	×	×	×	×	×	×	○	×															
	二级	×	×	×	×	×	×	×	×	×	×	×	×	×	○															

①②

（续表）

危险化学品分类		爆炸性物品			氧化剂				压缩气体和液化气体				自然物品		遇水燃烧物品		易燃液体		易燃固体		毒害性物品				腐蚀性物品 酸性		碱性		放射性物品
		点火器材	起爆器材	其他爆炸及爆炸性药品	一级无机	一级有机	二级无机	二级有机	剧毒	易燃	助燃	不燃	一级	二级	一级	二级	一级	二级	一级	二级	剧毒无机	剧毒有机	有毒无机	有毒有机	无机	有机	无机	有机	
遇水燃烧物品	一级	×	×	×	分	分	分	分	分	分	分	分	分	分	○														
	二级	×	×	×	分	分	分	分	分	分	分	分	分	分	×	○													
易燃液体	一级	×	×	×	消	消	消	消	消	消	消	消	消	消	消	消	消												
	二级	×	×	×	消	消	消	消	消	消	消	消	消	消	消	消	消	消											
易燃固体	一级	×	×	×	分	分	分	分	分	分	分	分	分	分	分	分	消	消	分										
	二级	×	×	×	分	分	分	分	分	分	分	分	分	分	分	分	消	消	分	○									
毒害性物品	剧毒无机	×	×	×	×	×	×	×	分	分	分	分	分	分	×	×	分	分	分	分	○								
	剧毒有机	×	×	×	×	×	×	×	分	分	分	分	分	分	×	×	分	分	×	×	○	○							
	有毒无机	×	×	×	×	×	×	×	分	分	分	分	分	分	×	×	分	分	分	分	○	○	○						
	有毒有机	×	×	×	×	×	×	×	分	分	分	分	分	分	×	×	分	分	×	×	○	○	○	○					
腐蚀性物品	酸性 无机	×	×	×	分	分	分	分	分	分	分	分	分	分	消	消	消	消	分	分	×	×	×	×	○				
	有机	×	×	×	消	消	消	消	分	分	分	分	消	消	消	消	消	消	消	消	×	×	×	×	×	○			
	碱性 无机	×	×	×	分	分	分	分	分	分	分	分	分	分	消	消	消	消	分	分	×	×	×	×	×	×	○		
	有机	×	×	×	消	消	消	消	分	分	分	分	消	消	消	消	消	消	消	消	×	×	×	×	×	×	○	○	
放射性物品		×	×	×	×	×	×	×	×	×	×	×	×	×	×	×	×	×	×	×	×	×	×	×	×	×	×	×	○

说明："○"符号表示可以混存；

"×"符号表示不可以混存；

"分"指应按化学危险品的分类进行分区分类贮存。如果物品不多或仓位不够时，因其性能并不相互抵触，也可以混存；

"消"指两种物品性能并不相互抵触，但消防施救方法不同，条件许可时最好分存。

① 说明过氧化钠等氧化物不宜和无机氧化剂混存。

参考文献

[1] 路建美,黄志斌.高等学校实验室环境健康与安全[M].南京:南京大学出版社,2013.

[2] 北京大学化学与分子工程实验室安全技术教学组.化学实验室安全知识教程[M].北京:北京大学出版社,2012.

[3] 黄凯,张志强,李恩敬.大学实验室安全基础[M].北京:北京大学出版社,2012.

[4] 王世果.安全技术[M].北京:中国电力出版社,2010.

[5] 张培红.防火防爆[M].沈阳:东北大学出版社,2011.

[6] 康青春,贾立军.防火防爆技术[M].北京:化学工业出版社,2008.

[7] 刘景良.化工安全技术[M].第二版.北京:化学工业出版社,2008.

[8] 刘彦伟.化工安全技术[M].北京:化学工业出版社,2012.

[9] 闻星火,梁立军,刘建铭,潘江琼,刘美兰.香港高校的安全管理[J].实验技术与管理,2009,26(9):178-181.

[10] 关继祖,俞宗岱.香港科技大学实验室安全管理系统[J].实验技术与管理,2009,26(10):1-3.

[11] 郑春龙.台湾地区推进高校实验室安全管理研究[J].实验技术与管理,2011,28(11):164-168.

[12] 郑晓东,赵月琴.新加坡大学实验室管理及实验队伍建设情况调研[J].实验技术与管理,2011,28(9):168-171.

[13] 廖秀萍,刘屿.加拿大国家研究所实验室安全与环保管理及启示[J].实验室研究与探索,2011,30(9):170-173.

[14] 张志强.日本高校实验室安全与环境保护考察及启示[J].实验技术与管理,2010,27(7):164-167.

[15] 阮慧,项晓慧,李五一.美国高校实验室安全管理给我们的启示[J].实验技术与管理,2009,26(10):4-7.

[16] 温光浩,周勤,程蕾.强化实验室安全管理,提升实验室管理水平[J].实验技术与管理,2009,26(4):153-157.

[17] 尹志宏.如何设计全新的现代"开放共享"实验室[J].实验室研究与探索,2012,31(6):168-172

[18] 尹志宏.如何设计全新的现代"开放共享"实验室(续)[J].实验室研究与探索,2012,31(7):176-180

[19] 李五一,滕向荣,冯建跃.强化高校实验室安全与环保管理建设教学科研保障体系[J].实验技术与管理,2007,24(9):1-3.

[20] 蔡毅飞,薛来.高校化学实验室EHS管理体系的构建[J].实验室研究与探索,2011,30(4):179-181

[21] 车剑飞,路贵斌,叶欣欣,沈丽英.高校化学实验室管理中EHS文化的构建[J].实验技术与管理,2009,26(9):19-24.

[22] 王蓓,刘永红,张宜欣,古同男,周秀艳.化学实验室EHS管理体系的构建与实践[J].实验室研究与探索,2011,30(1):175-176.

[23] 郑春龙.高校实验室个体防护装备的配备与管理[J].实验技术与管理,2012,29(7):190-192.

[24] 祝优珍,王志国,赵由才.实验室污染与防治[M].北京:化学工业出版社,2006.